冶金机械安装与维护

谷士强 主编

北 京

冶 金 工 业 出 版 社

2015

图书在版编目(CIP)数据

冶金机械安装与维护/谷士强主编.—北京:冶金工业出版社,
1995.5 (2015.3 重印)

ISBN 978-7-5024-1615-7

Ⅰ.冶… Ⅱ.谷… Ⅲ.①冶金设备—安装 ②冶金设备—
维修 Ⅳ.TF082 TF307

中国版本图书馆 CIP 数据核字(2008)第 007827 号

出 版 人 谭学余

地　　址 北京市东城区嵩祝院北巷 39 号　　邮编　100009　电话　(010)64027926

网　　址 www.cnmip.com.cn 电子信箱 yjcbs@cnmip.com.cn

责任编辑 宋 良 美术编辑 王耀忠 责任印制 李玉山

ISBN 978-7-5024-1615-7

冶金工业出版社出版发行;各地新华书店经销;三河市双峰印刷装订有限公司印刷

1995 年 5 月第 1 版,2015 年 3 月第 8 次印刷

787mm×1092mm　1/16;13 印张;309 千字;201 页

24.00 元

冶金工业出版社　投稿电话　(010)64027932　投稿信箱　tougao@cnmip.com.cn

冶金工业出版社营销中心　电话　(010)64044283　传真　(010)64027893

冶金书店　地址　北京市东四西大街 46 号(100010)　电话　(010)65289081(兼传真)

冶金工业出版社天猫旗舰店　yjgy.tmall.com

(本书如有印装质量问题,本社营销中心负责退换)

前　言

冶金机械设备从投产到设备使用寿命的终结，离不开维护、检修。设备安装、维护工作的好坏，关系到设备安全、连续的运转和使用寿命，关系到生产效益。

由于机械设备在使用中受到载荷、摩擦、温度和各种有害气体等作用，不可避免地要产生磨损。当机械设备的设计、制造和使用中存在缺点时，还会造成事故损坏。这种现象在冶金工厂尤为突出，因为冶金机械设备是处在重载、高温、高速、多尘以及有害介质等恶劣条件下繁重地工作，加上冶金生产连续性的特点，往往因为一台机器出现故障，就会使整个生产受到影响，甚至被迫停产检修，影响生产计划的完成。因此我们面临的任务是要研究各种机器的磨损、损坏的实质和规律，以及外界的影响因素，以便采取各种有效的技术措施同磨损和损坏作斗争，达到减少磨损，避免事故损坏，从而延长机械设备的使用寿命。另外，要加强摩擦磨损润滑学的科学研究，尽早实现"磨损预报"，以掌握较重要的零部件的使用寿命。

冶金机械设备的正确使用，应以维护为基础，通过采取技术措施，特别是加强润滑及其管理，以增强机械设备工作的可靠性和延长其使用期限。而对机械设备实行科学检修的作用是消除机器的故障，使其恢复正常运行，另外能及时消除机械设备在运行中出现的微小缺陷，防止其扩大而造成严重故障。设备维护得好，非计划检修则可以避免，设备的完好率、运转率就会高，机械设备的潜力就能得到充分的发挥。

由谷士强、郑重一编写的《冶金机械维护检修与安装》自1981年2月由冶金工业出版社出版发行后，受到广大读者的厚爱，并于1988年荣获"全国优秀教材奖"。同时广大读者提出了包括书名在内的很多宝贵的建议。这十几年来科学技术飞速发展，并不断得到普及和提高。考虑到使用的要求和读者的意见，我们在保持《冶金机械维护检修与安装》一书中实践性强，可操作性强的特点的基础上，对《冶金机械维护检修与安装》一书进行了增删、修改，并更名为《冶金机械安装与维护》。

本书主要阐述冶金机械设备安装与维修的基本概念、机械零部件的装配、机械设备的安装、冶金机械典型设备的维修、冶金机械的润滑和机械设备状态监测与诊断技术等内容。其中着重介绍热装配中的电感应加热法；联轴器用百分表找正的计算法；轴承发热原因的分析及处理；机械设备无垫板安装技术及设备安装新工艺；液压传动中管道的清洗、循环冲洗新工艺；用粘接法进行修复；用预应力方法处理桥式起重机主梁的下挠；减速机漏油的处理；油雾润滑以及润滑系统的设计；振动监测与诊断技术等内容。

本书系高等院校机械设计与制造（冶金机械）专业教材，亦可供冶金工厂、冶金建设公司及冶金设计研究院的工程技术人员参考。

本书由武汉钢铁学院谷士强主编。谷士强编写第三章，周汉文编写第四章、第五章，刘安中编写第一章、第二章及第六章。

北京科技大学郑重一教授编写的《冶金机械维护检修与安装》中的第六章，为本书打下了良好的基础。郑教授因年事已高，没有再参加本书的编写工作，在此仅向他表示崇高的敬意。

参加本书审稿的有武汉钢铁（集团）公司夏顺明，武汉钢铁学院黄培文、南方冶金学院欧阳镇堂。编者谨向他们表示衷心的谢意。

书中的不妥之处，望广大读者批评指正。

编　者

1994年10月

目　　录

第一章　机械设备技术维护的基本概念

机械设备的技术维护是指为了保持设备的正常技术状态，最大可能地延长其使用寿命所采取的各项技术措施，包括机器的日常保养（预防故障）和及时的修理（排除故障）。良好的技术维护对于保证设备正常运转、减少停工损失和维修费用、降低产品成本、提高生产效率等方面都具有十分重要的意义。

第一节　机器的磨损规律

磨损是摩擦重要的伴生现象之一。从广义上讲，磨损就是指某种固体之一部分（包括从原子大小到固体粒子大小的东西）因摩擦而被除掉的减量现象。机器故障的产生，最显著的特征之一是机器的各个组成部分即零部件间正常的配合被破坏。造成这种破坏的主要原因是由于在其配合表面上不断受到摩擦、冲击、高温和腐蚀性物质等作用而产生了过早的磨损。磨损使机械零件的形状、尺寸、金属表面层（化学成分、机械性能、金相组织）发生了改变，从而降低了它们应有的精度和功能，最终导致设备发生故障。冶金机械设备由于大都处于重载、高温、多尘、水冲刷的工作条件下，因此由这种磨损造成的机械故障在各类故障中占有相当大的比例。

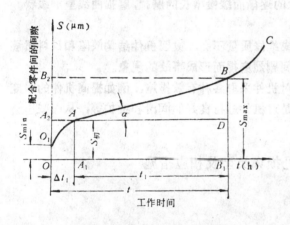

图1-1　磨损的典型曲线

一般的磨损现象常表现为：由于摩擦的机械性作用致使机械零件表面受伤而有所损耗，同时摩擦面的温度因摩擦热而上升，由于热的作用摩擦面上会出现小小的裂痕，受这个原因的影响有时表面发生部分剥落，如果温度过高，也会熔化流走；在有腐蚀性的环境中，因腐蚀而减量等。

机械设备在运转时，零件各部位的磨损并非相同而随其工作条件而异，但是磨损的发展，则有共同的规律。图1-1中的曲线为组合机件磨损的典型曲线。该曲线具有三个明显不同的部分，分别表示了三个不同时期的磨损状况。O_1A 段为初期磨损时期（即新机件的试运转磨合时期）机件的磨损曲线，曲线急剧上升，表示组合机件在工作的初期具有较大的磨损。机件在加工时表面的最初不平度受到破坏、擦伤或磨平形成新的不平度。配合零件间的间隙由 S_{min} 增大到 $S_{初}$，但曲线趋近 A 点时磨损速度逐渐降低。与 AB 段曲线对应的为正常磨损时期（或称稳定磨损时期），组合机件的磨损呈直线均匀上升，与水平线成 α 角。当机件工作经 t 小时时，间隙增大到 S_{max}。经过 B 点后，磨损重新开始急剧增长，BC 段为事故磨损时间，间隙超过最大的允许极限间隙 S_{max}。由于间隙过大增加了配合零件间的冲击作用，润滑油膜被破坏，磨损强烈，机件处于危险状态。这时机器如继续工作，则可能发生意外的故障。

从图1-1中的曲线可知，机件在试运转以后，即为正常工作的开始。而正常工作终了

1

时，即转入事故磨损时期，达到了允许的极限磨损量。这时，对机件必须进行修复或更换。机件在两次检修过程间的正常工作时间t_1可由下列公式计算：

$$\tan\alpha = \frac{BD}{AD} = \frac{S_{max} - S_初}{t_1}$$

$$\therefore \qquad t_1 = \frac{S_{max} - S_初}{\tan\alpha} \tag{1-1}$$

式中$\tan\alpha$称为磨损强度。

$$\because \qquad t_1 = t - \Delta t_1 \text{（} \Delta t_1 \text{为试运转时间）}$$

$$\therefore \qquad t = \frac{S_{max}}{\tan\alpha} + \left(\Delta t_1 - \frac{S_初}{\tan\alpha} \right)$$

上式中$\left(\Delta t_1 - \dfrac{S_初}{\tan\alpha} \right)$与$\dfrac{S_{max}}{\tan\alpha}$相比数值很小，故可忽略不计。

$$\therefore \qquad t = \frac{S_{max}}{\tan\alpha} \tag{1-2}$$

从上式可以看出，S_{max}是一个极限的允许值，不能再增大。因此要延长机器的寿命，必须对机器保持良好的维护，以降低磨损强度。

分析图1-1中的磨损曲线，可以得出这样的结论：机器的磨损可以分为两类，即自然（正常的）磨损和事故（过早的、迅速增长的或突然发生意外的）磨损。

自然磨损是机件在正常的工作条件下，由于接触表面不断受到摩擦力作用（有时由于受周围环境温度或腐蚀性物质作用）而产生的逐渐而缓慢增长的磨损，磨损曲线呈平缓状。这种磨损是正常的、不可避免的现象。

事故磨损是由于对机器检修不及时，或维修质量不高，或因机件结构缺陷和材料质量低劣以及严重违反操作规程以致造成机件间剧烈磨损而形成事故的现象。

自然磨损是不可避免的，因此，必须对机件采取各种有效措施，例如提高机件的强度和耐磨性能，改善机件的工作条件，特别是对机件进行良好的润滑和维护等，从而减小磨损强度，达到延长机器使用寿命的目的。

第二节 零件常见损坏类型及相应措施

一、零件常见的损坏类型

1. 机械磨损

机械设备在运转中，因机件间不断地摩擦或因介质的冲刷（如高炉炉顶装料设备受到炉尘的冲刷等），其摩擦面逐渐产生磨损，因此引起机件几何形状改变，强度降低，破坏了机械的正常工作条件，使机器逐步丧失了原有的精度和功能，这称为机械磨损。

影响机械磨损的因素及降低磨损的措施有润滑、表面加工质量、材料、安装检修的质量等。

（1）润滑

两个相互接触且作相对运动的零件，其摩擦面上的摩擦阻力P与作用在摩擦面上的正压力Q之间的关系为：

$$P = fQ \tag{1-3}$$

式中 f——摩擦系数。

如果在两摩擦面之间没有润滑油，呈干摩擦状态，那么 f 之值取决于金属的性质和表面状况，这可以实验的方法测出。例如：

钢与钢的摩擦　　$f=0.18\sim0.45$

钢与铁的摩擦　　$f=0.05\sim0.12$

如果在两摩擦面间充以润滑油，则摩擦系数 f 可大大减小（如钢对钢处于液体摩擦时，$f=0.001\sim0.003$），摩擦阻力 P 相应减少，从而使机械磨损减低。因此，保持良好的润滑条件，是降低机械摩擦、提高机器使用寿命的最有效的措施之一。

（2）表面加工质量

机件经过加工后，其摩擦表面不可能得到理想的几何形状，总要留下切削工具的刀痕或砂轮磨削的痕迹而构成凹凸状的不平度。一般情况下，表面加工粗糙的，开始磨损较快。当磨到一定时间，不平度大致消除后，磨损便减缓下来，故表面加工精度的要求应根据零件工作的特点来选择，不要盲目追求过高的加工质量。实验指出，过于光滑的表面不一定具有好的耐磨性能，因为这时润滑油不能形成均匀的油膜，两接触面容易发生粘结，反而使耐磨性变坏。

（3）材料

材料的耐磨性主要决定于它的硬度和韧性。材料的硬度决定于金属对其表面变形的抵抗能力。但硬度过高易使脆性增加，使材料表面产生磨粒的剥落。材料的韧性可防止磨粒的产生，提高其耐磨性能。另外，增加材料的化学稳定性还可以减少腐蚀磨损。增加材料本身的孔隙度可以蓄集润滑剂，从而减少机械磨损，提高零件的耐磨性。

不同的材料有不同的机械性能。采用合理的热处理方式往往可使材料的机械性能得到改善。因此合理地选用材料和热处理方式对减少机械磨损是很有意义的。

（4）安装检修的质量

零件安装的正确性对机器寿命有很大的影响。例如不正确地拧紧轴承盖与轴承座的连接螺钉、两结合面不对中、配合表面不平以及轴承间隙调整得不合适等等，都能引起载荷在机器上不正确的分布或者产生附加载荷，因而使其磨损加快。

2．化学蚀损

在冶金生产过程中，由于许多介质具有强烈的腐蚀作用，因而对机械设备产生了严重的腐蚀。腐蚀的结果，不仅消耗了大量贵重的金属材料，而且使设备使用寿命大大缩短。由于机械设备的腐蚀，造成介质严重的跑、冒、滴、漏现象，恶化操作环境，危害职工身体健康，所以认真做好机械设备的防腐蚀工作，是冶金工业开展增产节约、防止环境污染的有力措施之一。

（1）腐蚀的概念

金属由于外部介质的化学作用或电化学作用而引起的破坏称为腐蚀。金属的腐蚀损坏具有以下特点：其破坏总是从金属表面开始，然后逐渐向内深入，同时常常发生金属表面的外形变化，金属表面上常常出现不规则形状的凹洞、斑点、溃疡等破坏区域。另外，被腐蚀破坏的金属转变为化合物（通常是氧化物和氢氧化物），形成腐蚀产物并部分地附在金属表面上，例如铁生锈的情况。

机件表面被腐蚀的结果，使其成分和形状发生了改变，破坏了金属的性质，降低了机件的强度和正常的配合精度，致使机件不能胜任工作。

由于冶金机械设备是处于高温、水气等恶劣条件下工作，所以极易被腐蚀。尤其是轧钢厂的酸洗车间及湿法冶炼的有色机械设备，腐蚀现象更为严重。

针对不同的腐蚀性介质，合理地选用某些耐腐蚀材料是提高机件抗腐蚀能力的一种重要途径。必须强调指出的是，材料的耐腐蚀性是相对的及有条件的。绝对耐腐蚀的材料是不存在的，而且一定的材料只适用于一定的条件，如操作介质的种类、浓度、湿度、压力等。

（2）腐蚀的分类

1）化学腐蚀。是指金属和介质发生化学作用而引起的腐蚀。例如金属在干燥高温气体中的腐蚀以及金属在非电解质溶液（如润滑油）中的腐蚀。高炉炉顶装料设备、风口、炼钢装料机的挑杆、轧钢厂的加热炉辊道等都属这种腐蚀破坏。

2）电化学腐蚀。是指金属和介质发生电化学反应而发生的腐蚀，例如金属在电解质溶液（如海水、大气、土壤、酸、碱、盐溶液等）中发生的腐蚀。其特点是引起腐蚀的介质是电解质，有导电性，腐蚀过程中有电流产生。如有色冶炼厂生产用槽罐设备、各种管道、埋在地下的机器底座等的腐蚀损坏都是这种电化学腐蚀的结果。

一般说来，电化学腐蚀比化学腐蚀强烈得多。金属的腐蚀破坏大多是电化学腐蚀所致。

（3）防腐蚀的方法

防止机件腐蚀的方法包括两个方面：首先是正确地、合理地选择耐腐蚀材料和其它一些防腐蚀措施；其次是选择合理的工艺操作及设备结构。如严格遵守生产的工艺规程，可以消除不应当发生的腐蚀现象。而即使采用了良好的耐腐蚀材料但操作工艺不符合规程时，也会引起严重的腐蚀现象致使机件腐蚀损坏。目前生产中可用的防腐蚀方法有：

1）根据介质选择材料，同时还要满足机械性能的要求。

2）隔绝保护金属法。即采取各种措施，使金属表面形成耐腐蚀的覆盖层，从而把金属基体与周围介质隔离开，如镀锌、镀铬或用金属喷镀、熔镀等。

3）非金属覆盖层防护。这是设备防腐蚀的发展方向。对于冶金设备，常用的办法有：

① 涂料。将油基漆（成膜物质为干性油类）或树脂基漆（成膜物质为合成树脂）通过一定的方法将其涂覆在金属表面，经过固化形成薄涂层，从而保护设备免受高温气体或酸碱等介质的腐蚀。采用涂料防腐蚀的优点是：涂料品种多，适应性强，不受机械设备或金属结构件的形状及大小的限制；使用方便，在现场亦可施工。

常用的涂料品种有防锈漆、底漆、生漆、沥青漆、环氧树脂涂料、聚乙烯涂料、聚氯乙烯涂料以及工业凡士林（作为机械设备封存防锈用）等。

② 砖、板衬里。冶金工厂常用的是水玻璃胶泥衬辉绿岩板。辉绿岩板是由辉绿岩石融铸而成，主要成分是二氧化硅，胶泥即是粘合剂。辉绿岩板的耐酸碱性及耐磨性好，但性脆不能承受冲击。在有色冶炼厂常被用来做贮酸槽壁，槽底则衬瓷砖。

在使用涂料或非金属衬里前，必须对金属进行表面处理（除锈、除油、除水、除尘）。有时除锈工作比较困难，如高炉煤气下降管的除锈，不仅工作量大，而且施工条件不好，要彻底把锈除干净是非常困难的。在这些场合，可以使用带锈底漆来代替底漆，不仅节约了红丹防锈漆用铅，而且还减轻了繁重的除锈劳动。

③ 硬（软）聚氯乙烯。它具有良好的耐腐蚀性和一定的机械强度，加工成型方便，焊接性能良好。可做成贮槽、电除尘器、文氏管、尾气烟囱、管道阀门和离心通风机、离心

泵的壳体及叶轮。它已逐步取代了不锈钢、铅等贵重金属材料。

④ 玻璃钢。它是采用合成树脂为粘接材料，以玻璃纤维及其制品（如玻璃布、玻璃带、玻璃丝等）为增强材料，利用各种成型方法（如手糊法、模压法、层压法、缠绕法等）制成。玻璃钢具有优良的耐腐蚀性，比强度（强度与重量之比）高，但耐磨性差，有老化现象。在有色冶炼厂常采用环氧玻璃钢做锌冶炼贮槽、锌电解槽。实践证明，玻璃钢在中等浓度以下的硫酸、盐酸盛器中用作防腐衬里，当温度在90℃以下时，防腐效果是比较理想的。

⑤ 耐酸酚醛塑料。它是以热固性酚醛树脂作粘接剂，以耐酸材料（玻璃纤维、石棉等）作填料的一种热固性塑料。耐酸酚醛塑料易于成型和机械加工，但成本较高，目前主要用于制作各种管道和管件。

4） 添加缓蚀剂。在腐蚀介质中加入少量缓蚀剂，能使金属的腐蚀速度大大降低。这种方法作为某些场合的防腐蚀措施，亦十分有效。例如对设备的冷却水系统采用磷酸盐、偏磷酸钠处理，可以防止系统腐蚀和锈垢存积。

5） 电化学保护。电化学腐蚀是由于金属在电解质溶液中，分为阳极区和阴极区，存在着一定的电位差，组成了腐蚀电池而引起腐蚀。电化学保护就是对被保护的金属设备通以直流电流进行极化，以消除存在的电位差，使之当处于某一电位时，被保护金属可以达到腐蚀很小甚至无腐蚀状态。这是一项较新的防腐蚀方法，但要求介质必须是导电的、连续的。电化学保护又可分为：

① 阴极保护。它是在被保护金属表面通以阴极直流电流，可消除或减小被保护金属表面的腐蚀电池作用。

② 阳极保护。阳极保护是在被保护金属表面通以阳极直流电流，使其金属表面生成钝化膜，从而增大了腐蚀过程的阻力。

6） 处理腐蚀介质的防护法。这种方法是自腐蚀介质中，将引起腐蚀的介质成分去掉，从而达到防护的目的。如厂房加强通风，除掉水分及二氧化硫气体。在酸洗车间和电解车间里合理设计地面坡度和排水沟，做好地面防腐蚀隔离层，以防酸液渗透地坪后地面凸起而损坏贮槽及机器基础。

3． 疲劳损坏

实践表明，承受交变应力作用的机件，不仅在小于材料的强度极限的应力作用下，甚至常常在小于弹性极限的应力作用下也会逐渐破坏。这种破坏即是所谓疲劳破坏，亦即疲劳损坏。

冶金机械大多处于交变载荷的作用下，在各类事故性的损坏中，其零件的疲劳损坏占有相当大的比重。

为了防止和避免零件产生疲劳损坏，在零件的设计和加工中应尽量避免和消除应力集中的影响，正确选择热处理方法以提高零件的疲劳极限。此外，还可用机械的方法强化零件表面，在零件表面上形成残余的压缩应力从而提高零件的疲劳极限。例如，采用喷丸处理和辊轧处理的办法使零件表面产生强化现象，其疲劳极限即可相应提高。

在日常维护中对于处于交变载荷作用下的重要零件，若未经断裂力学计算者，应实行定期更换，只有经过探伤以后才能决定是否可以继续使用，以免在生产过程中突然破坏，使生产被迫中断。

4． 蠕变损坏

零件在一定应力的连续作用下，随着温度的升高和作用时间的增加，将产生变形。而这种变形还要不断地发展，直到零件的破坏。温度愈高，这种变形速度愈加迅速。有时应力不但小于常温下的强度极限，甚至小于材料的比例极限，在高温下由于长时间变形的不断增加，也可能使零件破坏。这种破坏叫蠕变损坏。

金属发生蠕变的原因是由于高温的影响致使金属的性质发生了变化。以钢为例，其弹性模数、比例极限均随温度的升高而降低，而泊松系数一般要增加一些。钢的塑性性质（断面收缩率和拉断时的单位伸长）当温度由20℃升至200～300℃时要减低一点，温度继续升高，钢的塑性又重新增加了。图1-2给出了低碳钢强度及塑性性质随温度的变化曲线。

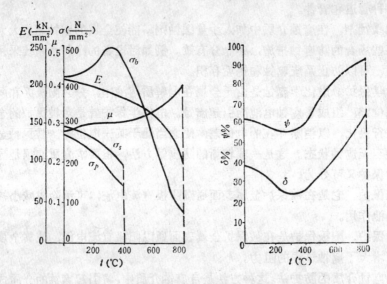

图1-2　低碳钢强度和塑性性质随温度变化的曲线

为了防止蠕变破坏的发生，对于长期处于高温和应力作用下的零件（例如无料钟炉顶高炉旋转布料溜槽的悬挂耳、轴等），应采用合适的耐热合金钢（在钢中加入合金元素钨、钼、钒或少量的铬、镍）外，还应采用减少工作机件应力的办法，通过计算保证其在使用期限内不产生不允许的变形或不超过允许的变形量。

二、机械零件损坏类型的分析方法

机械零件的各种类型的损坏都具有许多特征，根据这些特征就可对它们的损坏类型作出鉴定，以便根据零件不同的损坏原因给以正确的处理，防止类似损坏事故再次发生。常用鉴定方法有：

1）机件外形或断口的分析。可用目视或利用放大镜、显微镜进行观察。

2）机件材料的实验分析。将机件损坏部分取样进行化学成分、金相组织及机械性能等测定。

3）机件的内疵检查分析。机件的内疵如裂纹、气孔等可用X光、超声波及磁力进行探伤，亦可用染色法检查。

4）机件工作的外部条件分析。即对机件的机构运动学、负荷、温度及周围介质情况等进行分析。

5）损坏机件的运转记录、技术档案的分析。如使用时间、故障情况、过去采取的加工及修理工艺、验收记录等等。

机件的损坏常有多种性质，分析其损坏类型时，必须全力找出主要矛盾，才能迅速找出故障发生的原因，从而采取有效的技术措施。

第二章 机械设备零部件的装配

将机器零件或零部件按一定的技术要求组装成机器部件或机器的工作通称为机器零部件的装配。机器装配工作的质量对于机器的正常运转、对于机器设计性能指标的实现，在很多情况下起着决定性的作用。装配质量差会使载荷不均匀分布，产生附加载荷，加速机器的磨损，甚至发生事故损坏现象。

保证机器零部件间正确的联接和配合是装配工作中最重要的两个方面。在各类机器中，轴、轴承、联轴器、齿轮、减速器等是最常见、最重要的零部件，也是一般机器的重要的组成部分。在机器的装配工作中，对这类零部件的装配占有重要的地位，因此讨论和研究它们在不同联接和配合要求下的装配问题具有很重要的意义。

第一节 过盈配合的装配方法

采用过盈配合，主要是使配合零件的联接能承受足够大的扭矩、轴向力及动载荷，故零件的材料应能承受最大过盈所引起的应力。配合零件的联接强度应在最小过盈时得到保证。

一、常温下的压装配合

常温下的压装配合适用于配合量较小的几种过盈配合，它的操作方法简单，动作迅速。具体装配方法有：打入法，靠用锤击的力量，主要用于压入力不大或不太重要联接的地方；另一种是压入法，这种方法加力均匀，加力方向易控制。在过盈量较大的情况下，可以在压床上进行压装。为了选择压床，必须计算压入力。

压装时的压入力必须克服轴压入孔时的摩擦力，该摩擦力的大小与轴的直径和有效压入长度等因素有关。从理论上可以列出压装时所需总压力 P 的公式，但由于各种因素很难估计准确，实际压力与计算值是有出入的，尤其是零件表面粗糙度对其影响很大。在实际装配工作中，常采用经验公式进行压入力的计算。

当孔、轴件均为钢时：

$$P = \frac{28\left[\left(\dfrac{D}{d}\right)^2 - 1\right] i L}{\left(\dfrac{D}{d}\right)^2} \qquad (2\text{-}1a)$$

当轴件为钢、孔件为铸铁时：

$$P = \frac{42\left(\dfrac{D}{d} + 0.3\right) i L}{\dfrac{D}{d} + 6.35} \qquad (2\text{-}1b)$$

式中 P——压入力(kN)；

i——实测过盈量(mm)；

L——配合面的长度(mm)；

D——孔件内径(mm)；

8

d——轴件外径(mm)。

一般根据计算出的压入力再增大20～30％选压床为宜。在压入前应将压入配合件的孔和轴均涂以润滑油,以利于压入装配。

压入装配时,由于轴对孔有相对运动,所以在装配过程中,零件表面的不平度要压去一部分,亦即说明了零件测量过盈量与在联接中实际承受的有效过盈量是不一致的,两者的差值即是因粗糙表面被压缩而引起的变形值。这说明在其它条件相同的情况下,零件表面加工愈粗糙,则在压入后,其连接强度就愈低。一般,采用压入配合零件的表面粗糙度应不低于$\overset{125}{\nabla}$。

二、热装配合

热装的基本原理是,通过加热孔件使孔直径膨胀增大到一定数值,再将与之配合的轴自由地送入孔中,待孔件冷却后,孔件收缩即将轴紧紧地抱住,其间产生很大的联接强度,达到压装配合的要求。

热装主要用于没有压床或直径大的、过盈量大的零件的装配。

1. 加热温度的确定

为了使热装操作方便且有把握,规定加热温度应使孔的膨胀量达到实测过盈量的2～3倍(常采用3倍)。常用加热温度的计算公式是:

$$t = \frac{(2\sim 3)i}{K_a d} + t_0 \qquad\qquad (2\text{-}2)$$

式中　t——加热温度(℃);

　　　i——实测过盈量(mm);

　　　K_a——加热时孔材料的线膨胀系数(1/℃);

　　　d——未加热前孔的直径(mm);

　　　t_0——室温(℃)。

2. 加热温度的测定

在加热过程中,可采用半导体点接触测温计测量零件的加热温度。在现场,也可用油类或有色金属作为测温材料。如机油的闪点是200～220℃,锡的熔点是232℃,纯铅的熔点是327℃。也可以用测温蜡笔及测温纸片测温。

3. 最终检查措施

由于测温材料的局限性,一般很难测准所需加热温度,故现场常采用样杆进行检查。

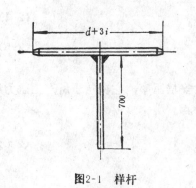

图2-1　样杆

样杆尺寸按实测过盈量大3倍制作,当样杆刚能放入孔时则加热温度正合适。

样杆常用直径为5mm的圆钢制作,两端用砂轮打磨成锥形,操作手柄以700mm长为宜,样杆和操作手柄成垂直焊接在一起,如图2-1所示。

4. 加热方法

(1) 热浸加热法

热浸加热法常用于零件尺寸及过盈量较小的场合。其方法是先将机油放在铁盒内加热,再

9

将需加热的零件放入机油内即可。这种方法加热均匀、方便，常用来加热轴承。

（2）氧-乙炔焰加热法

此法多用于较小零件的加热。这种加热方法简单，但易于过烧，故要求具有熟练的操作技术。

（3）木柴或焦炭加热法

根据零件尺寸大小临时用砖砌一加热炉或将零件用砖块垫上用木柴或焦炭加热。为了防止热量损失，可在零件上面盖一与零件外形相似的焊接罩。此法简单，但加热温度不易掌握，零件加热不易均匀，而且炉尘飞扬，易生火灾，故此法最好不用。

（4）煤气加热法

此法操作甚为简单，加热时无炉灰，且加热温度易于掌握，对大型零件只要将煤气烧嘴布置合理，亦可做到加热基本均匀。此法在有煤气的地方应推广采用。

（5）电热法

用镍-铬电阻丝绕在耐热瓷管上，放入被加热零件的孔里，对镍-铬丝通电便可加热。为防止散热，可用石棉板做一外罩盖在零件上。这种方法只用于精密设备或有易爆易燃的场所。

（6）电感应加热法

1）原理。利用交变电流通过铁芯（被加热零件可视为铁芯）外的线圈，使铁芯产生交变磁场，在铁芯内与磁力线垂直方向产生感应电动势，此感应电动势以铁芯为导体产生电流，这种电流在铁芯内形成涡流现象称之为涡电流，在铁芯内使电能转化为热能，使铁芯变热。此外，当铁芯磁场不断变动时，则铁芯被磁化的方向也随着磁场的变化而变化，这种变化将消耗能量而变为热能使铁芯热上加热。

2）绕线匝数与电流量的计算。磁场不断变动时，在外绕线圈内产生的感应电动势 E 为：

$$E = 4.44 f N B_{max} A \times 10^{-8} \quad (V) \tag{2-3}$$

式中　f——频率(Hz)；

　　　N——绕线匝数；

　　　A——铁芯面积（即被加热零件表面积）．cm^2；

　　　B——磁力线密度(T)。一般热装时 $B_{max} = 1T$。

令 $f = 50Hz$，$B_{max} = 1T$，代入式(2-3)得：

$$N = \frac{45E}{A} \tag{2-4}$$

∵　安培匝数　　　　　$IN = \pi D i_n \tag{2-5}$

式中　D——铁芯平均直径；

　　　i_n——每单位长度上所有的平均安培匝数，也称安培匝率，它决定于所产生磁力线密度的大小。当 $B_{max} = 1T$ 时，则 $i_n = 1.5$。

∴　　　　　　　　　$I = 1.5 \frac{\pi D}{N} \quad (A) \tag{2-6}$

线圈导线断面积 $F = \frac{I}{\alpha} \quad (mm^2)$

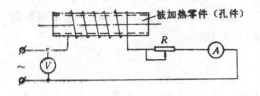

图2-2　电感应加热电路图

其中，a 为导线内电流密度，常取 $a = 3 \sim 4$ A/mm^2。

由公式(2-4)与(2-6)计算得出所需绕线匝数与电流量后，再根据电流量选取金属导线。由于被加热零件几何形状的不规则，加热过程中热量的散失以及外电压的波动等因素的影响，按上述公式计算的结果用于实际时尚须修正，其办法是：把绕线匝数增加，导线加粗。在现场操作时常串联一可变电阻 R，通过调整电流及测定被加热零件表面温度来控制加热过程。

3）　电感应加热电路图如图2-2所示。

4）　保温及安全措施。为了防止加热过程中热量的损失及保护外绕的线圈受热烧坏绝缘而短路，故在绕线前应用石棉板包住被加热零件，然后再绕线。

5）　优点。加热均匀，加热温度借调整电流大小进行控制，所以操作简便；加热时无炉灰，不会引起火灾，最适合于装有精密设备或有易爆易燃的场所；还适合于特大零件的加热（如50t转炉倾动机构的大齿轮与转炉耳轴用此法加热进行热装，被加热的大齿轮外径为4.29m，重17.8t）。

三、冷装配合

当带孔的零件较大而压入的零件较小时，采用加热带孔零件的办法既不方便又不经济，这时可采用冷装配合，即用低温冷却的方法使被压入的零件尺寸缩小，然后迅速将其装入到带孔的零件中去，装配工作即告完成。

冷却装配的冷却温度可按下式计算：

$$t = \frac{(2 \sim 3)i}{K_a d} - t_0 \tag{2-7}$$

式中　t——冷却温度(℃)；

　　　i——实测过盈量(mm)；

　　　K_a——被冷却零件材料的线膨胀系数(1/℃)；

　　　d——被冷却件的公称尺寸(mm)；

　　　t_0——室温(℃)。

常用冷却剂的冷却温度是：

固体二氧化碳加酒精或丙酮　　　－75℃

液氨　　　　　　　　　　　　　－120℃

液氧　　　　　　　　　　　　　－180℃

液氮　　　　　　　　　　　　　－190℃

冷却前应将被冷却件(如键)的尺寸进行精确测量，并按冷装的工序及要求在常温下进行试装演习，其目的是为了准备好操作和检查的必要工具量具及冷藏运输容器，检查操作工艺是否合适。有制氧设备的冶金工厂，此法应予推广。

冷却装配要特别注意操作安全，稍不小心便会冻伤人体。

四、热装实例

1.　已知条件

ϕ800人字齿轮轴热装齿形联轴器的外齿套。人字齿轮轴头公称尺寸为 ϕ500mm，齿形联轴器的外齿套的材质为45钢($K_\alpha = 12\times10^{-6}1/^\circ C$)，装配时室温 $t_0 = -3^\circ C$，齿形联轴器的外齿套与人字齿轮轴的轴头最大过盈量经测量 $i = 0.42mm$。

2．加热温度的计算

由公式(2-2)得：

$$t = \frac{(2\sim3)i}{K_\alpha d} + t_0 = \frac{3\times0.42}{12\times10^{-6}\times500} + (-3) = 207^\circ C$$

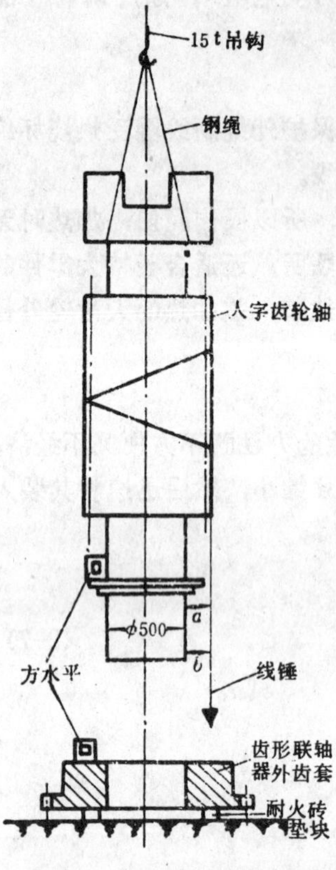

3．加热方法

将齿形联轴器的外齿套用耐火砖支承，用橡皮管将煤气引来通过 4 个烧嘴从下面及侧面加热齿形联轴器的外齿套。为了防止热量散失，在其上盖一大铁板。

4．测温方法

用半导体点接触测温计测温。同时采用样杆检查，样杆尺寸为501.26mm。

5．装配

为了确保装配质量，采取将齿形联轴器外齿套平放，人字齿轮轴垂直落下的装配方法，如图2-3所示。

热装的要领是：事先做好各项准备工作，装配时动作要快。在齿形联轴器外齿套加热前，用耐火砖将其垫起，并用方水平找正，然后再加热之。与此同时，用15t 桥式起重机将人字齿轮轴吊上，用挂线及方水平检查人字齿轮轴的吊挂垂直性，待齿形联轴器的外齿套加热至预定温度后，将桥式起重机开至齿形联轴器外齿套的正上方，使人字齿轮轴对准齿形联轴器外齿套的孔并使其快速落入孔内。

第二节　轴和联轴器的装配

各类设备的旋转零件或部件都是靠轴来带动的，所以轴的装配质量对确保设备正常运行有很大的影响。正确装配轴的基本要求是：

轴与配合件的组装位置正确，水平度、垂直度及同心度均应符合技术要求；

轴应均匀地支承在轴承上，转动轻松和平稳，并且保持位置的正确性；

轴上的轴承除一端定位外，其余轴承应有移动的余地，以适应轴的伸缩。

在装配轴前应对轴的轴颈部位进行清洗，对轴进行弯曲检查。对一般的机器，当轴的转速小于500r/min时，最大允许挠度为0.3mm/m；转速大于500r/min时，则为0.2mm/m。

在装配轴时，必须做好轴承的同心度、两根轴间的平行度、垂直度以及轴与联轴器的同心度检查。

轴承的同心度常用挂线的方法来检查，两根轴的垂直度与平行度常用角尺、内径千分尺以及块规、挂线和用摇臂的测量方法。

联轴器用于联接不同机构的两根轴，使一根轴能把动力传递给另一根轴。在装配各种

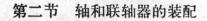

图2-3　热装装配示意图

（图中标注：15t吊钩、钢绳、人字齿轮轴、ϕ500、方水平、线锤、齿形联轴器外齿套、耐火砖垫块、a、b）

联轴器时，总的要求是使联接的两根轴符合规定的同心度，保证它们的几何中心线互相重合。

下面着重讨论联轴器找正时偏移情况的分析、测量和处理的方法。

一、联轴器找正时偏移情况的分析

联轴器找正时，一般可能遇到以下几种情况（如图2-4所示）：

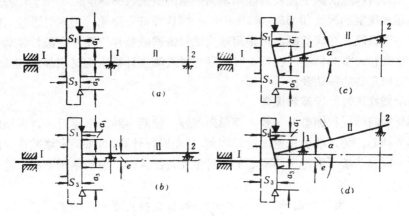

图2-4　联轴器找正时可能遇到的4种情况
1、2—支点

1）$S_1 = S_3$，$a_1 = a_3$，如图2-4(a)所示。联轴器的两半联轴节处于既平又行又同心的正确位置，这时两轴的中心线必位于同一条直线上。此处S_1、S_3和a_1、a_3分别表示联轴器上方(0°)和下方(180°)两个位置上的轴向和径向间隙。

2）$S_1 = S_3$，$a_1 \neq a_3$，如图2-4(b)所示。两半联轴节虽然互相平行，但不同心，这时两轴的中心线之间有平行的径向位移（偏心距为$e = \dfrac{a_3 - a_1}{2}$）。

3）$S_1 \neq S_3$，$a_1 = a_3$，如图2-4(c)所示。这表示两半联轴节虽然同心，但不平行，这时两轴的中心线之间有倾斜的角位移（倾斜角为a）。

4）$S_1 \neq S_3$，$a_1 \neq a$，如图2-4(d)所示。这表示两半联轴节既不平行又不同心，这时两轴的中心线之间既有径向位移又有角位移。

联轴器处于后三种情况时都不正确，均需进行找正，直至获得第一种正确的情况为止。通常在安装机械设备时，先装好从动机构，使其处于水平再装主动机，故找正时只需调整主动机，即在主动机的支座下面加减垫片或在水平方向移动主动机位置的方法来进行调整。

二、联轴器找正时的测量

使用百分表对联轴器进行找正，其精度较高。可用来测径向间隙和轴向间隙。如图2-5a所示，百分表装在磁性座的滑动杆上，百分表1测出的是径向间隙a，百分表2测出的是轴向间隙S。

联轴器的找正可用1点测量、2点测量或4点测量的方法进行，进行多点测量可以获得较高的精度，但常用的是一点法测量。所谓一点法测量是指在测量一个位置上的径向间隙时，同时还测量同一位置的轴向间隙。测量时，装好百分表，联上联轴器螺栓，使两半联轴节向着相同的方向一起旋转。先测出上方(0°)时的a_1与S_1，然后将两半联轴节顺次转到90°、180°、270°三个位置上，分别测出a_2、S_2；a_3、S_3；a_4、S_4。将测得的数值记在记录图中，如图2-5(b)所示。

测得的数据应符合下列条件：

$$a_1+a_3=a_2+a_4;\qquad\qquad S_1+S_3=S_2+S_4$$

然后，比较对称点的两个径向间隙和轴向间隙的数值(如a_1和a_3，S_1和S_3)，若对称点的数值相差不超过规定的数值(0.05～0.1mm)时，则认为符合要求，否则要进行调整。对于精度不高或小型机器，在调整时，可采用逐次试加或试减垫片以及左右敲打移动主动机的办法。对于精密和大型的机器，在调整时，则应通过测量计算来确定应加或应减垫片的厚度和沿水平方向左右的移动量。

三、联轴器找正时的计算和调整

根据测量的间隙进行调整，一般先调轴向间隙，使两半联轴节平行，再调径向间隙，使两半联轴节同心。为了准确快速地进行调整，应先进行计算，再来确定增减垫片的厚度。

现以两半联轴节既不平行又不同心的一种偏移情况为例，说明联轴器找正时的计算及调整方法。

如图2-6所示，Ⅰ为从动机轴，Ⅱ为主动机轴，根据找正测量的结果，$S_1>S_3$，$a_1>a_3$，即联轴器的两半联轴节处于既不平行又不同心的状态。

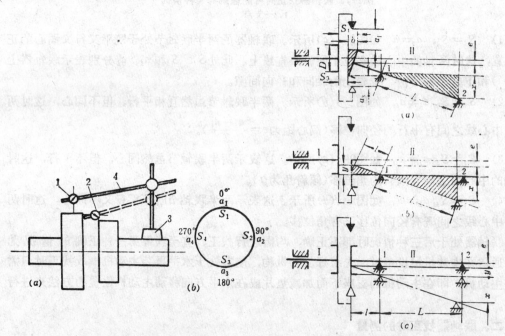

图2-5　百分表法找正及测量记录图
1—百分表；2—百分表；3—磁性座；4—滑杆

图2-6　联轴器找正计算和加垫调整方法

1. 先使两半联轴节平行

由图2-6(a)可知，为了使两半联轴节平行，必须在主动机轴的支点2下加上厚度为x(mm)的垫片才能达到。此处x的值可以利用图上画有剖面线的两个相似三角形的比例关系算出：

$$\frac{x}{L} = \frac{b}{D}$$

式中 D——联轴器的直径(mm);

  L——主动机轴两支点间的距离(mm);

  b——在0°与180°两个位置上测得的轴向间隙的差值($b = S_1 - S_3$)(mm);

由于支点2垫高了，而在支点1下面没有增加垫片，因此轴Ⅱ将以支点1为支点而转动，这时两半联轴节端面虽然平行了，但轴Ⅱ上的半联轴节的中心却下降了y(mm)，如图2-6(b)所示。此处y的数值也可用有剖面线的两个相似三角形的比例关系算出

$$y = \frac{xl}{L} = \frac{bl}{D}$$

式中 l——支点1到半联轴节测量平面间的距离(mm)。

2．再使两半联轴节同心

由于$a_1 > a_3$，其原有径向位移量为$e\left(e = \frac{a_1 - a_3}{2}\right)$，再加上在上一步找正时又使联轴节中心的径向位移量增加了y(mm)，所以，为了使两半联轴节同心，必须在轴Ⅱ的支点1和支点2下面同时加上厚度为$(y+e)$mm的垫片。

由此可见，为了使轴Ⅰ与轴Ⅱ上两半联轴节既平行又同心，则必须在轴Ⅱ支点1下面加厚度为$(y+e)$mm的垫片，在支点2下面加厚度为$(x+y+e)$mm的垫片，如图2-6(c)所示。全部轴向间隙和径向间隙调整好后，必须满足下列条件：

$$a_1 = a_2 = a_3 = a_4; \qquad S_1 = S_2 = S_3 = S_4$$

四、实例

如图2-7(a)所示机构，找正时所测得的间隙数值见图2-7(b)。试求轴Ⅱ支点1和支点2的下面应加或应减的垫片厚度。

从测量数据知，该联轴器两半联轴节既不平行又不同心，根据测量数据便可作出联轴器偏移的示意图，即找正计算图，如图2-8所示。

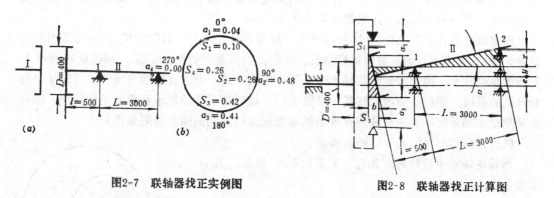

图2-7 联轴器找正实例图   图2-8 联轴器找正计算图

1．调两半联轴节平行

因$S_3 > S_1$，故$b = S_3 - S_1 = 0.42 - 0.1 = 0.32$(mm)．所以必须从轴Ⅱ的支点2下减去厚度为$x$的垫片，$x$的值为：

$$x = \frac{b}{D} \cdot L = \frac{0.32}{400} \times 3000 = 2.4 \text{(mm)}$$

轴Ⅱ上半联轴节中心被抬高了y，y值可由下式计算：

$$y=\frac{l}{L}\cdot x=\frac{500}{3000}\times2.4=0.4(\mathrm{mm})$$

2. 调两半联轴节同心

由于$a_3>a_1$，故原有的径向位移量：

$$e=\frac{a_3-a_1}{2}=\frac{0.44-0.04}{2}=0.2(\mathrm{mm})$$

为了使两半联轴节同心，必须从支点1和支点2同时减去厚度为$y+e=0.4+0.2=0.6(\mathrm{mm})$的垫片。

由此可见，为使两半联轴节既平行又同心，最终垂直方向的调整是在轴Ⅱ的支点1下减去厚度为$y+e=0.6\mathrm{mm}$的垫片，在支点2下减去厚度为$x+y+e=3\mathrm{mm}$的垫片。

垂直方向的轴调整完毕后，仍用计算的办法，求出水平方向两轴线中心的偏移量，再用锤击或用千斤顶推的方法进行调整。

第三节 轴承的装配

一、滑动轴承的装配

滑动轴承主要是由轴承体、轴瓦或轴套组成。滑动轴承的工作性能，在很大程度上决定于装配精度。

1. 滑动轴承的损坏形式及其间隙确定

滑动轴承最理想的情况是在液体摩擦的条件下工作。因为此时轴承的工作表面间为润滑油层所隔开，使轴与轴承的工作表面几乎没有磨损，因此，理想的工作期限应该是十分长久的。但是，由于机器在工作过程中，经常需要停止和启动，使速度发生变化。此外机器在工作过程中还会发生振动和载荷变动的情况，这些都将破坏液体摩擦条件而引起磨损。

滑动轴承因磨损而不能正常工作，一般表现为两种基本形式：一种是轴与轴承配合间隙的增加；另一种是轴承的几何形状发生变化。

根据组合机件磨损曲线(见图1-1)可知，组合机件经过初磨时期之后，只有在适当的初间隙$S_{初}$时，磨损才开始正常地逐渐增长。当间隙达到最大值S_{max}以后，磨损就剧烈增长而转为事故状态。因此装配滑动轴承时，同样应该确定一个适宜的初间隙值。当轴承经过长时间的磨损，而使间隙增大到某一极限值后，就破坏了滑动轴承正常的工作性能。因此在装配滑动轴承时，首先应该规定滑动轴承和轴颈间的初间隙和极限允许间隙。

(1) 初间隙和极限允许间隙的确定

当轴在轴承中运转时，其几何关系如图2-9所示。其主要参数有：

S——轴与轴承的径向间隙，$S=D-d=2(R-r)$；

ψ——相对间隙，$\psi=\dfrac{S}{d}$；

e——绝对偏心，$e=\dfrac{S}{2}-h_{min}$；

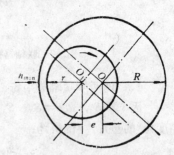

图2-9 几何关系

ε ——相对偏心，$\varepsilon = \dfrac{e}{\frac{S}{2}} = \dfrac{2e}{S}$;

h_{min} ——最小油膜厚度。

由流体力学的推导得知，滑动轴承和轴在液体摩擦条件下的关系式为：

$$q = \frac{\eta \omega}{\psi^2 c} \phi \qquad (2-8)$$

式中　q ——轴承单位面积上所承受的载荷（Pa）；

η ——润滑油的动力粘度（Pa·s）；

c ——考虑轴颈长度影响的修正系数，$c = \dfrac{d+l}{l}$;

d ——轴的直径（mm）；

l ——轴承长度（mm）；

ω ——轴的角速度（1/s），$\omega = \dfrac{2\pi n}{60}$。

公式（2-8）可改写为：

$$\phi = \frac{q\psi^2 c}{\eta \omega} = \frac{30q\psi^2 c}{\pi n \eta} = \frac{30qS^2 c}{\pi n d^2 \eta}$$

式中 ϕ 是相对偏心 ε 的函数，由实验得知：

$$\phi = \frac{1.04}{1-\varepsilon} = \frac{1.04}{1-\dfrac{2e}{S}} = \frac{1.04}{1-\dfrac{2\left(\dfrac{S}{2} - h_{min}\right)}{S}} = \frac{0.52S}{h_{min}}$$

由上二式得出：

$$h_{min} = \frac{n d^2 \eta}{18.36 q S c} \qquad (2-9)$$

从图2-9知，最小油膜厚度：

$$h_{min} = R - r - e = \frac{S}{2} - e = \frac{S}{2}(1-\varepsilon) \qquad (2-10)$$

从式（2-10）知，相对偏心 ε 的增大，意味着油膜厚度的减小。因此，一般说来，小的相对偏心是轴承的理想工作状态。但就相对偏心与轴承间隙来说，间隙的增大将会使相对偏心增大；间隙的减小，将使相对偏心减小。由实验得知，当相对偏心 $\varepsilon < 0.5$ 时，轴承内的摩擦迅速增长，而在 $\varepsilon = 0.5$ 时，摩擦最小。因此，与此 ε 相对应的间隙 S 应是理想的间隙值。故将理想间隙规定为滑动轴承的初间隙，使滑动轴承一开始就能处于正常的工作状态。

将轴承间隙所决定的理想相对偏心 $\varepsilon = 0.5$ 代入式（2-10），此时式中 S 即为理想的初间隙 $S_{初}$，得到：

$$h_{min} = \frac{S_{初}}{2}(1-0.5) = \frac{S_{初}}{4} \qquad (2-11)$$

把上式再代入式（2-9），由

$$\frac{S_{初}}{4} = \frac{n \cdot \eta \cdot d^2}{18.36 q S_{初} c}$$

得到

$$S_{初} = 0.47d\sqrt{\frac{n\cdot\eta}{q\cdot c}} \qquad\qquad (2\text{-}12)$$

式(2-12)即为滑动轴承初间隙的理想值的计算公式。由于轴承在工作过程中将不断地受到磨损，使间隙逐渐增大，从而使最小油膜厚度逐渐地减小，而使轴和轴承的表面开始接触(即液体摩擦条件开始破坏)。这时的轴承间隙就是轴承允许的极限间隙。此时的油膜厚度：

$$h_{min} = \delta_a + \delta_b = \delta \qquad\qquad (2\text{-}13)$$

式中　δ_a 与 δ_b——初磨期前后轴与轴承表面的粗糙度。

$\delta = \delta_a + \delta_b$ 的总和见表2-1。

当轴承间隙增大到极限允许值时，轴承正常工作条件的破坏是以油膜的最小厚度等于粗糙度的总和为极限情况的，即

$$\delta = h_{min} = \frac{n\eta d^2}{18.36qcS_{max}} \qquad\qquad (2\text{-}14)$$

公式(2-12)与公式(2-14)相除，得

$$S_{max} = \frac{S^2_{初}}{4\delta} \qquad\qquad (2\text{-}15)$$

上式即为滑动轴承极限允许间隙的计算式。

滑动轴承在装配后，若其间隙在 $S_{初}$ 与 S_{max} 之间，则该滑动轴承可以正常工作。

表2-1　初磨期前后轴与滑动轴承表面粗糙度的总和 δ(mm)

加　工　类　别	初　磨　期　前 δ	初　磨　期　后 δ
精研磨	0.005	0.005
普通研磨；精铰	0.01	0.005
精车和铰	0.03	0.01

(2) 滑动轴承几何形状的改变

滑动轴承因不均匀的局部磨损而引起的几何形状改变，当超过一定的允许极限时，正常的工作条件同样会遭到破坏。这种情况的发生，可以图2-10为例加以说明。

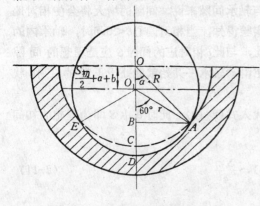

图2-10　滑动轴承几何形状的改变

若轴上作用的载荷方向固定，则滑动轴承在载荷方向受到局部磨损。同时机器在启动、制动和减低转速时，滑动轴承的底部将受到最大的磨损。这样的磨损在 C 点最大，在 C 点的两侧磨损逐渐减小，随着磨损过程的延续，C 点不断下降。这时滑动轴承不仅因磨损而使间隙增大，而且由于轴瓦下部受到的不均匀的磨损而产生几何形状的改变，轴颈磨入轴承的凹窝内，直至两者曲率半径变为相同，不能形成油楔而使轴承报废。

因为滑动轴承的磨损极限在120°的接触角的范围内，所以如果轴承磨损到这一角度时，即使提高转速，液体摩擦条件仍然不能建

立，磨损就会剧烈发展导致轴承不能正常工作。

在图2-10中，O_1为轴心对轴承中心O的相对移动位置；R、r分别为磨损前轴承和轴的半径；a为轴的半径经过磨损减小的值；b为轴承几何形状改变的极限允许值（即C点因磨损下降至D点，$b=CD$）。则

$$AB=(r-a)\sin 60°=R\sin\alpha$$

$$\sin\alpha=\frac{r-a}{R}\sin 60°=\frac{\sqrt{3}\,(r-a)}{2R}$$

又

$$OO_1=OB-O_1B=R\cos\alpha-(r-a)\cos 60°$$

或

$$OO_1=R\sqrt{1-\sin^2\alpha}-\frac{1}{2}(r-a)$$

将$\sin\alpha$的值代入后，得到

$$OO_1=\frac{1}{2}\sqrt{4R^2-3(r-a)^2}-\frac{1}{2}(r-a)$$

同时

$$OO_1=\frac{S_{初}}{2}+a+b$$

$\therefore$

$$\frac{S_{初}}{2}+a+b=\frac{1}{2}\sqrt{4R^2-3(r-a)^2}-\frac{1}{2}(r-a)$$

或

$$b=\frac{1}{2}\sqrt{4R^2-3(r-a)^2}-\frac{1}{2}(r-a)-\frac{S_{初}+2a}{2}$$

令

$$S_{初}+2a=S_a$$

又

$$r-a=R-\frac{S_{初}}{2}-a=R-\frac{S_a}{2}$$

则

$$b=\frac{1}{2}\sqrt{4R^2-3\left(R-\frac{S_a}{2}\right)^2}-\frac{1}{2}\left(R-\frac{S_a}{2}\right)-\frac{S_a}{2}$$

$$=\frac{1}{2}\sqrt{4R^2-3R^2+3RS_a-\frac{3}{4}S_a^2}-\frac{R}{2}-\frac{S_a}{4}$$

在上式中S_a的值和R的值相比较显得很小，故可将$\frac{3}{4}S_a^2$项略去不计，则

$$b=\frac{R}{2}\sqrt{1+\frac{3S_a}{R}}-\frac{R}{2}-\frac{S_a}{4} \tag{2-16}$$

将上式中的根式按牛顿的二项分解为级数，则

$$\sqrt{1+\frac{3S_a}{R}}=1+\frac{3S_a}{2R}-\frac{9S_a^2}{8R^2}+\frac{27S_a^3}{16R^3}$$

上式中高次项$\frac{9S_a^2}{8R^2}$以后各项略去不计，则公式(2-16)变为：

$$b=0.5R+0.75S_a-0.5R-0.25S_a=0.5S_a$$

$$b=0.5S_{初}+a \tag{2-17}$$

令K为轴和轴承磨损程度的比较系数，即$K=\frac{a}{b}$，则

$$b=0.5S_{初}+Kb$$

$$b = \frac{0.5S_{初}}{1-K} = \frac{S_{初}}{2(1-K)} \qquad\qquad (2-18)$$

$$a = \frac{K}{2(1-K)} \cdot S_{初} \qquad\qquad (2-19)$$

系数 K 的值大致可以取为:

当轴为钢、轴承为青铜时, $K = 0.5$; 当轴为钢. 轴承为巴氏合金时, $K = 0.3$。

对公式(2-18)可作如下分析:

当 $K < 1$ 时, b 为正值, 轴承因局部磨损, 使液体摩擦条件破坏。

当 $K \geqslant 1$ 时, 不能获得 b 值, 即轴的磨损量与轴承的磨损量相等, 或轴的磨损比轴承快, 这时轴承所增长的不均匀局部磨损不影响液体摩擦条件, 而主要由极限允许间隙来确定。

当 $K = 0$ 时, 即 $a = 0$, 轴没有磨损, 此时 $b = 0.5S_{初}$(见式2-18)。这表明轴承加工的椭圆度应该小于 $0.5S_{初}$, 否则轴承在最初工作时即开始产生剧烈的磨损。

上述滑动轴承装配的基本要求由理论确定的极限允许值, 经验证明, 都符合实践所确定的值。

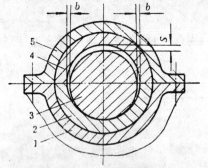

图2-11 滑动轴承的间隙

1—轴承座; 2—下轴瓦; 3—轴; 4—上轴瓦; 5—轴承盖

(3) 实际工作中装配间隙的确定

滑动轴承在装配中所形成的间隙有顶间隙和侧间隙, 见图2-11。顶间隙 S 是保证液体摩擦的主要条件, 两侧间隙 b 则为散热用。在侧间隙处开油沟或冷却带则增大了间隙, 可以增加散热效果, 并保证连续地将润滑油吸到轴承的受载部分。

在实际工作中, 顶间隙可以由计算决定, 也可以根据经验决定。对冶金机械来说, 当采用稀油润滑时, 顶间隙可按以下经验公式确定:

对曲轴轴瓦　　　　$S = (0.7 \sim 1)\dfrac{D}{1000}$

对一般轴瓦　　　　$S = (1 \sim 1.2)\dfrac{D}{1000}$

当采用润滑脂润滑时:

$$S = (1 \sim 1.5)\frac{D}{1000}$$

式中　D——轴颈直径。

侧间隙一般可取为: $b = \dfrac{S}{2}$

表2-2是装配滑动轴承可供选用的间隙值。

2. 装配间隙的测量

对于各类剖分式滑动轴承顶间隙的测量, 一般采用压铅法, 也可用塞尺测得。采用压铅法测量时, 根据测量间隙的大小, 选用直径为 $0.6 \sim 1mm$ 的软铅丝或软铅条。测量方法如图2-12所示, 先安放铅丝, 然后盖上轴承盖, 拧紧螺栓, 用塞尺检查轴瓦接合面间的间隙是否均匀相等。再打开轴承盖, 用外径千分尺测量压扁部位的铅丝厚度, 其顶间隙的平均

表2-2　滑动轴承装配间隙选用表

轴承类别		顶间隙(mm)	轴的直径 (mm)							
			18~30	大于30~50	大于50~80	大于80~120	大于120~180	大于180~260	大于260~360	大于360~500
非主要传动轴的轴承		初间隙	0.07	0.10	0.15	0.22	0.30	0.40	0.50	0.60
		极限间隙	0.25	0.35	0.50	0.80	1.20	1.60	2.00	2.40
主要传动轴的轴承	低速转动的轴(小于1000r/min)减速机与齿轮传动等的轴承	载荷小于300N/cm² 初间隙	0.04	0.05	0.06	0.07	0.08	0.10	0.12	0.14
		载荷小于300N/cm² 极限间隙	0.13	0.16	0.20	0.25	0.30	0.40	0.50	0.60
		载荷大于300N/cm² 初间隙	0.02	0.03	0.04	0.05	0.06	0.07	0.08	0.10
		载荷大于300N/cm² 极限间隙	0.07	0.09	0.12	0.15	0.20	0.25	0.30	0.36
	高速转动的轴(大于1000r/min)齿轮传动、离心泵和皮带传动的轴承	载荷小于300N/cm² 初间隙	—	—	—	0.25~0.30	0.30~0.35	0.35~0.45	0.45~0.60	0.60~0.70 ~0.70~0.80
		载荷小于300N/cm² 极限间隙	—	—	—	0.90~1.20	1.20~1.40	1.40~1.80	1.80~2.30	2.30~2.50 ~2.50~2.80
		载荷大于300N/cm² 初间隙	—	—	—	0.10~0.15	0.15~0.20	0.20~0.25	0.25~0.35	0.35~0.45 ~0.45~0.55
		载荷大于300N/cm² 极限间隙	—	—	—	0.35~0.50	0.50~0.70	0.70~0.90	0.90~1.40	1.40~1.80 ~1.80~2.20
内燃机和空气压缩机的轴承		初间隙	—	—	0.07~0.08	0.09~0.11	0.13~0.15	0.15~0.20	0.23~0.26	0.28~0.42
		极限间隙	—	—	0.25~0.30	0.30~0.40	0.45~0.55	0.55~0.70	0.80~0.90	1.00~1.40
轴套		初间隙	0.05	0.06	0.07	0.08	—	—	—	—
		极限间隙	0.16	0.20	0.25	0.30	—	—	—	—

值按下式计算：

$$A_1 = \frac{a_1 + c_1}{2} \qquad A_2 = \frac{a_2 + c_2}{2}$$

$$S_{平均} = \frac{(b_1 - A_1) + (b_2 - A_2)}{2}$$

对整体式轴承的间隙测量均用塞尺，要求精确时可用百分表。

滑动轴承的轴向间隙是，固定端间隙值为0.1~0.2mm；自由端的间隙值应大于轴的热膨胀伸长量。

3. 滑动轴承的装配过程

(1) 清洗检查

先核对轴承型号，检查轴瓦质量，然后用煤油洗净。

(2) 轴承座的固定

先找好两个或两个以上共轴轴承座的水平度及同心度，这常用挂线方法找正。再把轴放在其上，用涂色法检查轴与轴瓦表面的接触情况。一切调整好后，再将轴承座牢固地固定在机体或基础上。

(3) 轴套的装配

在轴承的所有零件中，只允许轴颈与轴瓦之间发生相对滑动，其余零件均不允许蠕动。因此轴套(如铜套)必须与轴承座固定住。固定时可以采用压入配合、销钉及螺钉等。

（4）轴瓦的装配

轴瓦与轴承座的配合一般采用较小的过盈配合（过盈量为0.01～0.05mm）或过渡配合。为了保证在运转中不致使轴瓦在轴承座内转动，常在轴瓦与轴承座之间安放定位销。同时，一般轴瓦都设计有翻边或止口，装配时，翻边或止口与轴承座之间不应有轴向间隙，以防止轴瓦在轴承座内产生轴向位移。

为了使轴颈与轴瓦有理想的配合面，当在检修中要以轴瓦配轴时，必须进行研瓦。研刮可使轴瓦表面有微小的凹面，它可以储油以利润滑。研瓦的工艺过程是：

1）轴瓦的质量检查。检查内容有：浇铸质量（对巴氏合金轴瓦通过敲瓦背听其声来判断是否有空洞夹层等缺陷存在，对铜瓦要检查是否有大的裂纹）；尺寸校对。

2）开冷却带（瓦口），油槽，配定位销。开瓦口是为了贮存磨粒、存油和散热。瓦口开小时容易"夹帮"（即轴瓦抱住轴颈的现象）。瓦口不能开通，否则运转时会漏油，见图2-13所示。瓦口尺寸，通常取 $h=\dfrac{2}{5}\delta$，$S=(10\sim25)\delta$。h 值亦可按表2-3查取。

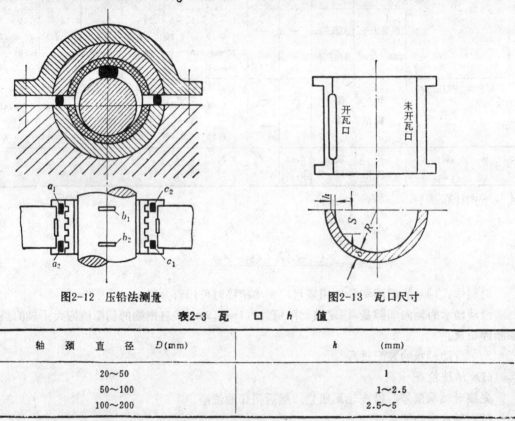

图2-12　压铅法测量　　　　　图2-13　瓦口尺寸

表2-3　瓦　口　h　值

轴　颈　直　径　D(mm)	h　　　(mm)
20～50	1
50～100	1～2.5
100～200	2.5～5

为了保证油楔有足够的承载能力，油槽应与轴线平行，常取槽宽为3～6mm，槽深为槽宽的 $\dfrac{1}{2}\sim\dfrac{1}{3}$。

定位销要配牢，且应低于工作面2～3mm。

3）处理瓦边及研刮瓦背。瓦边放入轴承座后，应无间隙，无轴向串动。瓦背要与轴承座贴严，不允许有空白处。

4）找正研瓦。研瓦的技术标准：一般瓦接触角为70°～90°，接触斑点数为1～2点/

22

cm²。高级瓦的接触斑点数为2~3点/cm²。

5) 间隙检查。顶间隙用压铅法检查，侧间隙用塞尺检查。

4. 滑动轴承发热过高原因的分析

造成滑动轴承发热过高的因素有：

1) 润滑不良。包括油的粘度选得不合适，油质不好(含杂质及水)，油温过高(冷却器冷却效果不好)等。

2) 轴瓦与轴颈配合不好。由于瓦研得不好，致使间隙过大或偏小，尤其是冷却带开得过小，易使轴承发热。

3) 对摩擦表面发生供油不足或断油现象。

4) 轴和轴承位置不正确，轴偏斜或轴瓦偏斜。

5) 轴的振动过大。

6) 轴的轴向间隙不够，尤其在周围环境温度较高(例如加热炉、热轧机等区域)的轴承更要引起注意。

二、动压油膜轴承的装配

动压油膜轴承为全封闭式的精密轴承，它具有大的承载能力与很小的摩擦系数，已较为广泛地用于轧辊轴承上。

油膜轴承加工制造较为精密，在使用过程中，对油的清洁度要求甚高，装配中一定要注意清洁，防止污染。其次须注意不要碰伤零件，特别是巴氏合金衬套与套筒不允许有任何细微的擦伤。因此，动压油膜轴承的装配必须由受过专门训练的人员且在特定的装配场所进行。

在连轧机操作侧的支承辊油膜轴承为了承受工作辊传来的轴向力，同时装有双列圆锥

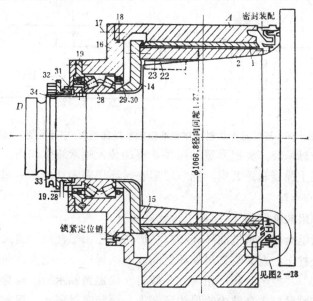

图2-14　连轧机支承辊操作侧油膜轴承(局部视图见图2-15~图2-21)

1—衬套；2—套筒；3—甩油环；4、7、9、23、24、27—内六角螺钉；5—伸出环；6、10、11、13—密封环；8—护圈；12、20—油封；14—挡环；15、17—螺钉；16—止推轴箱体；18、26—O形密封圈；19—轴承护圈；21—防鳞环；22—固定键；25—锁销；28—止推轴承；29—弹簧座；30—弹簧；31—调整环托架；32—调整环；33—止推板；34—键；A—轴承箱；B—支承辊

止推轴承。在传动侧则没有装滚动轴承。现以操作侧的油膜轴承(图2-14)为例,将其装配顺序叙述如下:

1) 对各组件主要零件严格检查配合尺寸。用干净油、汽油冲洗各零件。在清洗时对有油孔的零件要用压缩空气吹扫。

2) 将轴承箱A与辊身相邻端面朝下,用三个千斤顶及方水平将箱体调水平。

3) 把衬套1用特制的吊具吊到轴承箱上,一面旋转一面插入轴承箱内,当衬套到位后,从轴承箱的侧面将锁销25和"O"形密封环26插入衬套内,再用内六角螺钉27把锁销固定在轴承箱上,同时保证油孔位置一致,见图2-15。

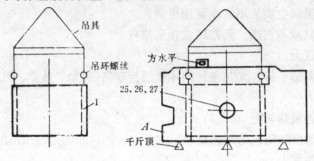

图2-15 连轧机支承辊操作侧油膜轴承局部视图(序号见图2-14)

4) 将套筒2放到工作台上(与辊身相邻的端面朝下),再将端部挡环14装到套筒2上并用螺钉15联接。将套筒吊起插入衬套。见图2-16。在插入时,千万不要碰坏衬套里高精度的巴氏合金孔表面。

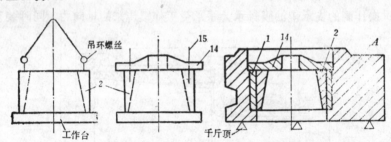

图2-16 连轧机支承辊操作侧油膜轴承局部视图(序号见图2-14)

5) 组装止推轴承28。先把弹簧30和弹簧座29装入轴承箱体16内,再装轴承28,然后在轴承护圈19上装上弹簧和弹簧座,把"O"形密封环18嵌入16内,一起装到轴承箱上去,紧固螺钉17,见图2-17。

6) 将轴承箱组装件转90°,即按工作状态放置。

7) 组装密封组合件。将甩油环3和"O"形密封环13配合好,装入套筒的辊身侧,用内六角螺钉4轻轻拧上,在套筒和甩油环之间放入油封12,再把内六角螺钉4紧固,将两油封11的护圈8和"O"型密封环10用内六角螺钉9固定到轴承箱的辊身侧。将伸出环5用内六角螺钉7固定到已装入套筒内的甩油环3上,再装密封环6。用内六角螺钉24把防鳞环21拧到护圈上,见图2-18。

8) 将支承辊B放到工作台上,键槽方向朝上,用内六角螺钉23将套筒固定键22紧固在槽内,见图2-19。

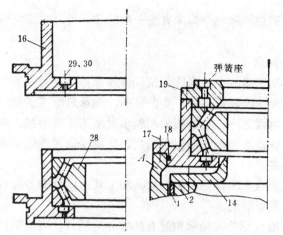

图2-17 连轧机支承辊操作侧油膜轴承局部视图（序号见图2-14）

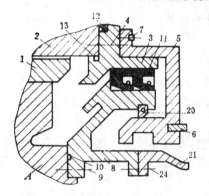

图2-18 连轧机支承辊操作侧油膜轴承局部视
图（序号见图2-14）

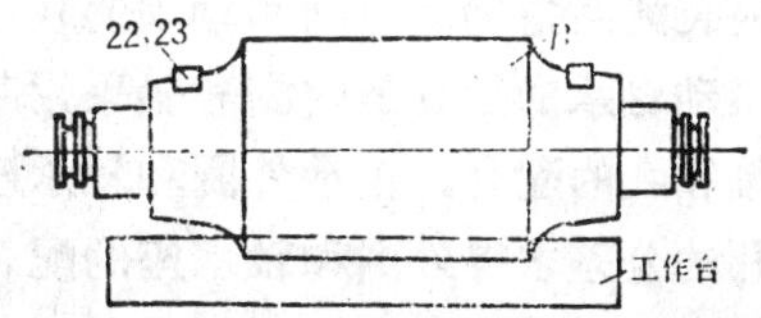

图2-19 连轧机支承辊操作侧油膜轴承局部视
图（序号见图2-14）

9）把轴承箱装到轧辊上。在吊装轴承箱时，用吊钩挂上链式起重机，以便箱体调平及对中，慢慢插入配合孔中，如图2-20。

10）在调整环托架31内侧，用内六角螺钉将键34固定在调整托架上，再将调整环32与托架拧上，从轧辊辊颈端部对准插入键槽，见图2-21。

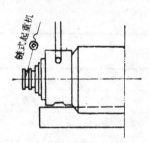

图2-20 连轧机支承辊操作侧
油膜轴承局部视图

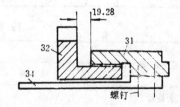

图2-21 连轧机支承辊操作侧油膜轴承
局部视图（序号见图2-14）

11）把止推板33对准调整环托架上的键装到轧辊上去，用手锤敲特制的环形扳手来转动调整环，使调整环托架31顶到止推轴承的内圈为止。最后用螺丝把止推板33与调整环拧上。整个装配工作完毕。

由于油膜轴承的调整间隙至今尚未有统一的标准，所以在装配中，要按图纸规定的间隙进行调整。

三、滚动轴承的装配

滚动轴承是一种精密器件，其套圈和滚动体等零件均有较高的制造精度。装配时应认真仔细，切不可损伤轴承的任何零件。实践证明，轴承装配不正确，或装配质量不好，是**轴承过早损坏的重要原因之一**，它直接引起轴承发生不正常磨损、发热，导致滚动体表面剥落、刮伤和出现麻坑或是**导致套圈出现裂纹、磨成深坑**而致使轴承报废。

1. 装配前的准备

1) 按照所装配的轴承准备好所需的量具和工具，同时准备好拆卸工具，以便在装配不当时能及时拆卸、重新装配。

2) 按图纸要求检查所有与轴承相配合的零件的尺寸、表面粗糙度等加工要求并将各零件清洗干净。

3) 核对轴承型号、涂填润滑剂，置于清洁之处待装配。

2. 滚动轴承配合的选择及其装配拆卸方法

轴承的装配系指轴承内圈和轴颈的联接，轴承外圈与轴承座的联接。

一般滚动轴承的配合是内圈和轴采用基孔制配合。内圈具有一定的公差，用改变轴的公差求得轴和孔的配合；轴承外圈和轴承座采用基轴制配合。外圈具有一定的公差，用改变轴承座孔的公差求得外圈和轴承座的配合。

滚动轴承配合的性质决定于轴承所受载荷的大小、方向和性质。这一点已在图纸上规定好了。实际装配时，只需根据配合性质及轴承的大小选择装配或拆卸的工艺、准备工具、精心操作即行。

向心轴承和向心推力轴承的常用配合见表2-4。推力轴承的配合见表2-5。

表2-4　向心轴承和向心推力轴承的配合

套圈载荷类型	配								合					
	内　　圈　　和　　轴								外　圈　和　轴　承　座					
局部载荷	j5, js5	js6	h5	h6	g6	f5, f6			J6, Js6	J7	H6	H7	H8	H11
循环载荷	n5	n6	m5	m6	k5	k6	j5, js5	js6	N6	N7	M6	M7	k6	k7
摆动载荷	j5, js5	js6							J6, Js6	j7				

表2-5　推力轴承的配合

轴　承　工　作　条　件	轴				轴　承　座
	推　力　球　轴　承		推　力　滚　子　轴　承		推　力　球　及　滚　子　轴　承
紧套旋转	js6	k6	m6	k6	J7　　　　F9
活套旋转	d11		d11		J7

滚动轴承装配与拆卸的方法有：

1) 锤击法。即用手锤通过铜棒或软金属套筒把外力加在轴承内圈或外圈上而实现装配的方法。此法只适用于小型轴承的装配。

2) 压入法。即用压力机代替人工加载进行轴承的装配。

3) 加热法。这是最常用的方法，见图2-22。对于过盈量较大的冶金设备中的大、中型轴承的装配均用此法。

将轴承放在油箱中均匀加热至100℃左右，取出后立即装到轴上。加热时轴承不可置于油箱底面，而应离油箱底面50～70mm为宜，这可以在油箱里放一网栅或将轴承用钩吊起的办法来达到。

油的加热可以用电炉，亦可以用烧火等简便方法。

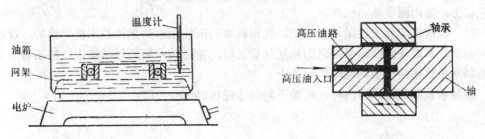

图2-22 轴承加热的方法　　　　　　　图2-23 形成油膜示意图

4) 高压油注射法。对带锥孔的轴承可以用此法进行装配或拆卸。其办法是用油泵将高压油注入配合表面之间形成油膜，从而减小配合面间的摩擦力，如图2-23所示。为此，要在轴上加工出轴向油路，在辊颈上加工油槽，在端面油路入口处应加工有螺纹，以便通过接头与手动油泵连接。

装配轴承时，当高压油注射到结合面后，再加轴向力推轴承，使其到位后，停止供油。目前有些工厂生产的轴承与轧辊生产已组成定型配套产品，除在轧辊轴端开了油孔之外，还专门加工了一个特殊内孔，作为安装专门的液压轴向加载器的定位座。装配轴承时，先注射高压油使配合面上形成油膜，然后用液压加载器对轴承沿轴向加载，使轴承压到定位面，如图2-24所示。

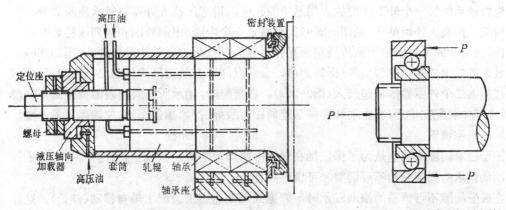

图2-24 液压加载器　　　　　　　　图2-25 不正确的拆卸方法

5) 电感应加热法。此法只适用于轴承外圈，保持器、滚动体可与内圈分离的轴承，如32000和42000型轴承。这种轴承内圈与轴为紧配合。装配时，把内圈放到电感应加热器内加热后，随即装到轴颈上去。电感应加热器装有恒温器及时间继电器，可调节到使内圈温度始终不超过120℃。拆卸轴承时，用拆卸器的卡爪卡住轴承，把电感应加热器套在内圈上，通电后内圈温度即很快升高。这样加热迅速，可以防止热量传到辊颈上。因此内圈便可很快地从辊颈上卸下来。

6) 用专用工具拆卸轴承。用作专门拆卸轴承的工具种类很多,动力来源可用压力机,也可用丝杠机构等。必须注意的是,在拆卸过程中,拆卸作用力不要作用在滚动体上,图2-25所示即为这种不正确的拆卸方法之一。

瑞典 SKF 工厂采用拆卸轴承内圈的方法是用一个预热了的开口铜圈或铅圈来加 热 内圈,该铜圈(或铅圈)将轴承内圈紧紧夹住,以便保证在加热至250℃左右时,能获得充分的加热能力,使内圈变热而涨开。

7) 轧钢机四列滚柱轴承的装配。轧钢机四列滚柱轴承的部件是不能互换的,故在装配时必须严格地按照打印号规定的相互位置进行。先将轴承装到轴承座中,然后将装有轴承的轴承座整体地吊装到轧辊的辊颈上。

将轴承装配到轴承座内时,可按下列顺序进行(见图2-26):

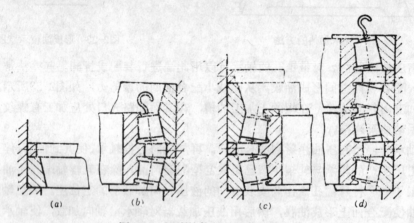

图2-26　四列滚柱轴承的装配顺序

先将轴承的第一个外圈仔细放入轴承座的孔中,用塞尺检查外圈和轴承座四周表面的接触情况,再装入外调整环(如图2-26a)。再将第一个内圈、中间外圈和两列滚柱装配成一组部件,用专制的吊钩固定于保持器端面互相对称的4个螺孔内,整体吊起装入(图2-26b)。然后装入第二个外圈和内调整环(图2-26c)。最后以同样方法用吊钩将第二个内圈、另外两列滚柱和第二个外圈整体吊起装入(图2-26d)。在装配时,轴承所有装配表面都应涂上润滑油。轴承部件装配完毕后,将止动环和端盖连同密封装好,拧紧端盖螺丝,使端盖压紧外圈。

3. 间隙调整

滚动轴承间隙的调整是为了保证轴在轴承中能均匀地转动和轴受热时有膨 胀 的 可 能性。滚动轴承的间隙分为不可调整和可调整两种。

在装配间隙不可调整的滚动轴承时,考虑到轴受热膨胀会产生轴向移动(伸长),这样因内外圈相对移动而使轴承中的径向间隙减小,甚至使滚动体在内外圈之间卡住,故在双支承的滚动轴承中,常将其中一个轴承与其端盖间留下轴向间隙a。a值可按下式计算:

$$a = La\Delta t + 0.15 \text{(mm)} \tag{2-20}$$

式中　L ——轴承间的距离(mm);

　　　a ——线膨胀系数(1/℃);

　　　Δt ——轴的工作温度和环境温度最大的差值(℃)。

按上式确定的轴向间隙值只应用于径向间隙不可调整的轴承，而不适用于单列径向滚柱轴承、长滚柱轴承和螺旋滚柱轴承，因为这些轴承在外圈两端不许留有间隙，同时当轴因温度升高产生轴向移动时，并不影响径向间隙的减小。

　　间隙可调整的滚动轴承是在装配时确定其调整必需的间隙。

　　单列圆锥滚柱轴承为间隙可调整的一种滚柱轴承，其间隙主要由内外圈相对移动得到的轴向间隙来确定（图2-27）。其关系如下：

$$c = \frac{a}{\sin\beta} \tag{2-21}$$

式中　c——轴向间隙（mm）；

　　　a——外圈内表面至滚柱间垂直距离（mm）；

　　　β——圆锥角（标准系列$\beta = 10° \sim 16°$）。

　　各种间隙可调的滚动轴承轴向间隙值参看表2-6。传动精度高时取小值，工作温度高时则采用较大值。

表2-6　单列圆锥滚柱、单列径向止推滚珠与向心止推滚珠轴承的轴向间隙

轴 的 直 径 (mm)	轴 承 系 列	轴　　向　　间　　隙　　(mm)		
		单列圆锥滚柱轴承	单列径向止推滚珠轴承	向心止推滚珠轴承
小于30	轻　　型	0.03～0.10	0.02～0.06	0.03～0.08
	轻宽和中宽型	0.04～0.11	—	—
	中型和重型	0.04～0.11	0.03～0.09	0.05～0.11
30～50	轻　　型	0.04～0.11	0.03～0.09	0.04～0.10
	轻宽和中宽型	0.05～0.13	—	—
	中型和重型	0.05～0.13	0.04～0.10	0.06～0.12
50～80	轻　　型	0.05～0.13	0.04～0.10	0.05～0.12
	轻宽和中宽型	0.06～0.15	—	—
	中型和重型	0.06～0.15	0.05～0.12	0.07～0.14
80～120	轻　　型	0.06～0.15	0.05～0.12	0.06～0.15
	轻宽和中宽型	0.07～0.18	—	—
	中型和重型	0.07～0.18	0.06～0.15	0.10～0.18

　　滚动轴承间隙的调整常利用端盖加垫片的办法进行。

　　轴承间隙调整完毕后，立即按图纸所示结构完成轴的紧固和端面密封工作。

　　4．滚动轴承发热原因及处理

　　(1) 滚动轴承发热的原因

　　滚动轴承之所以发热，是因为在运转过程中它内部存在摩擦。严重的摩擦会造成轴承的过度发热，直接影响其正常工作。摩擦的程度，取决于：

　　1) 相对运动的形式（滚动、滑动、串动）、速度大小和持续时间的长短。

　　2) 压力的大小。它一方面直接影响接触面摩擦力的大小，另一方面将影响弹性变形的程度。这种弹性变形会引起金属内部晶粒之间的摩擦。这两方面都会直接影响轴承的发热。

　　3) 轴承零件材料摩擦系数的大小。

　　4) 轴承装配的正确性。

5) 润滑条件。

6) 轴承损坏情况。

摩擦是轴承发热的内因，其它诸因素则是轴承发热的外因。这些外因都是通过摩擦这个内因起作用而引起轴承发热的。

解决轴承发热问题的关键在于准确找出哪一个(有时甚至不止一个)外因是引起轴承发热的主要原因，这只有在对发热的轴承做认真细致的调查分析之后才能作出。然后对症下药，采取相应的措施，轴承发热的问题便可得到解决。

(2) 实例——大型高炉料车卷扬机高速轴轴承发热的处理

某厂1号高炉投产多年来，料车卷扬机高速轴的2号轴承发热问题一直没有解决，影响了高炉的正常生产。

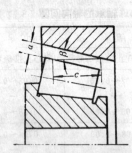

图2-27　单列圆锥滚柱轴承的间隙

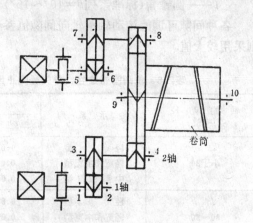

图2-28　料车卷扬机传动示意图

1) 概况。高炉料车卷扬机传动示意图见图2-28；技术特性见表2-7；齿轮传动参数见表2-8；轴承型号及结构尺寸见表2-9。

表2-7　C_1-22.5-210料车卷扬机技术特性

项目	载　重　量		料　　车		钢丝绳		卷筒	传动比	电　　　动　　　机			
	额　定	最　大	容　积	速　度	直径	长度	直径		型　　号	功率	转　速	数量
单位	t	t	m³	m/min	mm	m	m	18.6	ДП-74-36	kW	r/min	
数量	22.5	25	10	210	43.5	4×170	2		-6	260	500~700	2

表2-8　齿轮传动参数

级	大　小　齿　轮	法　向　模　数	齿　　　数	齿　　宽	螺　旋　角	速　比
高速级	齿轮轴	10	42	400		3.12
	齿轮		131		30°	
低速级	齿轮轴	16	25	636		5.96
	齿轮		149			

30

表2-9　轴承型号及结构尺寸

轴承编号	轴承型号	轴承结构尺寸			
		内径 d (mm)	外径 D (mm)	外圈宽度 c (mm)	锥角 β
1,2,3,5,6,7	2097736 双列圆锥滚柱轴承	180	300	120	10°
4,8	2097148	240	360	130	15°
9,10	3652 双列向心球面滚柱轴承	260	540	165	球面

在料车卷扬机的所有轴承中，除9号轴承的外圈是轴向定位外，其余轴承的外圈都允许轴向串动。这是由于大型人字齿轮难以保证足够的制造精度而带来的特点。所以2号轴承和1、5、6号轴承一样，具有转速高、外圈允许串动的工作特点。

料车卷扬机在正常运转时，2号轴承的温升就超过室温30℃，夏天的温升达70℃以上。1号高炉大修休风前一天对轴承进行测温，其结果见表2-10。

表2-10　休风前一天测温记录

被测量轴承	1 号	2 号	6 号
实测温度(℃)	37.5	47	23
室温(℃)		14.5	
比室温高(℃)	23	32.5	8.5

从测温结果可见，虽然在休风前一天料车卷扬机已很少工作了，但2号轴承温升仍超过室温32℃，超过了技术规范要求2℃。

2）确定检查测量项目

① 根据该轴承的工作特点，测量1轴的串动量；

② 测量轴承外圈与轴承座的配合；

⑤ 测量轴承的间隙；

④ 检查轴承的损坏情况和润滑状况。

由于6号轴承与2号轴承结构、工作条件等均相同，但前者正常，后者过度发热。为此，我们对这个轴承进行检查和测量比较。

3）检查及测量结果

① 测量1轴的串动量：人力盘车使卷筒转1圈，用百分表测量安装1号、2号轴承的1轴串动量为0.76mm。这0.76mm的串动量并非运转时最大的串动量，因为它不是运转时齿轮误差的最不利组合，当卷筒以快速转动时，串动量还会增大。虽然如此，仍可以0.76mm的串动量进行定性分析。

1号、2号轴承装轴之后内外圈的相对串动间隙为0.145mm，由于它小于0.76mm，故它们的外圈就要串动，经计算每隔不到2秒就要串动一次，所以串动是比较频繁的。

② 测量轴承外圈与轴承座的配合：2号、6号轴承外圈和轴承座的配合，测量结果见表2-11。

表2-11 轴承外圈与轴承座配合的测量结果(mm)

测 量 项 目	2 号 轴 承	6 号 轴 承
检修拆除前测量轴承外圈与轴承座之间的顶间隙	0	0.05
轴承座铅直方向孔径	$\phi300^{-0.045}$	$\phi300^{+0.06}$
轴承外径 D_{max} D_{min}	$\phi300^{+0.03}$ $\phi300^{-0.04}$	$\phi300^{+0.02}$ $\phi300^{-0.03}$

测量结果表明，2号轴承外圈和轴承座为过盈配合：

最大过盈量 $G_{max} = 0.045 + 0.03 = 0.075(\text{mm})$

最小过盈量 $G_{min} = 0.045 - 0.04 = 0.005(\text{mm})$

而6号轴承外圈和轴承座为间隙配合：

最大间隙量 $J_{max} = 0.06 + 0.03 = 0.09(\text{mm})$

最小间隙量 $J_{min} = 0.06 - 0.02 = 0.04(\text{mm})$

和新轴承外圈直径$\phi300^{+0.02}_{-0.02}$比较。可以看出，2号轴承外圈被压变形，一方面影响其正常的串动和游转，另一方面轴承外圈被压变形后增加了轴承滚动体的滚动阻力，这两方面都增大了轴承运转时的摩擦发热。

③ 测量轴承间隙：2号轴承的间隙是预先调整好再装到轴上去的，它是按技术要求规定的轴向间隙进行调整的。检修时所测得的间隙是用塞尺得到的塞入间隙，而确定间隙的大小是计算间隙。这三种间隙从图2-29中可列出关系式：

$$\delta = 2S \sin\beta$$
$$\lambda = S \tan\beta$$
$$\delta = 2\lambda \cos\beta$$

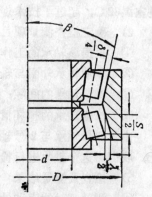

图2-29 三种间隙的几何关系

式中 S——轴向间隙；

δ——塞入间隙；

λ——径向间隙；

β——轴承外圈滚道的圆锥角。

轴承间隙测量结果见表2-12。

测量结果说明2号轴承间隙比6号轴承的间隙小。这样使外圈的串动量增大和串动次数增多。另外由于轴承外圈和轴承座是过盈配合，而现在轴承间隙又小，故将导致滚动体在轴承内外圈之间有过盈弹性压入的可能，这样就增大了滚动阻力，也可能使滚动体带动外圈转动，从而增加了摩擦发热。

④ 检查轴承损坏情况和润滑情况：2号轴承外圈有±0.02mm的变形，外圈滚动面和

表2-12　轴承间隙测量结果(mm)

测 量 项 目	2 号 轴 承	6 号 轴 承
拆除前的轴承间隙	$\dfrac{\delta}{2} < 0.03$	$\dfrac{\delta}{2} > 0.05$
拆出后，当轴承仍装在轴上时的轴承间隙	$\delta = 0.05$ $S = \dfrac{\delta}{2\sin 10°} = 2.9 \times 0.05 = 0.145$	$\delta = 0.15$ $S = 0.435$
轴承从轴上拆下来后的轴承间隙	$\delta = 0.09$ $S = 2.9 \times 0.09 = 0.26$	未测

滚动体表面有轻微的点蚀和磨损现象，其它轴承完好无损。

轴承内润滑情况良好，油量适当，润滑油清洁干净。6号轴承外圈和轴承座之间有一层网状油膜，有利于外圈的串动和游转，而2号轴承因过盈配合而无润滑油，因而增大了外圈游转时的摩擦系数。

4）　轴承发热的原因。综合分析检查测量结果，不难看出2号轴承发热的主要原因是轴承外圈与轴承座孔的配合过紧，其次是轴承间隙偏小。

轴承外圈和轴承座的过盈配合以及轴承间隙偏小，使上下部位轴承间隙消除，轻者增加了滚动体在正常滚动时在内外圈之间的滚动压力，在启动制动时滚动体容易出现打滑现象，改变了相对运动形式。严重时偶尔还会出现滚动体被内外圈夹住以致带引外圈在过盈配合状态下的不正常游转。这些现象都会显著地增加轴承的摩擦发热。

由于2号轴承有外圈经常串动这个特点，所以轴承外圈和轴承座过盈配合使其串动阻力增大，这一方面引起轴承外圈串动时摩擦发热的显著增加，另一方面也使滚动体和内外圈之间的滚动压力显著增加而发热。

轴承间隙偏小使轴承外圈的串动次数和串动量大为增加，这也增加了摩擦发热。

外圈与轴承座过盈配合，还使它们之间的润滑油进不去，从而增大了它们之间的摩擦系数，增加了摩擦发热量。

5）　轴承发热的处理

①　调整轴承外圈和轴承座孔的配合。由于该轴承外圈具有经常串动这一特点以及为了提高轴承寿命外圈需要有微小的游转，因而外圈与轴承座孔的配合应选为间隙配合，并要求在最不利条件下也不应该出现过盈配合。

间隙的确定应考虑到轴承材料和轴承座材料的线膨胀系数的差异及在安装轴承时室温和工作时最高室温差值的影响、工作时轴承外圈与轴承座的温差、润滑作用等因素。

装配时最小配合间隙$\delta_{\min}$的计算：

$$\delta_{\min} = D(\Delta t_1 a_1 - \Delta t_2 a_2)$$

式中　D ——轴承外径，$D = 300\text{mm}$；

Δt_1——轴承最高工作温度和装配时室温的差值，根据装配时室温为20℃、最高室温为40℃和轴承允许比室温高30℃进行计算，则

$$\Delta t_1 = 40 + 30 - 20 = 50(℃)；$$

Δt_2——轴承座最高工作温度和装配时室温的差值，按最不利情况轴承比轴承座温

度高10℃进行计算，则 $\Delta t_2 = \Delta t_1 - 10 = 40$（℃）；

$\quad a_1$——轴承材料的线膨胀系数，$a_1 = 14 \times 10^{-6}$（1/℃）；

$\quad a_2$——轴承座材料的线膨胀系数，$a_2 = 12 \times 10^{-6}$（1/℃）。

$\quad \therefore \quad \delta_{min} = 300(50 \times 14 - 40 \times 12) \times 10^{-6} = 0.07$（mm）

考虑到润滑条件和实测新轴承的外径 $D = \phi 300^{+0.08}_{-0.02}$mm，调整瓦口垫片后，最后实际间隙为：$\delta = (0.08 \sim 0.11)$mm。

② 轴承间隙的调整。双列径向止推滚柱轴承是事先调整好间隙后再装到轴上的，因此确定轴承间隙均按未装轴时进行计算。

轴承最小径向间隙按下式计算：

$$\lambda_{min} = \Delta t_3 \left(d + \frac{D-d}{4} \right) a_1 + 0.65 H_{max}$$

式中　Δt_3——工作时轴承内外圈允许温差，考虑到转速高而且在轴上压了一个新油毛毡圈（防止漏油用）摩擦发热的影响，因而取 Δt_3 为10℃。

$\quad d$、D——分别为轴承内径和外径，$d = 180$mm，$D = 300$mm；

$\quad a_1$——轴承材料的线膨胀系数，$a_1 = 14 \times 10^{-6}$　1/℃；

$\quad H_{max}$——轴承内圈和轴配合的最大过盈量，新轴承孔径 D_{min} 为 $\phi 180^{-0.025}$，轴 d_{max} 为 $\phi 180^{+0.035}$，所以最大过盈量 $H_{max} = 0.06$mm；

$\quad 0.65$——由于过盈配合，轴承内圈滚道直径的增大只是最大过盈量的65%。

将以上各数据代入 λ_{min} 的计算式中，得到

$$\lambda_{min} = 0.07（mm）$$

最小轴向间隙 $S_{min} = \dfrac{\lambda_{min}}{\tan\beta}$，$\beta = 10°$，得到

$$S_{min} = 0.4（mm）$$

按上式算出之值稍微放大即可作为新轴承调整环厚度调节的依据。装箱来的新轴承调整环厚度经测量为19.26mm，相应测得新轴承的轴向间隙 $S' = 0.3$mm。由于尺寸小了，故换了一个调整环，其厚度为19.35mm，待装入新轴承再测得轴向间隙 $S'' = 0.38$mm。实测塞尺塞入间隙 $\lambda = 0.09$mm，推算轴向间隙 $S = 0.09 \times 2.9 = 0.26$mm。

③ 刮研轴承座的接触面。为了减小轴承外圈串动和游转的摩擦系数，保证轴承外圈和轴承座孔面的均匀接触，因此对轴承座接触面进行了刮研，刮研后接触面积达70%。

6）处理的效果。通过空载试车和高炉开炉后装料连续运行，测量2号轴承的温升，符合规范要求。

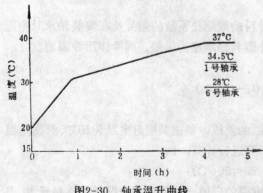

图2-30 轴承温升曲线

图2-30为高炉开炉后装料连续运行6小时2号轴承的温升曲线。从图中可以看出，2号轴承最高稳定温度为37℃，比室温（19℃）高18℃，完全符合技术规范的要求。

自处理后，2号轴承一直工作正常。实践证实了对该轴承发热原因的分析和采取的处理措施是正确的。

第三章　机械设备的安装

安装工作的整个过程是将一台或数台机器进行装配、装置到基础上，调整和试运转等工序，并使机器在厂房中和机器相互之间有正确的位置。

机械设备安装是冶金工厂基本建设的重要环节，它关系到能否正常投产和投产后能否迅速达到设计要求的产量、品种及质量；关系到基建工期的长短；关系到基建成本的耗费。并且它将影响机械设备的使用年限和大修周期。因此多快好省地搞好机械设备的安装，对整个冶金工厂基本建设来讲是具有重要意义的。

冶金机械设备大多是重型的机器。由于工作繁重、设备复杂和生产的连续性，所以必须使生产工艺过程和辅助工序机械化。这样对安装工作就提出了高的和严格要求，即必须使用精密的仪器和工具，采取先进的施工技术，编制科学的施工组织设计，才能保证所安装的工程达到设计的标准，满足生产的要求。

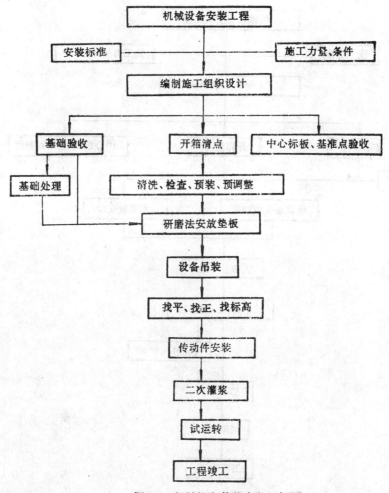

图3-1　机械设备传统安装的框图

第一节 机械设备安装的框图

机械设备的安装技术从建国至今发展迅速，特别是从改革开放以来，在学习国外先进的安装技术的基础上，不断创新，我国已形成了一套完整的安装技术，在世界同行业中已名列前矛。

机械安装工程通过公开招标的方式(或其它方式)确定施工单位后，施工单位为了按照标书的要求，保质、按期、安全地完成安装工程任务，必须依照自己能投入的施工力量及条件，再根据安装标准的要求来编制施工组织设计(主要包含施工网络图、施工总平面图、施工方案、技术供应计划、人力资源计划、安全措施、质检卡及施工工艺卡等)。

安装框图是用来描述安装过程各主要环节相互关系的图，从框图所列内容可以看出安装技术的水平。

一、机械设备传统安装的框图

机械设备传统安装的框图如图3-1所示。

二、机械设备近代安装的框图

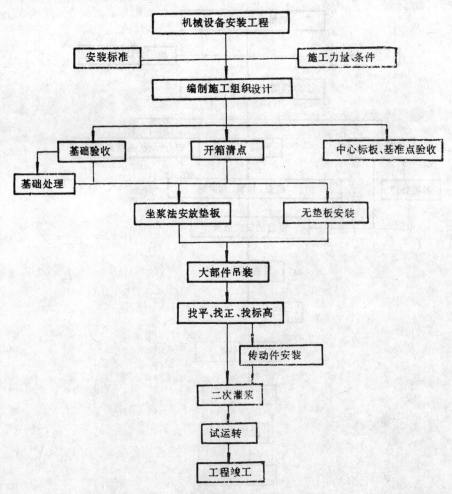

图3-2 机械设备近代安装的框图

机械设备近代安装的框图如图3-2所示。

第二节 设备基础的验收和处理

一、设备基础的验收

设备基础的作用是将机器固定在规定的位置上,而且还将机器的自重及运转时的动负荷传到土壤中去。

设备基础的施工应严格按照基础图上尺寸、中心、标高支护模板,绑扎钢筋,埋设地脚螺丝,敷设埋设件,预留好预留孔洞。

基础混凝土应严格按照设计要求进行搅拌、浇灌及养护,混凝土施工中不允许出现施工缝、"蜂窝"及麻面。

基础验收应遵照冶金工业部颁布的《冶金机械设备安装工程施工及验收 规 范 通用规定》YBJ201-83中设备基础检查的条款执行。

二、设备基础的处理

在验收设备基础中发现有不合格的项目均应进行处理。常见不合格的是地脚螺丝预埋尺寸在混凝土浇灌时错位而超过安装标准,故必须进行处理。

环氧砂浆粘接地脚螺丝是处理不合格预埋地脚螺丝的一种新技术,它亦可以作为预埋地脚螺丝的一种施工方法。它的施工工艺如下:

1) 浇灌设备基础时不预埋地脚螺丝,当基础养护强度达到10MPa时,在基础上按地脚螺丝所在位置划线并钻孔,钻孔孔径为地脚螺丝直径$d+(10\sim16)$mm,孔深$l=10d$,当需要校核地脚螺丝抗拔力时,可用下式计算:

$$P\leqslant\pi dl[\sigma_w] \tag{3-1}$$

式中　P ——计算拔出力(N);

　　　d ——地脚螺丝直径(mm);

　　　l ——地脚螺丝埋入深度(mm);

　　　$[\sigma_w]$——环氧砂浆许用粘接强度,若按下面的配方,则$[\sigma_w]=4.5$MPa。

2) 粘接面的处理。混凝土孔壁应清洁不得残留混凝土粉末,若有油污还应用丙酮清洗干净,地脚螺丝应除锈后再用丙酮擦洗干净,对于成批地脚螺丝的除锈可在20%盐酸溶液中浸泡$2\sim3$h后再清洗干净。

3) 环氧砂浆的调配。推荐配方如下:(重量比)

6101环氧树脂(E-44)	100
苯二甲酸二丁脂(增塑剂)	17
乙二胺(固化剂)	8
砂(粒径为0.25~0.5mm,干燥)	250

调配方法:

① 将E-44用水浴或砂浴加热至80℃;

② 加入二丁脂,以提高韧性;

③ 冷却至30~35℃加入乙二胺;

④ 将砂预热至30~35℃作为填料渗入,以提高环氧树脂硬化物的强度,改善老化状况,减少收缩率和固化过程的放热反应,并能降低成本。为避免带入空气,操作时应朝一

个方向均匀搅拌;

⑤ 将环氧砂浆注入钻好的孔内，再将地脚螺丝插入，地脚螺丝周围的砂浆应均匀，地脚螺丝与地面垂直，凝固前，要固定好地脚螺丝，以防歪斜。凝固时间，夏天为5h，冬天为10h，凝固后即可使用。

第三节　机械设备的安装

一、机械设备安装的基本原理

1．机器的空间位置与安装偏差

机器在空间有六个自由度。机器的安装就是根据机器本身特定的要求，将其所不需要的自由度加以约束。由于不可能绝对正确的安放机器，所以在安装中，为了确定机器在空间的位置，常常规定一些允许的偏差范围。

安装机器时，总要产生安装误差。当机器投入运行后，还要受到生产载荷与附加载荷，使零部件产生变形或位移，故应使机器的安装误差保持在允许偏差范围之内。如果允许偏差定得很小，这样便给安装工作增加了难度(如在安装时为了找平找正多用了一些时间)，但机器安装质量高了。机器投入运行后，生产中的附加载荷小多了，机器中的零件磨损小了，机器的正常使用周期就长了。

安装机器时，经常需要确定的机器实际安装位置与设计位置之间的偏差有：距离的偏差；角度的偏差；平面性偏差；直线性偏差；平行性偏差；垂直性偏差和同心性偏差等七种。

2．测量安装偏差的依据

安装机器时，其前后左右的位置根据纵横中心线来调整，上下的位置根据标高按基准点来调整。这样便可以利用中心线和基准点来确定机器在空间的坐标了。

决定中心线位置的标记称为中心标板，标高的标记称为基准点。

中心标板用型钢制造，它应牢固地埋设在基础表面。埋设后用经纬仪测出中心线的中心标点，在中心标板上冲孔，以冲孔点表示中心标点的位置。见图3-3。

安装中心线是用拉线和挂线锤的方法，对准中心标点进行调整。拉线架均用焊接的金属构架。拉线固定在挂线架上后，再在挂线的上端悬挂线锤，使线锤对准中心标板上的中心标点，按此法所挂设的线即为安装中心线，它可以作为机器安装找正的依据。

基准点用铆钉制成，亦应牢固埋设在设备基础上。见图3-4。

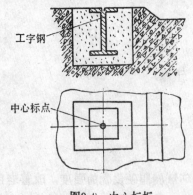

图3-3　中心标板

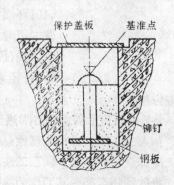

图3-4　基准点

在建厂时，根据海拔高度设有永久性基准点。具体施工时则规定一个零点(常是该厂地平面的高度)。高于此零点的用"＋"(正)表示，低于此零点的用"－"(负)表示。

二、机械设备的安装工艺

1．开箱清点

开箱后应查点箱内设备或零部件的名称与数量是否与装箱单所列一致。

2．清洗检查、预装与预调整

设备出厂后，由于装卸运输可能使设备变形，油脂变质或加工面生锈等，故必须在安装之前分解设备，清洗检查，换上设计所规定的润滑材料。清洗中要对零部件作一次全面的外观和质量检查，测量有关配合尺寸，以保证零部件装配和安装的顺利进行。

清洗主要是除去防锈油脂、防护油漆、锈斑及污物，畅通油路。

预装是将若干零部件进行装并成大部件，预装的多少应根据施工场地、运输和起重机械的能力加以选择决定。

预调整即在预装中进行调整(如轴承间隙的调整、摩擦片的压力调整、弹簧压缩量的调整、大型回转零件的静平衡等)。

清洗检查、预装与预调整这一安装工序并非一定要进行，如果设备出厂时已确保了组装质量，包装措施很好，设备运到工地后便可以直接吊装落位。大部件安装法就省去了这一工序。

3．在设备基础上安放垫板

(1) 垫板的作用及种类

在机器底座和基础表面间放置垫板的作用是因为土建施工的精度不能满足机械安装的精度，从而利用调整垫板高度来找正设备的标高和水平，同时通过垫板把机器的自重和工作载荷传给基础，有时还可以通过加放垫板与拧地脚螺丝来校正长条形底座的变形。垫板分为平垫板与斜垫板两种，垫板材料为普通钢板或铸钢。平垫板与一对斜垫板联合使用。

(2) 垫板面积的计算

$$A=10^9(Q_1+Q_2)C/R \qquad (3\text{-}2)$$

式中　A——垫板总面积(mm^2)；

　　　C——安全系数，一般取1.5～3；

　　　R——混凝土设计抗压强度(Pa)；

　　　Q_1——由于机器自重加在该垫板组上的负荷(kN)；

　　　Q_2——地脚螺丝的紧固力(kN)，$Q_2=[\sigma]F$；

　　　$[\sigma]$——地脚螺丝材料的许用应力(Pa)；

　　　F——地脚螺丝有效截面积(mm^2)。

(3) 安放垫板的施工方法

研磨法：即是在基础上确定垫板位置之处，去掉基础表面浮浆，用磨石细研，并用平垫板与研磨面磨合，使接触面积达70%以上，水平精度为0.1mm/m(对轧钢机而言)。

座浆法：即是直接用高强度微膨胀混凝土埋设垫板。其具体操作是在设定放垫板之处的混凝土上凿一个似锅底形的坑，用拌好的微膨胀水泥砂浆打成一个馒头形的堆，在其上安放平垫板，用手锤敲打，以达到设计要求的标高和规定的水平度。经过一至三天的养护，就可安装设备，并利用此垫板上加斜垫板组来调整机器的标高与水平。座浆法较研磨法具有强度高，粘接牢固，质量高(接触面积达90%以上)，工效高，省钢材等优点。

4. 设备吊装

设备从工地沿水平和垂直方向运到基础上就位的整个过程称为吊装。吊装从两个方面着手，一是起重机具的选择应因地制宜，近年来由于汽车吊的起重能力、起重高度都有所提高，加上汽车吊机动性很好，故它是一种很有前途的起重机具。二是零部件的捆绑，索具选用要安全可靠，捆绑要牢靠，当采用多绳捆绑时，每个绳索受力应均匀，防止负荷集中。

5. 找平、找正、找标高

(1) 找正

找正是为了将设备安装在设计的中心线上，以保证生产的连续性。安装找正前，必须根据中心标板挂好安装中心线，然后选择设备的精确加工面，求出其中心标点，按此找正。因为只有当中心标点与安装中心线一致时，设备才算找正完毕。

(2) 找平

设备找水平系利用设备上可以作为水平测定面的上面，用平尺或方水平进行，检查中发现设备不水平时，用调节垫片实现。

(3) 找标高

确定设备安装高度的作业称为找标高。为了保证准确的高度，被选定的标高测定面必须是精加工面。标高根据基准点用水准仪或激光仪来测量。

按照设计要求，通过增减垫板调整机器的标高与水平，拨动机器，使其符合设计要求的中心位置。最后紧固地脚螺丝，才算完成机器的安装工作。

6. 传动件安装

传动件系指电动机与机器间的连接件，如联轴器、连接轴等。

7. 二次灌浆

由于有垫板，故在基础表面与机器底座下部所形成的空洞必须在机器投产前用混凝土填满，这一作业称为二次灌浆。因此垫板就被混凝土埋没在内了。一般混凝土经养护后均要出现收缩，所以二次灌浆层不能承受机器的全部载荷，而载荷还是靠垫板来承受的。

8. 试运转(俗称试车)

试运转是设备安装中综合检验装配质量的最后工序。在试运转过程中，可以进一步发现机器中存在的缺陷，然后作最后的调整和修正(调整的内容有：机器的行程、速度、定时、定点、摆动角度、压力、延时、摩擦力、配重……等)。使机器的运行状况完全符合设计规定的要求。试运转分为三个阶段进行：

1) 单机试运转。对每一台机器分别单独启动试运转。其步骤是：手动盘车——电动机点动——电动机空转——带减速机点动——带减速机空转——带机构点动——按机构顺序逐步带动，直至带动整个机组空转。

在此期间必须检验润滑是否正常，轴承及其它摩擦表面的发热是否在允许范围之内，齿的啮合及其传动装置的工作是否平稳有无冲击，各种联接是否正确，动作是否正确、灵活，行程、速度、定点、定时是否准确，整个机器有无振动。如果发现缺陷，应立即停车，消除缺陷，再从头开始试车。

2) 联合试运转。单机试运转合格后，各机组按生产工艺流程全部启动联合运转，按设计和生产操作连锁，检查各机组相互协调动作是否正确，有无相互干扰现象。

    3） 负荷试运转。这是鉴定设备安装质量和设备工作能力的一道工序。因此必须按正常生产程序进行。除按额定负荷试运转外，某些设备还要做超载试运转（如起重机等）。

三、无垫板安装技术与大部件安装

无垫板安装技术即是设备安装不用垫板的技术。过去安装设备必用垫板，而垫板埋于二次灌浆层里不能回收，且耗量不少。以一米七热连轧机为例，一台轧机的底座就用了6.4t经机械加工的垫板，粗略估计，在正常建设年景，全国一年用于垫板的钢材近万吨！

无垫板安装技术的关键是采用了新开发的早强高标号微膨胀且能自流灌浆的浇筑料。将此浇筑料填充到二次灌浆层后，由于浇筑料的微膨胀，使二次灌浆层与设备底座面贴实，从而起到承载作用，因此垫板的承载作用便可取消了。

垫板的另一找平、找标高作用，则可以用微调千斤顶或斜铁器来代替，将它们放在原来该放垫板之处，用以调整机器的空间位置。调整完毕，紧固地脚螺丝，在它们的周围搭设木模板再进行二次灌浆，三天后脱去木模板，取出微调千斤顶或斜铁器，以便回收利用，将它们遗留的空穴以普通混凝土填充，再将二次灌浆层周边用水泥砂浆抹平。

斜铁器在安装机器中只承受机器自重作用及紧固地脚螺丝的作用力，不再承受机器运转时的动载荷，故斜铁器承载面积计算公式为：

$$A_s = 10^9(Q_1 + Q_2)/R \tag{3-3}$$

式中 A_s——斜铁器总承载面积（mm²）；

        Q_1、Q_2、R同式（3-2）。

微调千斤顶起重量的确定可按下式计算：

$$P = (Q_1 + Q_2)K/n \tag{3-4}$$

式中 P——每个微调千斤顶的起重力（kN）；

        K——安全系数。取$K=2$；

        n——微调千斤顶的个数；

        Q_1、Q_2同式（3-2）。

无垫板安装技术的试验研究成果表明，该项技术是完全可行可靠的。具有早强高标号微膨胀且能自流灌浆的浇筑料目前市场已有供应，该技术已在国内推广之中。

大部件安装即是一台机器经包装出厂，运到工地无需再经清洗检查组装，直接吊装到位的方法。这样节省了该工序所需人工、材料及作业场地，更主要的是缩短了工期，故经济效益是很明显的。但是，实行大部件安装是需要条件的，即设备包装要好，不致因运输存放而受损，尤其摩擦副的润滑材料应有防锈作用，即采用润滑防锈两用油或脂；要有足够大吨位的起重运输设备，否则在工厂组装成大部件乃至整台机器而无法运到工地，或无法吊装到设定的基础上去；制造厂必须有组装机器进行试运转的条件才行，不经上述检验企图出厂实行大部件安装是无法保证装配质量的，因此制造厂应建立大功率试验台，为整台机器作单机试运转提供动力源和底座，机器在此台上便可以检验出装配质量的好坏。

凡作为大部件安装的设备，除有起重吊钩吊挂位置外，还加工有专供机器找平的测量平台。

机器在制造厂内装配较之在工地装配质量更易得到保证，因为工厂里面清洁，有高精度检测仪器可供使用，工人操作环境也好，所以推行大部件安装是今后设备安装的发展方向。这样，在工地上安装设备的场面，已不是过去遍地堆放零部件，工地上人声鼎沸，人山人海的情景。这样既省工序，又简化操作技术，加上计算机管理的启用，工地上将出现有条不紊新的施工局面。

四、轧钢机底座与机架的安装

以一米七热连轧机的四辊精轧机底座与机架的安装为例说明。

1. 底座与机架的概况

精轧机底座是用厚钢板焊接而成，见图3-5。固定机架的四个M125地脚螺丝预埋在混凝土基础中。它从底座孔中穿出再与机架相连接，因而底座只承受压力，起一个凳子的作用。底座有两个凹槽，是用来确定轧机机架横向位置起固定作用的。

机架为铸钢件，一片重132.3t，高9.14m，宽4.68m，见图3-6。

机架与底座的连接用紧固地脚螺丝及打紧斜楔即可。两片机架除了靠底座联成一体外，还用上横梁通过十二个M64的螺栓联接。下横梁用键与机架相连，但只作为换支承辊的过桥用，而不起联接两片机架之用。

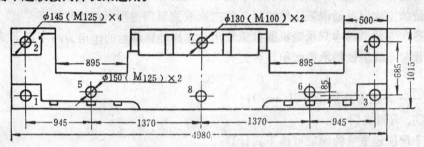

图3-5 精轧机底座

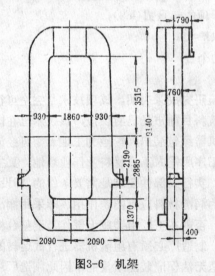

图3-6 机架

2. 底座的安装

首先对基础及地脚螺丝进行检查，确认合格后，进行安装作业。其步骤是（按有垫板安装作业）：

1）垫板面积计算。由式(3-2)得：

$$A = 10^9(Q_1 + Q_2)C/R$$

已知：$R = 225 \times 10^5$ Pa；

取 $C = 3$；

查图纸 $Q_1 = 6000$ kN，有十二个 M125 及四个 M100 的地脚螺丝，其许用值 $[\sigma] = 10^8$ Pa.

则 $Q_2 = \dfrac{\pi}{4} \times 10^8 (12 \times 125^2 + 4 \times 100^2) = 17900$ (kN)。

$$A = 10^9 [(6000 + 17900) \times 3] / 225 \times 10^5$$
$$= 3170000 \ (\text{mm}^2)$$

2) 垫板的布置与安放。根据地脚螺丝的数量，在每个地脚螺丝两侧均放一组垫板，另外考虑到底座长方向尺寸较大，故设置辅加垫板，使底座受力均匀。

预选垫板尺寸为 420×200 mm²，由平垫板与斜垫板组合之，故二个底座的实际使用垫板面积为：

$$420 \times 200 \times 20 \times 2 = 3360000 > 3170000 \ (\text{mm}^2)$$

故所选垫板是合适的，垫板配置见图3-7。

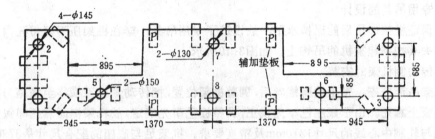

图3-7 底座垫板配置图

垫板的安放采取座浆法。

若用无垫板安装，斜铁器的承载面积可按式(3-3)计算：

$$A_s = 10^9 (Q_1 + Q_2) / R$$

将已知参数代入上式：

$$A_s = 10^9 (6000 + 17900) / 225 \times 10^5$$
$$= 1060000 \ (\text{mm}^2)$$

3) 底座找正。根据厂房内中心标板挂设轧制中心线，再挂设一根与轧制中心线平行的边线，若此两线的距离为2890mm，则这条边线定为每个底座找正的基准，见图3-8。具体找正方法是：以边线作为基准线，用内径千分尺测量边线与底座端面的距离为405mm(端面为加工面，专作找正底座之用)。其误差不得超过0.05mm/m。

轧机入口侧底座与横向中心线距离的确定是根据已知横向中心线到底座凹入面的距离为1860mm，允许偏差为0.5mm。出口侧底座则以找正好了的入口侧底座为准。用制造厂带来专用测量杆量出两底座凹入面的距离为3720＋0.5mm，这0.5mm的间隙是考虑到机架的热膨胀，间隙留在出口侧底座。

4) 底座找平。在底座上放方水平及二底座间放平尺和方水平进行测量，要求两个底座过跨的水平度及底座水平度不超过0.05mm/m。

5) 底座找标高。根据底座旁预先埋设的基准点为标准，用平尺及内径千分尺测量，

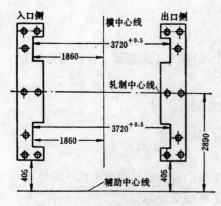

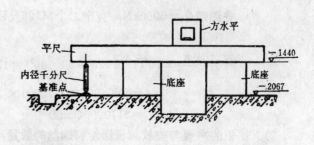

图3-8 底座找正图   图3-9 底座找标高示意图

允许偏差为＋0.3mm，见图3-9。为了避免紧固地脚螺丝时底座下降，一般比规定标高高出一定值，座浆法提高0.15～0.3mm，研磨法提高1～1.5mm。

3. 机架的安装

(1) 专用吊具的设计

为了保证机架起吊后能保持水平，故设计了专用吊具，穿在机架压下螺母孔内，上端通过环形夹具挂到起重机的吊钩上。如图3-10所示。

(2) 传动侧机架的安装

将机架吊至底座，带上地脚螺丝后，调整机架位置，把传动侧机架横移至底座与机架之间的调整板上靠死。由于底座已事先找正，调整板已事先确定，故机架侧面靠死即保证了机架中心线与轧制中心线的尺寸1370mm及精度要求。机架足与底座的配合尺寸是3720mm，还有0.5mm的配合间隙留在出口侧。

(3) 操作侧机架的安装

同传动侧机架安装方式一样，不同的是调机架中心线与轧制中心线距离1370mm时，先调到1380mm，以便安装上下横梁，待上下横梁安装完毕，再移动机架保证1370mm。

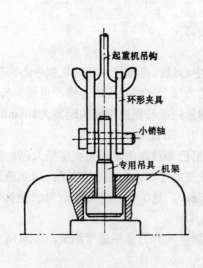

图3-10 专用吊具

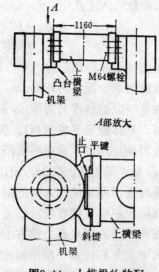

图3-11 上横梁的装配

（4）下横梁的安装

下横梁是安放在两个机架凸台上的。其靠键相连，不用螺栓联接。目前安装它，主要由于施工顺序的要求。

（5）上横梁的装配

机架上部凸台确定了上横梁的高度及水平。另外，一侧用止口，一侧用平键和斜键确定上横梁中心位置。见图3-11。在立面上有十二个M64的螺栓来紧固左右机架，在紧固传动侧M64螺栓前应先把操作侧机架向中心线靠拢，贴紧上横梁，然后紧固M64螺栓。

（6）紧固地脚螺丝，作好精度检查

整个机架经检查各项数据都确认在精度范围之内后，对地脚螺丝进行紧固。对于M125mm的地脚螺丝紧固，过去用游锤撞击特制板手的方法及地脚螺丝头部钻孔加热的方法，这两种方法紧固力不准而且很麻烦，目前可以用液压紧固器来紧固地脚螺丝，这种方法施加的力矩准确而且操作方便。

机架精度检查的项目有，机架垂直度、机架水平度、两机架间水平度、两机架窗口中心线的水平偏移、机架窗口在水平方向的扭斜和机架中心线偏差等。

第四节　液压传动设备的安装

一、概述

在现代化的冶金生产中，广泛地采用液压传动，是因为它有一系列的优点，如液压操纵力小，在工作过程中能够进行较大范围的无级调速，在往复和旋转运动中，可经常快速而无冲击的变速及换向，容易获得各种复杂的动作，使机械自动化程度大大提高。液压传动与电气或气动相配合，可创造出各方面性能都很好的、自动化程度很高的传动或控制系统。一个完整的液压系统应由下列部分所组成：

1) 动力元件。如油泵；
2) 执行元件。如油缸、油马达；
3) 控制元件。如压力、流量、方向控制阀以及自动控制用的电液伺服阀等；
4) 工作介质。如油液；
5) 辅助元件。如油箱、滤油器、储能器、加热器、冷却器、管道及管接头、压力表等。

液压传动设备的安装，就是用管道把各液压设备及阀类元件，按图纸要求联系起来并予以位置的固定。最后通过调整及试运转，实现设计规定的压力、速度、动作顺序的要求。

在安装中，除管道外，其余元件的安装与一般机械设备的安装相同，只要做好找平、找正、找标高即可。而且有的控制元件在制造厂就组装在同一块配油板上，即所谓的框架式结构。近来又发展成集成式结构，即将有关液压元件都装在集成块上，它们经过调试，出厂之后，只要把管道对号接好即可。所以液压传动设备的安装，大量的工作就是管道的安装。如一座年产三百万吨的热连轧薄板厂的液压管道的安装，管道重量超过三百吨，各种液压、润滑管道长达五万米，而且线路复杂，附件又多，布管要求整齐美观。近年来由于氩弧焊的发展，使用成品弯头多了，不用法兰及螺纹联接，焊接工作量大大增加。管道安装前，管子还要经过酸洗，组装后还要经过系统冲洗。工序繁多，特别是清洁度要求很高，往往由于管道安装工作某一环节稍一疏忽，质量不好，而导致整个液压系统返工。另外，油液的使用也应仔细，液压系统中规定注入油料的牌号和数量不得随意改变，否则不但会使注入到系统的油报废，而且影响试运转工作的进行；控制元件必须对号安装，否则会使元件报废或系统发生故障；密封工作稍有疏忽，系统一开车就会发现有油泄漏。总之，液压系统的安装，比一般机械设备的安装更要仔细，一定要遵守安装规范，否则一经试运转弊病立刻会出现。

液压传动的主要设备如油泵、油箱、储能器、冷却器等的安装与一般机械设备的安装有所不同，它们安装的特点是服从配管的需要。它们安装时的定位是以设备的管口中心为依据，来确定设备的纵横、高低位置。为了防止配管"别劲"，部分设备是不予以固定的，而且根据配管的需要垫稳就行(如阀架)。

二、管道的安装工艺

管道的安装工艺有两种，一种是一次安装法，另一种是二次安装法。由于液压管道对其清洁度和液压元件加工精度要求很高，阀体与阀芯之间的配合间隙很小，是以微米来标记的。这些微小的间隙，一方面要保证阀芯在阀体内动作灵活，另一方面又要起密封作用。这些精密零件在干净的油液中可以工作很长的时间，但由于管道安装质量不好，致使油液中带有杂质，杂质起着研磨剂的作用，使零件早期磨损，动作失灵甚至造成事故，所以安装工艺制定好坏与否，会影响工程质量和工程进度。下面分别介绍两种安装法。

1. 二次安装法

管及管件设备的检查──→一次安装(俗称试配管)──→拆卸──→酸洗(槽式酸洗)──→二次安装(俗称正式配管)──→冲洗──→耐压试验。

二次安装，就是在管道安装过程中要进行两次安装。第一次是试安装，包括下料、开坡口、弯管、焊接和管螺纹加工等。

钢管下料要根据图纸并到现场实测后进行。大直径厚壁管的坡口、弯制、螺纹加工可在临时建立的管道加工车间进行，然后到现场试装，发现某些地方加工不合适，在现场修正，直至符合要求，再拆下来，并在管子两头打上记号进行登记，送到酸洗车间进行酸洗。酸洗完后立即运回施工现场，按拆卸的记号进行第二次安装，随后进行冲洗、耐压试验工作。

这种安装工艺，必须将管件从现场到加工车间、酸洗间来回搬运，若没有足够的人力、运输工具、起重机械是难以办到的，效率也不会高，质量也难保证。

2. 一次安装法

管及管件设备的检查──→管加工及焊接组装──→一次安装──→循环酸洗──→冲洗──→耐压试验。

这种工艺的特点是：将管道运到管加工车间，依照设计图纸，参考现场实测值，集中下料、开坡口、弯管、部分焊接和组装，然后运往施工现场，一次安装。它的工效比二次安装法提高约20%，质量也较好。

一次安装法的所有管子及管件的各项加工和组装都在加工车间内进行，不可避免地会产生积累误差。为了消除这些积累误差，特别在直线管道的地方设置了一个调整段。调整段要尽量短，调整段两端与系统上的管的间隙值最大不得超过1mm。如图3-12所示。此调整段必须在所有配管安装完毕后，根据实测下料和进行各种加工、酸洗、再焊到系统上来。

由于施工条件的限制，目前还设有在管道安装中全部采用一次安装法，部分配管仍然

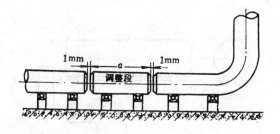

图3-12　调整段的设置　　　　　　　　图3-13　弯管角度偏差示意图

采用二次安装法。

三、管道的加工

在安装管道前，必须对管子进行一定的加工，如管子的切割、弯曲和焊接等。

1.　管子的切割

切割管子采用锯床、圆盘锯、弓锯等。亦可采用氧—乙炔焰切割，然后用砂轮修磨锯切断面。

切断后的管口必须彻底清除其毛边、杂质等异物，否则将影响其酸洗的质量。

2.　管子的弯曲

管子弯曲时，其外侧管壁因受拉伸而变薄，其内侧管壁因压缩而变厚或打褶，唯有中性层不受力，此处长度与厚度均不改变。因此管子在弯曲过程中，管径将由圆形变为椭圆形，由于管子的椭圆截面对内压力的抵抗能力是不及圆形截面的，因此弯管时不允许有显著的椭圆变形。

管子弯制后的椭圆率应不超过 8%，弯曲角度偏差（Δ/L）不超过 ± 1.5mm/m（见图3-13）。

弯曲有缝钢管时，应使焊缝位于弯曲方向的侧面。

弯管的加工方法分为热弯和冷弯两种。

（1）管子的热弯

即管子在热状态下弯曲。为了防止弯管时管壁产生皱褶，一般采用充砂热弯。充砂的目的除了防止弯管时产生的椭圆或皱褶外，砂在加热时储存热能，故能延长弯制时间。加热可以在有鼓风的烘炉内进行，亦可用煤气、氧—乙炔焰直接加热管子，不同钢种加热温度是不同的，碳素钢管为950～1000℃；低合金钢管为1050℃；不锈钢管为1100～1200℃。

管子弯曲在弯管平台上进行。见图3-14。不需弯曲的管段先用水冷却，并把它夹在插销中，需弯曲的管段可按样杆形状进行弯曲（样杆应放在弯管中性层处）。弯曲所需力，可用人拉或卷扬机拉。拉力方向应与管子中心线垂直。由于冷却时管子会朝施力反方向回弹，故应超弯3～5°，终弯温度对碳素钢管为700℃，低合金钢管为750℃，不锈钢管为710℃。

管子冷却后，倒出砂子，除去管内残留焦砂，并用压缩空气吹净，检查弯管质量。对于合金钢管还要进行正火加回火处理。

这种热弯方法不应用于液压、润滑系统中管子的弯制。

（2）管子的冷弯

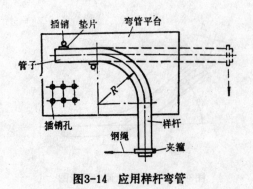

图3-14 应用样杆弯管

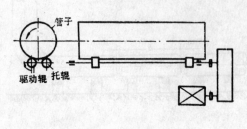

图3-15 滚动焊接机床

冷弯适应于管子外径小于108mm的弯制。冷弯不充砂，可以在手动或液压弯管机上进行。

3. 管子的焊接

(1) 管道焊接的特点

管道只能进行外围焊，厚壁管还要施多层焊，少部分管子可以施滚动焊接，即把管子支承在几对辊子上，让管子在其上周期地或连续地转动，以便使焊缝位置经常处于平焊操作位置，见图3-15。而大部分管子只能在现场固定后再焊接，对于清洁度要求很高的管道，焊接时不允许有焊渣氧化物。为此，必须采用惰性气体保护焊，亦可采用目前应用较广的氩弧焊。

(2) 氩弧焊简介

氩弧焊就是电弧在氩气流中燃烧，氩气以严密的层流从喷嘴喷出，保护溶池。钨极和焊丝的末端不与空气接触，用钨极和工件间产生的电弧热来熔化母材和焊丝，待冷却后凝固连接成一体的焊接方法。氩弧焊示意见图3-16。其优点是：质量好——焊缝金属与填充焊丝由于有氩气的保护作用而与空气隔绝，不会产生氧化物，焊缝金属结晶细密，机械性能好；焊接速度快——这是因为氩气没有吸热分解反应，且导热性小，电弧热量损失少，热量集中，所以可以提高焊接速度；由于氩气的保护作用，焊接时不用焊药，焊道美观光滑，而且无焊渣飞溅，减少清渣的困难。

(3) 焊接方法

对于薄壁钢管用氩弧焊一次焊成。对于厚壁钢管的定位和底层焊用氩弧焊，其余各层使用手工直流电弧焊。这样既保质量又经济。为了使焊接时管内壁不氧化，可在管内充氩

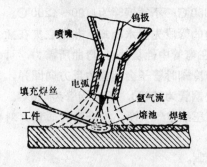

图3-16 氩弧焊示意图

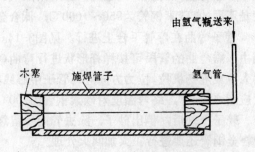

图3-17 管内充氩气示意图

气保护。见图3-17。其办法是先用氩气把管内空气排走，再将管两端堵住，在管的一端继续供送少量氩气以补焊缝处的泄漏，待底层焊完便可以关闭氩气。

焊接后要用X光拍片抽查15％，工作压力大于31.5MPa的管子的焊缝要100％拍片检查，焊缝检查全部合格后，才允许进行管道的压力试验。

四、管道的安装

1．地下管道的安装（泵站管道的安装）

地下管道的安装是以泵站为基准来确定管道的走向。由于地下油库的设备多，基础复杂，所以必须现场实测。安装时先从泵这一端开始，逐步延伸。不允许把管子重量加在设备的法兰上，而应由距设备最近的支架来承受管的重量。

为了防止空气从泵的入口联接处进入，应使两法兰面接触处无间隙，铺设的管道要尽量使空气不能积存，不得已时，要在可能积存空气的地方设置排气旋塞。

2．机体管道的安装

机体管道大部分是附属于机器上，作为成品同机器一块出厂，到现场无需另外配管。若机体配管不是成品，且图纸未作说明时，可按以下原则进行安装：

1) 管道线路尽量贴近机体，且不能影响机器的正常运转。另外布管要整齐美观，便于维修。

2) 各种仪表、阀等必须装在操作人员便于观察、操作的地方。

3) 对于同步气缸所配管的长度、管径、弯曲半径及走向应相同。

4) 处理设备事故需要经常拆卸，或工艺上需要经常拆卸（如换辊）时，所配之管道应不妨碍。

5) 连接有位移部位的胶管安装。管子长度应大于机器运动部位的最大位移量。胶管的弯曲半径应大于胶管直径的十倍以上。

3．中间管道的安装

连接地下管道与机体管道的管道叫中间管道。它的安装应以地下管道为基准，依照图纸的设计，设置支架。确定管道线路时要注意它与通风管、电线管、柱、梁、阶梯等互不妨碍。

中间管道的铺设可以归纳如下：即先内后外，先大后小，先主管后支管，先高压管后低压管，先定位管后中间管（先内后外的"内"系指靠近墙角、墙壁、地面、房顶的管道）。沿墙壁配管的施工顺序是：高处由上往下，低处由下往上。

4．狭窄处管道的安装（一般指孔或洞）

配管接头不在狭窄处连接，应离开洞口0.5～1m处，而且尽量采用焊接以防在此处泄漏。

5．管道中附件的安装

在安装各种附件前要仔细检查其清洁度，不合格则处理好再装。

凝气阀必须安装在每个伸缩管或上升处的前面，有方向的阀门，安装时切莫装反。

6．管道支架的安装

管道直管部分的支架间距随管径大小与管道种类不同而不同，应按标准执行。对于伸缩管的支架，其一端必须为活动支架，一端为固定支架。

五、管道的清洗（又称管道的酸洗）

管道清洗的目的是为了除去配管内各种有害的杂质。

1. 清洗工艺的组成及其原理

(1) 脱脂(漆剥离)

由于管子内外壁均涂有防护油或红丹，为保证下一工序酸洗的质量，必须在酸洗前除去这些油膜或漆膜。

1) 碱液脱脂　碱液的主要成分为氢氧化钠和磷酸三钠，它是作为槽式酸洗的脱脂液。因油脂的成分不外乎是动物油、植物油和矿物油，属于动、植物油可以靠皂化反应除去，其化学反应如下：

$$(C_{17}H_{35}COO)_3C_3H_5 + 3NaOH = 3C_{17}H_{35}COONa + C_3H_5(OH)_3$$

式中　$(C_{17}H_{35}COO)_3C_3H_5$——硬脂；

　　　　$C_{17}H_{35}COONa$——硬脂酸钠(肥皂)；

　　　　$C_3H_5(OH)_3$——丙三醇(甘油)；

　　　　$NaOH$——氢氧化钠。

一般动植物油中主要成分是硬脂，它与碱作用生成肥皂和甘油，溶解于水。矿物油不能与碱起上述反应。但在碱液中加入水玻璃时，它可起乳化作用，吸附在油膜界面上降低界面张力，使油脂脱离金属表面上浮。如图3-18所示。有时可吸附在已脱离金属表面的小油

图3-18　金属表面油膜乳化脱脂图

珠上，使油珠不再相互结合在一起，形成乳化状上浮。在使用水玻璃作乳化剂时，还要加入磷酸钠。因它可以改善水玻璃的去油性，并维持除油液的碱度。有时加入碳酸氢钠也是为了维持除油的碱度。其化学反应式为：

$$Na_3PO_4 + 3H_2O \longrightarrow 3NaOH + H_3PO_4$$

$$NaHCO_3 + H_2O \longrightarrow NaOH + H_2CO_3$$

因而碱液在使用一段时间内不至于因浓度降低而影响除油速度，因为溶液中的OH浓度下降后，$NaHCO_3$与Na_3PO_4与H_2O生成NaOH。

用上法脱脂，为加强皂化作用和乳化作用，必须加热溶液，增加溶液的对流，促使油珠更快脱离金属表面而浮于液面。此外加热还可以增大肥皂的溶解度，温度应控制在80～90℃之间。

2) 四氯化碳脱脂　它对动、植物油及矿物油均有良好的溶解力，脱脂效果好，对金属不腐蚀，不易燃(是灭火剂)，还可以回收使用，适用于管道循环酸洗，但成本高，且有强烈的麻醉作用。

(2) 酸洗

由于硫酸主要靠氢气的机械剥离作用除去氧化铁皮，而且容易使金属管道渗氢，对管子使用不利。现均采用盐酸酸洗。盐酸是靠溶解作用除去氧化铁皮(三氧化二铁与盐酸作用生成氯化亚铁而溶解于水)。

为了防止金属在酸中溶解，应在溶液中加入缓蚀剂以及少量的乌洛托品、苯胺、吡啶使金属溶解过程大大减少，从而保护基体金属。

乌洛托品是有极性的有机化合物，它被吸附在金属阴极上，使阳极过程受到抑制。由于金属表面这种吸附膜的存在，增加了氢的超电压，大大减小了氢气的产生，达到缓蚀目的。

(3) 中和

中和的目的是将管道内外壁上残余的酸全部中和，不允许重新出现腐蚀，为此必须正确选择中和剂及其浓度。若中和剂碱性过大，必将重新出现腐蚀。

采用氢氧化铵为中和剂，对残余酸可起中和作用。其化学反应式为：

$$NH_4OH + HCl \longrightarrow NH_4Cl + H_2O$$

(4) 钝化

经中和后的管道表面仍处于活化状态，如果不是迅速得到干净，管子很快又会生锈。考虑到现场施工的实际条件，必须增加钝化过程，使金属管壁处于钝化状态。

钝化是金属在钝化溶液里能使金属表面生成一层钝化膜的方法来达到的，这层钝化膜无色透明，具有较高的化学稳定性，从而阻碍了空气中的氧对金属管道的作用。钝化过程必须使金属表面生成连续而致密的钝化膜，如果工艺不当，就不能形成连续而致密的钝化膜，将导致金属电化学腐蚀。这是因为金属表面形成钝化膜处为阴极，未形成钝化膜处为阳极，便形成许许多多的微电池，成为麻点腐蚀。

用亚硝酸钠作钝化剂，已取得良好效果。它是一种强电介质，在水溶液中强烈地离解成阳离子Na^+和阴离子NO_2^-，这种阴离子对钝化起着决定性作用：

$$NaNO_2 \longrightarrow Na^+ + NO_2^-$$

由于亚硝酸根离子中，氮原子将两个电子分给两个氧原子，使整个阴离子因电子云发生偏移，形成$(O—N—O)^-$结构，被刚离解出来的管道表面的铁吸收，形成金属表面FeO层致密结构，即钝化膜，这种膜具有较高的化学稳定性。

(5) 水冲与干燥

经过钝化的管道要用高压水(0.8MPa以上)将钝化液冲净，这样管表面必然会有一层水膜，若不及时干燥，管子仍有生锈的可能。干燥后则有充裕的时间进行涂油。

2. 清洗的方法(又称酸洗的方法)

(1) 槽式酸洗法

此法适用于任何管径的管子，且设备简单，清洗质量好，效果直观，但对环境污染严重，对人体有害。其工艺组成是：脱脂(漆剥离)——水冲——酸洗——水冲——二次酸洗——中和——钝化——水冲——干燥——涂油——封口包装。

1) 脱脂。用碱液脱脂，其配方为：

氢氧化钠	8~10%
磷酸三钠	3%
水玻璃	2%
碳酸氢钠	1.3%

浸泡4h，温度80~90℃。

2) 水洗。用0.8MPa以上高压水快冲。

3) 酸洗。12%盐酸加1%乌洛托品，浸泡2h，常温。

4) 水冲。用0.8MPa高压水将管子内外壁酸液中沉下的固体颗粒冲净。

5) 二次酸洗。将水冲过程中生成的浮锈洗去，时间5min。

6) 中和。中和液为1%的氢氧化铵，常温浸泡5min。

7) 钝化。钝化液为10%的亚硝酸钠，用氨水将溶液的pH值调到10～11。常温浸泡15min。

8) 水冲。用0.8MPa高压水快速冲洗。

9) 干燥。用过热蒸汽将管子快速吹干。

10) 涂油。趁管子处于热状态时，将其浸入防锈槽(内盛防锈油液)涂油，浸泡2～5min。

11) 封口包装。用聚氯乙烯薄膜或盖将管道两端包装严密。

槽式酸洗法的工艺平面布置见图3-19。

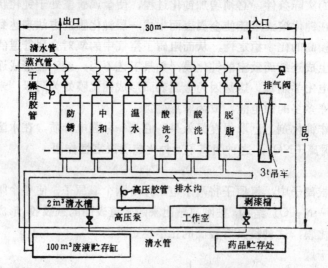

图3-19 槽式酸洗法工艺平面布置图

(2) 循环酸洗法

一次安装法采用循环酸洗法工艺。这种方法是将不同化学试剂盛在各自的容器里，依次用泵打循环来实现清洗的全过程。近年来又有新的突破，即化学试剂由单个组成变为脱脂、酸洗、中和和钝化四个作用于一役的所谓"四合一"清洗剂。这样操作更为方便，工期也就缩短了，因为整个工艺是在封闭的管路内进行，劳动条件好，劳动强度低，是有前途的酸洗方法。但此法只适用于管径小于70mm的管子。

管道循环酸洗的工艺如下：组成回路——→试漏——→脱脂——→酸洗——→水洗——→中和——→钝化——→干燥。若不采用"四合一"溶液，按上述工艺则其配方如下：

1) 脱脂。四氯化碳，常温循环2h。

2) 酸洗。1%乌洛托品加9～10%盐酸，常温，对一个150～180m的系统，循环时间为45min。

3) 水洗。水冲30min。

4) 中和。1%氢氧化铵，用氨水使溶液pH值调为9～10，常温循环2h。若溶液加热至60~70℃，则循环15min。

5) 钝化。12%~14%亚硝酸钠,用氨水将溶液的pH值调为10~11,常温循环25min。

6) 干燥。用干燥的压缩空气吹30min。

上述工艺从脱脂到干燥,每道工序的循环时间是固定的,但酸洗的总时间却取决于管道安装的质量,若安装质量好,试漏工序循环可以少到只要30min。管道循环酸洗示意见图3-20。

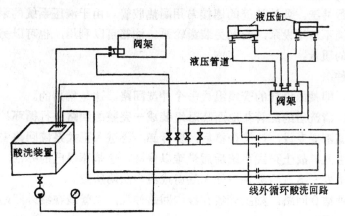

图3-20 管道循环酸洗示意图

(3) 喷砂酸洗联合清洗

喷砂清洗简单、方便、除锈效果好,清洗时间短。但喷砂过程粉尘大、污染环境,有害人体。若采用除尘回收装置则可改善操作环境。

使用喷砂法清洗的管道不准有缝隙,管子不得套接,否则易窝藏砂子,给下一步冲洗工序带来困难。

喷砂法所用砂子为粒度3~8mm的石英砂。喷枪结构见图3-21,这种喷枪的有效射程为7m,完全可以满足需要。

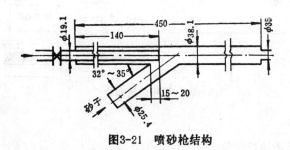

图3-21 喷砂枪结构

喷砂法可以单用,也可以与酸洗联合起来,先喷砂再酸洗,即所谓喷砂酸洗联合清洗。

六、管道的冲洗

管道冲洗的目的是为了将在清洗(或称酸洗)过程和二次安装中残留下来的机械杂质除去的一个工序。它采用循环方式,即用低粘度的油,在低压、大流量泵的连续输送下,充满整个系统的管路进行循环,将其残留的机械杂质冲洗干净。

经过清洗、正式安装后的管道,原则上应立即进入各系统的循环冲洗程序,它是整个管道安装工程保证清洗度最关键的一环，也是检验制作、安装和清洗水平的重要环节。故循环冲洗质量的好坏决定整个系统能否投入生产。

液压系统管道的循环冲洗工序编排如下：冲洗回路的组成──→一次冲洗──→检查──→排油，清洗油箱──→二次冲洗──→耐压试验。

1. 冲洗回路的组成

循环冲洗回路组成的好坏，对冲洗质量有很大的影响。一般油缸、阀座、油马达等只在二次冲洗时才进行冲洗。各冲洗管的连接常用耐热胶管。由于液压系统的泵是压力大而流量小，故循环冲洗不用原设泵，而是另装齿轮泵。油箱可以利用，也可以另设油箱。冲洗时间取决于冲洗的质量。

冲洗回路有三种：

1) 线内回路。即按原设计的管线组成一个冲洗回路。这是常用的。

2) 线外回路。清洗后的配管在地面临时组装成一完整的回路进行循环冲洗。这种回路，一些必要的设施都要专设，冲洗合格后，要拆卸，再进入正式系统回路安装。这样一拆一装难免有脏物进入，故上正式系统后质量难以保证，这是不得已的办法，主要是有些小回路在正式系统中处于多弯隐蔽狭窄处无法组成线内回路所致。

3) 线内、线外结合回路。如主管线在线内回路冲洗，支管线在线外回路冲洗。

循环冲洗回路见图3-22。

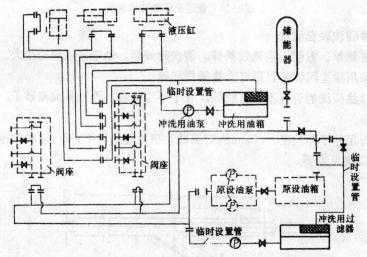

图3-22 循环冲洗回路

2. 一次冲洗

(1) 一次冲洗用油的油量计算

一次冲洗用油应采用低粘度机械油或透平油，一般用10号、20号机械油。国外用透平油，油经一次冲洗后，经过滤仍可当润滑油用。冲洗用油的油量计算公式为：

$$Q_F = 1.2(Q_{TL} + Q_P) \tag{3-5}$$

式中 Q_F ——冲洗用油量(L)；

Q_P ——管内油量(L)；

Q_{TL} ——油箱最少油量(考虑吸入管和加热器的油量)，(L)；

54

1.2——估计泄漏和预备油量的系数。

为了使冲洗油维持在常温到60℃，故要设置加热装置，可用蒸汽加热，亦可用电热器加热。电热器的容量按下式计算：

$$q = a \cdot c \cdot s \cdot Q_F(t_1 - t_0) \tag{3-6}$$

$$\left.\begin{array}{l} W = 0.004861q/H \\ W = 0.0005aQ_F(t_1 - t_0)/H \end{array}\right\} \tag{3-7}$$

上二式中　q ——油温升到规定温度所需热量(kJ)；

　　　　　a ——散热系数(夏天为1.5，冬季为2)；

　　　　　c ——冲洗油的比热[1.88～2.51kJ/(kg·℃)]；

　　　　　s ——油的比重(0.9)；

　　　　　Q_F——冲洗油量(1)；

　　　　　t_1 ——要求的油温(℃)；

　　　　　t_0 ——加热前的油温(℃)；

　　　　　W——电加热器的容量(kW)；

　　　　　H——加热时间h。

(2) 一次冲洗用泵的选择

一次冲洗常用齿轮泵作另设泵，该泵进冲洗系统前要保证本身清洁。为了确保冲洗过程油流是紊流状态，故引起油紊流的流速及另设泵容量按下式计算：

$$v = 0.2M/D \tag{3-8}$$

$$Q = 6vA \tag{3-9}$$

上二式中　v ——引起紊流所需最小流速(m/s)；

　　　　　M ——油的运动粘度(cm²/s)；

　　　　　D ——管内径(cm)；

　　　　　A ——管的截面积(cm²)；

　　　　　Q ——冲洗泵容量(1/min)；

　　　　　0.2——系数。

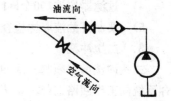

图3-23　利用支管输气

如果没有所需容量的泵，即不能形成紊流(速度大于1m/s)，则可采用输入压缩空气或氮气使管内油液形成紊流。见图3-23。

(3) 一次冲洗用过滤器面积的计算

一次冲洗用过滤器面积的计算公式为：

$$A = \frac{Q}{6v_n ka} \tag{3-10}$$

式中　A ——过滤器面积(cm²)；

　　　Q ——泵容量(1/min)；

　　　v_n ——油经过滤器的流速(m/s)，一般$v_n = 0.2$m/s；

　　　k ——过滤器有效面积系数(一般为0.3)；

　　　a ——过滤器透过面率，根据在冲洗中使用标准网筛网眼大小查表3-1得出；

　　　6 ——系数。

表3-1 透过面率表(%)

网眼尺寸	0.074	0.088	0.105	0.125	0.149	0.177	0.210	0.250
透过面率	34.0	34.9	36.0	34.8	34.3	31.0	28.8	29.3

(4) 冲洗用油箱的设计

另设油箱用普通钢板焊成,其体积应是流量的十五分钟。考虑到贮油和运输的方便,一般容积不大于七吨油的体积,油箱形状最好为椭圆形,下设底座,开有注油孔及出油孔。

为了防止油箱中的杂质混入油中,影响油的清洁度,油箱在使用前要彻底除锈,清洗干净。

冲洗油箱的容量还可以按下式计算:

$$Q_{FT} = 5Q_F \tag{3-11}$$

式中 Q_{FT}—— 冲洗油箱容量(L);

Q_F —— 管道内油量(L);

5 ——系数。

(5) 一次冲洗要领

1) 机械设备、阀座、油缸、储能器、计测装置应以旁路,不洗冲。

2) 冲洗油温要达到60℃,其目的是降低油的粘度,使管子发生热胀冷缩,便于冲掉管内壁的脏物。

3) 冲洗油压为0.2～0.5MPa,流速应大于2m/s,较大的系统至少可达4m/s。

4) 过滤器应选100个网眼以上。

5) 要制订油液取样检查制度,并相应洗净过滤器。

3. 二次冲洗

二次冲洗前必须将一次冲洗油全部取出,如果用原设油箱,应是清洁的。二次冲洗按各系统的工作回路进行。系统所有装置都要冲洗,冲洗油用本系统的工作油。二次冲洗时,油不加热,不输气。油的流速及压力以正常工作状态进行调定,根据冲洗质量来决定冲洗所需的时间。冲洗完毕,油不再取出而当工作油使用。

4. 检查

冲洗质量的检查,循环冲洗初期15～30min检查一次,中期8h一次,后期时间可以更长。检查时必须停泵,检查或冲洗过滤器时必须将接渣标本妥为保存,当冲洗过滤器没有异物排出的状态持续1h以上时,可以判为冲洗完毕。

冲洗检验的质量标准目前尚未有国际标准。我国采用重量法,即冲洗油过滤后停留在过滤器滤纸上的杂质,其粒度大于3～4μm,用精密天平来称量,杂质的百分含量数,质量合格标准是0.005%。德国亦是采用重量法,杂质以mg/1计,其质量合格标准为80～100mg/L。日本采用"米厘泡"法,即将滤下的杂质,在一百倍显微镜下数单位面积上各种不同粒度的杂质数目,确定等级标准,其质量合格标准为10级以内。上面三种方法都是经过取样后在室内用专门仪器进行化验的。目前在现场还有一种检验方法,称为过滤网直观法(又叫数量分析法)。这种方法较之前三种可以比较全面的反映出循环油中的杂质情况。

5. 安全措施

在冲洗过程中要严防火灾，要注意防滑倒、防触电。

七、液压系统的调试

1. 对调试工作的要求

将被试的液压传动装置与相应的油缸或油马达连接，液压系统空载试运转时应满足如下要求：

1) 无外泄漏。启动油泵电动机后，将油泵出口压力调节到本系统压力，阀的丝堵、法兰、底面结合处及管接头处不得漏油。

2) 系统压力应达到设计要求。首先要检查各测点按系统图连接是否正确，然后检查各测点压力值。

3) 系统中各液压元件性能与调节范围应先在液压试验台上检验，确认合格后再按系统图进行连接，并应符合设计要求。调节时应平稳、灵活。

4) 各液压元件动作次序应符合工艺要求，动作准确。如按液压传动系统图工作循环操纵换向阀时，传动装置所驱动油缸的动作必须符合系统图的要求。且各动作的转换应平稳，不得有停顿、冲击等异常现象。如系统中有压力继电器时，应检查动作是否正确。压力是否符合系统图的要求等。

5) 各指示计器仪表工作正常。

6) 工作可靠。该装置应能完成的工作循环在一小时的空载试运转中，工作必须正常，在高压下停留五分钟，工作仍应正常。

7) 安全设备按系统图必须全部上网，并能全部发挥作用。

2. 调试前的检查工作

为了保证调试工作的顺利进行，必须做好调试前的检查工作。

1) 清洁检查。管道经过循环冲洗确认清洁后即可。原设油箱内部一般不涂油漆，因为所用漆如果与液压油性质不同，则会发生漆剥离与液压油起化学反应，从而会破坏液压系统的清洁度。另外密封件与液压油是否相容也应检查。

2) 对管道的布线再作一次细致检查，应不存在有管道阻碍运动零件的动作等布线不合理的现象。

3) 泵和电动机固定牢固，安装同心度应符合标准要求。

4) 检查注入油液是否符合设计规定用油液。

5) 记录表格准备齐全。

6) 安全措施检查落实。

3. 液压系统调试内容

尽管有不同类型的液压系统，但它们调试的内容基本上是相同的。大致有以下几方面：

1) 储能器充氮及其单向阀密封检查。

2) 工作油泵运转方向的校验。排气孔能否排气排油，油泵电动机自动断电开关功能考核及溢流阀的压力调定。

3) 系统的压力调定。

4) 液位监控调试。观察目视油位指示器变化情况及浸入式油位控制器的动作可靠性。

5) 液温监控调试。当油温在20℃时能自动接通电加热器电源，油温到30℃时便自动关闭电加热器的电源。冷却水随油温变化能自动调节流量。

6) 各种阀的压力调定。系统中各阀按设计规定值依次调定。

7) 液压缸试动。其试动步骤是：

手动操作换向阀，检查液压缸的动作，整个机组手动操作完毕之后，并确认无误，采取电磁换向阀进行空操作，检查电磁换向阀的工作方向是否与液压动作、机械动作相符合，然后按工艺程序逐个对液压缸进行电控操作。最后按生产工艺流程或按试运转的规定试动液压缸，在试动液压缸时必须使所有液压缸的节流阀由小逐步调大，使液压缸达到适当的运动速度。对有同步要求的液压缸，先一个一个缸通过节流阀调整，然后再调同步。最后检查液压缸的行程是否运动到位。

8) 油马达调试。要求系统压力达到设计要求时，通过调节节流阀，测量油马达的转数使其符合工艺要求，并测此时流量。

总之，液压系统的调试是由多专业人员相互配合才能完成，如同机械设备试运转一样，要提倡相互配合，各方把关，服从统一指挥，按规程办才能得到顺利进行。

第四章 机械设备的维修

第一节 修复的意义和方法

一、修复的意义

我们应该尽量把检修更换下来的零件，采用不同的修复工艺，恢复它们原来的面貌和性能，甚至超过原来的性能。这种修旧利废的方法，可节省大量的人力、物力和财力。例如1150初轧机采用60CrMnMo锻造轧辊，每根轧辊重26t，一对轧辊价值二十余万元，其综合寿命仅能轧40～50万吨钢材。但是，某厂采用合金3Cr13堆焊的工艺，只花了12000元，使一对因磨损而报废了的轧辊恢复了生命，而且比原来的还耐磨，其综合寿命为能轧86万吨钢材。因此对机械设备维护工作者来说，要把修复工作看作必不可少的工作，尽快地掌握各种修复工艺。

二、修复的方法

零件修复工艺的种类很多，这里着重介绍粘合法。

1. 机械零件修复工艺的分类

(1) 局部修换法

如调头转向法，紧固零件移位法，部分更换法以及矫直法等，特别是矫直法在冶金工厂应用较广。

(2) 金属扣合法

大型铸件的裂纹、折断常用此法。在此基础上为了解决配键要求精度高的困难，采用捻缝法达到键与被扣合件间的紧密配合。

(3) 表面处理法

它包括：

1) 表面淬火。用火焰或高频加热金属表面，经迅速冷却后，使零件在一定厚度的表面层具有高的硬度，而零件的心部仍保持原有的性质。

2) 表面机械强化。为了提高零件的疲劳极限，可以零件表面形成残余压应力状态，其方法有喷丸及辊压处理两种。

喷丸是用铁粒冲击零件表面，因金属层的塑性变形，使零件表面强化，增加了表面硬度。辊压处理是用辊子辊轧零件表面，主要是使金属表面层经冷加工而产生强化现象。而使金属表面层致密，其疲劳强度和硬度都有所增加。

3) 表面化学热处理。零件表面经过化学热处理后，表面层化学成分发生改变，提高了机械性能，使零件具有良好的耐磨性、抗腐蚀性和提高疲劳强度。通常采用渗碳、氮化、氰化法。渗碳的过程是在高温下将渗碳剂的碳扩散到零件表面中，形成硬而耐磨的渗碳层；氮化是用氮使零件表面饱和的过程；氰化是同时将碳和氮渗入零件表面的过程。

4) 电火花表面强化。又叫电接触加热自冷淬火法。它与高频表面淬火一样，使被处理零件表面硬化，而其心部不发生变化。它的不同点是利用电接触电阻热来加热，而利用零件本身的导热性来冷却。

(4) 焊接法

常用的是手工电弧焊。有条件的可用埋弧自动焊。焊接已成为修复的主要方法，但它存在一些缺点，如零件受热不均，容易发生变形，具有残余内应力和丧失热处理的性能。

（5）电镀法

电镀的过程是以电解现象为基础的，使电解液将金属沉积在零件的表面上，而得到与基体金属较紧固附着的镀层。实现镀层的方法有镀锌、镀铬、镀铜等。电镀的目的主要是防腐蚀及提高耐磨性，增加美观。

（6）喷镀法

喷镀的过程是把金属丝加以熔化，用压缩空气流把熔化的金属喷吹成雾状的极细颗粒，以很高的速度撞击到零件表面上，使金属微粒因撞击发生变形，填充到零件表面经过预先处理的粗糙面或不平滑处，随后继续喷射，而形成一完整的镀层。喷镀过程中零件表面温度不会超过80℃，不会使零件发生变形或产生内应力。故实质上仍然属一种机械的附着过程。

（7）喷焊法

利用氧—乙炔焰对零件表面进行合金粉末的喷焊，在其表面熔敷一薄层耐磨合金。喷焊过程零件表面实际上经过重熔，它属于堆焊和喷镀之间的一种方法。喷焊厚度一般是0.1～2mm，比堆焊薄，但结合力比喷镀强。冶金工厂已用喷焊的办法来修复线材轧辊的辊颈、成品孔型以及滚动导卫等。对于较大零件用喷焊暂有困难，主要是大功率喷焊枪还在研制中。

2. 粘合法

（1）粘合机理

粘合作为科研的对象是从本世纪40年代开始的。但它的发展十分迅速，尽管胶接技术已用于 B—52超音速轰炸机、宇宙飞行器、卫星之中，但至今还没有获得完善的理论。过去的学者曾从各方面去研究粘合的机理，他们的看法约有下列几种：

1）"机械粘附"。两个物体的粘合是由于胶粘剂粘在表面的凹凸处和细孔内的机械固定作用产生的。这个看法只是从表面的物理条件来考虑的。

2）"吸附理论"。粘合的过程纯粹是表面过程，胶粘剂和被粘结件之间能粘结主要是分子内力作用的结果。这个看法主要从粘结件与胶粘剂表面间发生化学反应来考虑的。

3）"电理论"。胶粘剂膜和被粘结件之间的界面上由于其物质的接触而形成了双电层。因此形成粘结的原因主要是分子、原子和离子间的引力。它与吸附理论并不矛盾，但更深入到物质结构里去了。

综合上面的学说，我们的看法是：两种材料通过粘合剂粘合起来，是由于粘附力的作用，粘附力即为两种材料接触表面所施加分子的吸引力。它由两种力量产生：一种是机械粘附力，就是粘合剂渗入被粘结表面空隙中而形成的机械力；另一种是特殊粘附力，就是粘合剂和被粘结表面起了化学变化，而在胶层间产生了分子结合。两种力以特殊粘附力为主。

（2）粘合法的优缺点

借助胶粘剂可以把两种性质相同或者截然不同的材料紧密地连接在一起。即是一些极薄的或者很脆弱的材料也能用粘合剂来连接。这是铆焊所不及的。胶接工艺简单，可以把复杂的零件组合在一起，施工方便，成本低，粘接强度高，而且表面光滑、美观，粘合剂还可以起密封、防腐蚀、绝缘等作用。但是粘合剂耐热性不好，有的固化周期长且要恒温，所以对于冶金机械设备中的大型零件胶合，处于高温的零件胶合还有待进一步研究。

（3）粘合剂的组成

粘合剂常以富有粘性的合成树脂或弹性体为基体，添加增塑剂、固化剂、填料和溶剂等配合构成。

1）基体（或称基料）。基体常用的有各种合成树脂和合成橡胶。它们具有为保证要求的胶接强度所必需的粘附和聚合的能力。如环氧树脂、氯丁橡胶等。

2）增塑剂。它是一种高沸点液体或低熔点固体的有机化合物，与基体应有良好的相溶性，但并不起化学反应。它的主要作用是提高基体的柔韧性、抗冲击性、耐寒性等。但对拉伸、刚性、软化点则有所下降（如二丁脂）。

3）固化剂。它是用来引起固化粘合剂的化学过程的化学试剂（如乙二胺）。

4）填料。它可是有机物或是无机物，加入它们后通常可使接头弹性模数、强度、热膨胀、收缩率及耐热性有所改善，并能降低成本。如金属粉、石墨、石英粉、水泥、滑石粉等。

5）稀释剂（或称溶剂）。用稀释剂可降低基体粘度，方便施工。常用的如丙酮。

（4）粘合剂的分类

$$
粘合剂
\begin{cases}
无机胶：硅酸盐、硼酸盐、磷酸盐 \\
有机胶：
\begin{cases}
天然胶：动物胶、植物胶 \\
合成胶：树脂型、橡胶型、混合型
\end{cases}
\end{cases}
$$

（5）粘合剂的选择

从分子结构来看（有机硅粘合剂除外），各种有机胶主要是由碳氢两个元素组成。因此尽管它们都有较好的胶接强度，很好的柔韧性，但它们有一个共同的缺点，就是不耐高温。绝大多数的有机胶只能用到100～200℃，耐温最高的有机胶也只能在500℃用较短的时间，时间一长，仍要发生分解、碳化。而无机胶的特点就是耐高温，一般达800～900℃，甚至超出1000℃，但这类无机胶的缺点是性硬脆。常用粘合剂列于表4-1中。

（6）胶接接头的设计原则

胶接接头的受力形式可归纳为均匀扯离（相当材料力学中的拉伸）、剪切、扯离、剥离（见图4-1）、冲击和疲劳。还有一种失效的原因是老化。设计胶接零件时，必须注意所受的应力尽可能均匀地布满整个胶接面。由于大多数粘合剂抗剪强度相对地高一些，因此一般的设计以承受剪应力的接头为好。因为实际上力不能总是垂直于接头平面，其结果会产生扯离应力，使接头在比较低的外载荷下产生破坏，所以，应尽量避免直拉负载，胶线最好是连续的。必须避免应力在接头边缘处高度集中，弯曲应力也应避免，因为它往往引起剥离和扯离应力。设计中要防止剥离发生。剥离通常从边缘开始，减小剥离应力的方法很多，常用的如图4-2所示。

若在高温环境，粘合剂和被粘结件的相对膨胀系数是很重要的，应尽可能使膨胀系数一致以减少接头的内应力。若部件要承受严重的冲击、应避免采用胶接接头。非采用粘合者，则应设计耐振部件，采用弹性模数低的粘合剂和在胶线内加上玻璃布作为中间层可获得良好的效果。

表4-1 常用粘合剂的性能和用途

类别	牌号	主要成分	特性	用途
无机胶		氧化铜、磷酸氢氧化铝	室温固化，长期耐温500℃，短期仅能用于600℃	粘硬质合金刀片，修复零件，补蒸汽管道裂纹
聚氨脂胶	101	线型聚醚、异氰酸酯	室温固化，胶膜柔韧，绝缘性，耐磨性较好	粘金属、陶瓷、塑料、橡胶、木材
瞬干胶	501	α-氰基丙烯、酸酯单体	粘度小，室温下接触空气即固化，使用温度为70℃以下	金属、陶瓷、玻璃、橡胶等小面积胶接
环氧胶	914	环氧树脂、胺类固化剂	室温3小时固化，使用温度为80℃以下	适用各种材料快速粘合，固定和修补
液态密封胶	609	丁腈橡胶、酚醛树脂	耐压、温、油，水，使用温度为250℃以下	机械连接部位的密封，可代固体垫片
高强度结构胶粘剂	203	酚醛树脂、缩甲醛树脂	固化条件：160℃2小时，耐疲劳，使用温度为100℃以下	粘金属、玻璃钢
高温胶粘剂	204	酚醛树脂、有机硅、聚乙烯醇、缩丁醛树脂	固化条件，180℃2小时，性较强，可在200℃长期使用，300℃短期使用	粘金属、玻璃钢
厌氧胶	Y-150	甲基丙烯酸酯环氧树脂	使用方便，工艺性好，零件一，胶液在填入结合面空隙而隔绝空气后，1～3天固化，使用温度为150℃以下	用于螺钉螺栓紧固，轴承固定，法兰及密封，填塞缝隙
聚醋酸乙烯乳胶	D505（白胶水）	聚醋酸乙烯乳液、邻苯二甲酸二丁脂	室温固化，无毒，耐水性较差	胶合木材，装饰板、皮革
水下胶	JO6-2	环氧树脂、聚酰胺树脂、二乙烯三胺	室温固化，初粘性强，可在潮湿环境或水下对各种材料进行胶接	水下船舶修补，钢-钢对接
应变胶		酚醛树脂、环氧树脂、间苯二酚树脂	固化条件：150℃3小时，灵敏度高，使用温度：-196～250℃，350℃无变形	作为应变片的贴片与制作
光敏胶	GM-924	环氧丙烯酸甲脂、甲基丙烯酸甲脂、光敏引发剂	经紫外线照射后，数分钟即可固化	用于透光材料与金属的胶接，光敏等特殊应用
导电胶	401	聚氨脂树脂、还原银粉	室温固化，电阻率较低	粘金属、陶瓷、玻璃钢，作导电连接
液态密封胶	W-1	聚醚聚氨酯、聚醚环氧树脂、填料	涂敷后长期不固化，可拆卸，起始粘性度高，不腐蚀金属	用于各种机械、仪表等联接，管道、车辆，部位的密封
耐低温胶	2	环氧改性聚氨酯	固化条件：室温1～2天或100℃2～4小时，使用温度：196～100℃	低温环境下工作的零部件的胶接，固定和密封
结构胶粘剂	E-4	酚醛树脂、环氧树脂、吡唑固化剂、聚乙烯醇缩甲醛缩丁醛树脂	同E-4固化条件：130℃4小时，耐热性较好，使用温度，150℃长期工作，250℃短期工作	粘金属、玻璃钢
结构胶粘剂	熊猫305	环氧树脂、聚乙烯醇缩丁醛、间苯二胺、水泥	固化条件：室温12小时，初粘性好，耐水	粘金属、木材，特别有利于塑料粘接在水泥墙面上

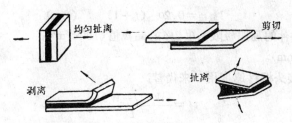

图4-1 胶件承载的基本类型

图4-2 减小剥离应力的方法

总之，掌握了上面这些原则，多动脑筋可以设计很多合理的结构，如有时将接头稍作更改，就可以将剥离力转换成剪切力（见图4-3）。

两种好的胶接接头设计见图4-4a、b。经试验弯搭接末端的办法可使静负荷下强度提高15%，动负荷下强度提高25%。

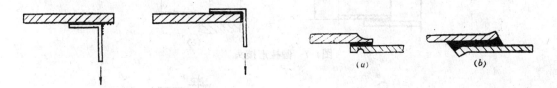

图4-3 从承受剥离力到承受剪切力　　　　图4-4 提高单面搭接接头效率的方法

图4-5所示各种圆柱形接头最适宜于连接管、轴、套类零件。因为在拉伸、剪切、扭转等负载下，粘合剂层总是受剪应力。图4-6为典型的角接头。

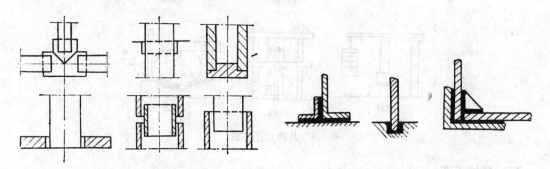

图4-5 典型圆柱形接头　　　　　　图4-6 典型的角接头

胶接接头的最佳长度尺寸的确定，根据在任何情况下，被粘接件开始屈服后，接头就不能传递更高负荷的道理，认为胶接搭接长度过长是没有意义的。原东德中央焊接研究院（ZIS）提出的表达式是：

$$l_{最佳}=0.2\sigma_{0.2}(t+1) \quad (mm) \tag{4-1}$$

式中 $\sigma_{0.2}$——被粘接件的屈服极限$\sigma_s0.2\%$的偏离值($10^7N/m^2$);

t——板厚(mm)。

在表4-2中,管接头板材厚度用t'来代替:

$$t'=\frac{W(D-W)}{D} \tag{4-2}$$

公式(4-2)中W、D见图4-7a、b。

表4-2 圆柱形接头最佳搭接长度计算表

接 头 种 类	负 载 方 式	计 算 公 式
管 子 图4-7(a)	拉 伸	$l=0.2\sigma_{0.2}(t'^2+1)$
	扭 转	$l=0.2\tau_{0.2}(t'^2+1)$
实心件 图4-7(b)	拉 伸	$l=0.25\sigma_{0.2}(0.01d^2+1)$
	扭 转	$l=0.25\tau_{0.2}(0.01d^2+1)$
	压 缩	$l=0.15\sigma_{0.2}(0.01d^2+1)$

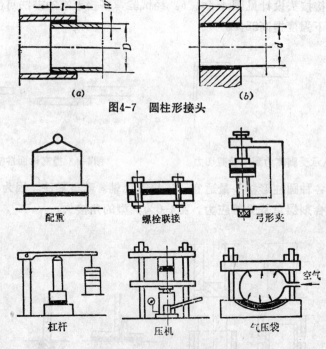

图4-7 圆柱形接头

图4-8 几种加压方式

配重　　螺栓联接　　弓形夹

杠杆　　压机　　气压袋

(7) 胶接工艺

一般的胶接工艺是:零件的清洗和检查──→机械处理──→除油处理──→化学处理──→调胶──→粘接──→固化及处理──→检查。

1) 清洗检查。将待修复的零件用柴油洗净,仔细检查破损部位,准确划出标记。

2) 机械处理。用钢刷或砂纸把铁锈除尽,直至露出金属光泽。

64

3) 除油处理。零件表面有油时，一则使粘合剂无法润湿，另一方面油层内聚强度极低，远远小于粘合剂的内聚力，所以零件一当受力油层的破坏而使整个胶接接头破坏。一般常用丙酮除油，但效果较好的还是用三氯乙烯蒸气，零件放于其中，只要半分钟就能全部除油。

4) 化学处理。其目的是为了使被粘接表面形成微观粗糙度，以扩大粘接面积，提高粘合强度。这对较重要的零件才进行这一工序。化学处理配方很多，应根据不同的被粘接件的材质，所处工作条件来选择。

5) 调胶。称好基料，配好增塑剂，进行搅拌。为了避免产生过多的气泡，搅拌只能朝一个方向进行。再加上固化剂，继续搅拌均匀后加入适量的填料。

6) 粘接。将胶均匀涂满整个被粘合表面，胶层厚度在0.1～0.2mm为宜。胶层厚时，易在内部产生气孔，影响粘接强度。

7) 固化及处理。固化应严格按规程执行，升温、降温都要严格控制。需要加压强化的，可参考图4-8所示的方法选择。固化压力、固化温度以及在这个压力、温度下保持时间是固化工艺里的三个重要参数，每个参数的变化都会影响到胶接接头的各项性能。

固化后需要采取机械加工时，所给外力不宜太大，速度不可太高。另外不要冲击和敲打被粘合好的零件。

8) 检查。只能用丙酮擦抹被检查表面。不允许作破坏性（如锤击、摔打、刮削和剥皮等）试验。

3. 修复工艺的选择

(1) 修复工艺对零件材质的适应性

在现有的修复工艺中，任何一种方法都不能完全适应各种材料，总有它的局限性。所以了解各种工艺对材质的适应情况，对于合理选择工艺具有重要意义。表4-3是修复工艺对常用材料的适应性表。

(2) 各种修复工艺所能达到的修补层厚度

由于零件磨损深度不同，要求修复层厚度也不一样。如镀铬层厚一般为0.01～0.2mm，金属喷镀层厚一般为0.5～2mm，手工电弧焊大于1mm等。

表4-3 各种修复工艺对常用材料的适应性

修 复 工 艺	低炭钢	中炭钢	高炭钢	合金钢	不锈钢	灰铸铁	铜合金	铝
镀 铬	+	+	+	+	+			
气 焊	+	+		+	+			
手工电弧焊	+	+	-	+	+	-		
氩弧焊	+	+		+	+		+	+
钎 焊	+	+		+	+	-	+	-
金属喷镀	+	+	+	+	+	+	+	+
胶 合	+	+	+	+	+	+	+	+
金属扣合						+		

注："+"为修理效果好。
"-"为修理效果不好。

(3) 零件修补后的强度

修补层的强度，修补层与零件的结合强度以及零件修理后的强度变化情况，是修理质量的重要指标。而各种修理工艺在一般条件下达到的修补层强度相差很大。表4-4列出了几种修复工艺所能得到的修补层本身强度，修补层与45钢的结合强度以及疲劳强度降低的百分数比较，可供选择工艺时参考。

表4-4　各种修补层的机械性质

修理工艺	修补层本身抗拉强度 （MPa）	修补层与45钢的结合强度 （MPa）	零件修理后疲劳强度 降低的百分数 （%）	硬　　度 HB
镀　　铬	400～600	300	25～30	HV600～1000
手工电弧堆焊	300～450	300～450	36～40	140～200
埋弧焊	350～500	350～500	36～40	210～420
铜　　焊	287	287		
金属喷镀	80～110	40～95	45～50	200～240
环氧树脂粘补		热粘20～40，冷粘10～20		80～120

（4）经济性

在能满足技术要求的前提下，尽量选简单、成本低的修复工艺。

（5）零件的构造对工艺选择的影响

例如曲轴内轴颈就不宜用镶套法修复等。

三、修复实例

1．特长导轨不规则磨损的修复

φ1800热锯机定尺导轨长75m，材质为HT200，总重80t，其横断面见图4-9。六台热锯机根据用户的要求定尺，可以调整热锯机之间的位置，以达到数台热锯机同时锯下相同定尺的钢材。

热锯机在定尺导轨上移动，是由电动机通过蜗轮减速机带动齿轮在固定于导轨上的齿条上既回转又使热锯机沿导轨移动来实现的。导轨面由于没有实现严密的密封及自动润滑，因此在锯屑、灰尘等作用下，天长日久导轨表面产生了不规则的磨损，实测磨损曲线见图4-10。

由于导轨表面失去水平度，致使锯切钢材时发生歪斜，影响产品质量，因此应进行处理。

（1）修复方案

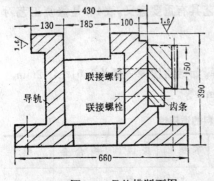

图4-9　导轨横断面图

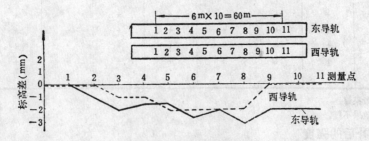

图4-10　导轨表面磨损曲线

根据实测磨损曲线表明，最大磨损量为 3 mm。若更换导轨，不仅不经济，而且在检修时要将旧导轨拆下，分解装在其上的齿条，再将分解下来的齿条装在新导轨上，然后将新导轨重新安装到基础上。这样费工多、工期长，所以应采取修复手段，不让导轨报废，而让它恢复原来的性能。采用的修复方案是：将导轨沿全长铣去 4 mm（热锯机将因此下降 4 mm，但对锯切工艺没有影响），再用砂轮磨削使表面粗糙度恢复到 $\sqrt{1.6}$ ，最后用电接触加热自冷淬火工艺使导轨表面硬度达到 HRC58 以上。

(2) 电接触加热自冷淬火基本原理

它是利用电接触电阻热来加热，而利用工件本身的导热性来冷却。这样使被处理工件表面硬化，而工件内部则无变化。

电接触加热自冷淬火的设备电气原理见图4-11，它由调压器、降压器、电极等部分组成。

当电极与工件表面接触时，电极与工件表面接触处产生很大的接触电阻。因此，当回路中通有大电流时，电流能量即转变为热能（电阻热）消耗在接触部位上。这就是淬火的热源，在处理工作过程中，电阻 R、电流 I 是波动的，它随着接触时间 t 延长，在接触部位产生的总接触电阻热 Q 为：

$$Q = 0.24 \int_0^t R I^2 \mathrm{d}t \tag{4-3}$$

调节电流强度 I，使其产生的接触电阻热将工件接触部分表面的温度很快达到该金属基体的相变温度。随后移开电极，加热部位依靠工件本身的导热作用和空气冷却（已大于临界冷却速度）迅速冷至室温。这样，接触部位的金属基体即形成了马氏体组织，从而使工作表面淬硬。

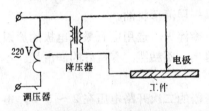

图4-11 电气原理图

(3) 影响淬火质量的因素

1) 降压器二次线圈电参数的影响。增加二次电压，容易产生电火花，破坏工件表面粗糙度，同时降低了二次电流，影响加热深度。因此应尽量降压，一般控制在 2～3 V 为宜。

增加二次电流，即增加功率 $R I^2$，这样虽然能增加接触部位温度，从而提高硬化层深度，但容易造成工件表面接触熔化而破坏工件表面粗糙度。一般控制在 80～160 A，此时硬化层深度达 0.07～0.12mm，经打磨后的工件表面粗糙度达 $\sqrt{1.6}$ 。电流过大会使表面熔化，严重影响表面粗糙度。电流过小，硬化层深度不够。

2) 石墨电极的影响。作为电极的石墨块，以制成锥形为好。这样，上部截面积大，电流密度低，发热量小，直接与工件表面接触部分的面积小，电流密度大，加热部位集中。常把石墨电极接触端面制成 2～3mm²。石墨磨损和烧损较快，端面面积逐渐增加，这样就会影响接触端的电流密度。因此根据磨损情况，随时修磨电极是非常必要的。

3) 根据公式(4-3)，石墨电极沿工件表面的速度，即标志着电极与工件接触的时间 t 的长短。随着移动速度的降低，淬层深度将有所增加。

4) 润滑剂的影响。为了帮助石墨电极移动，处理前，在导轨表面涂上机油，经试验对工件淬硬深度及表面硬度均无明显差别。

(4) 修复工艺及措施

1) 组合机床的组立。在定尺导轨上装一能沿它运动的组合机床对导轨进行加工处理。措施是：将一台热锯机拆去锯切机构、锯切送进机构、滑座、稀油润滑系统，保留底座及定尺运行机构(沿定尺导轨作送进运动)，在底座上装一动力头完成铣削和磨削任务，进刀量系统调整，再在底座装上电接触加热设备。

2) 铣削工艺。铣削基准面的确定：由导轨实测磨损曲线来看，其两头没有磨损，原因是两头的热锯机一台是定位热锯，不作调整；另一台平时常处于不工作状态，故也不经常移动。所以两头的导轨几乎没有什么磨损。于是采用把底座从导轨的最左端往右移两个底座长的距离。当铣出一个滑座长后，用桥式起重机将底座吊到已铣好的台阶平面。然后以这铣好的面作为定位面，再笔直往右铣到头，这样铣削可使导轨表面粗糙度达 $\overset{64}{\nabla}$（见图4-12）。

为了调整两铣刀铣削定尺导轨标高的一致，在进行调整时，将一长平尺搁在两定尺导轨上，在平尺上再放方水平来确定(见图4-13)。

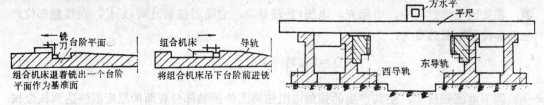

图4-12　基准面的确定　　　　　　　图4-13　用平尺方水平调铣削深度

铣削完毕后，用水准仪沿定尺导轨检查标高一次。

3) 磨削。将铣刀拆下换上砂轮，变换主轴转速，使表面加工粗糙度达到 $\overset{1.6}{\nabla}$。

4) 表面处理。将定尺导轨表面擦试干净，并涂以一层薄薄机油。

5) 用电石墨为电极，手工操作表面电接触加热自冷淬火。选用电石墨作电极的原因是它具有良好的导电性，具有足够的强度。高温时不熔化、不粘滞，有良好的润滑性。不起火花，淬火后工件表面花纹宽而清晰。

具体操作方法，见图4-14。调节调压变压器使降压器的二次开路电压在 2~3V，电极与工件之间的短路电流控制在80~160A。手持石墨电极，在所处理的导轨平面上，以大约每秒一圈的速度匀速移动，移动方式见图4-15。

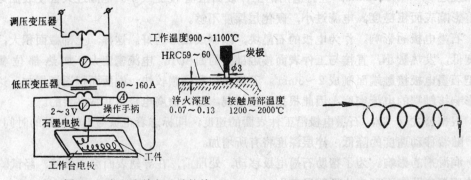

图4-14　操作方法与线路接法　　　　　图4-15　电极移动方式

按上法施工，工件表面硬化层的分布如图4-15曲线一样，凡是电极直接接触的区域，均可得到马氏体组织，其他部位仍为原来组织。硬化层的深度一般在0.07～0.13mm。表面硬度为HRC60。

6) 油石打磨。由于电加热系手工操作，故难于保持短路电流的恒定。为了消除表面微小的变形，应用油石普遍打磨一次。

（5）效果

导轨表面质量达到技术要求，只用了66个工日，大大节省了要更换导轨及重新安装导轨的费用及人工。

2. 轧机机架窗口磨损的修复

ϕ800可逆式开坯轧机机架（材质为ZG35），在安放下轧辊轴承部位窗口的两侧面，由于轧辊受到轧件不断的冲击，致使机架窗口与下轴承座接触的两侧面逐渐磨成上大下小的喇叭形（见图4-16），造成上下轧辊中心线交叉，影响了产品质量，因此必须进行处理。

（1）修复方案

将已形成喇叭口部位的两侧面铣平，再镶配钢滑板。用埋头螺钉或粘合法固定，使两钢滑板之间尺寸恢复到设计尺寸 $L\left(915^{+0.2}_{+0.03}\right)$。

（2）修复工艺及措施

1) 安装临时组合机床。为了完成铣削加工任务，组合机床应具有下列机构（见图4-17）。

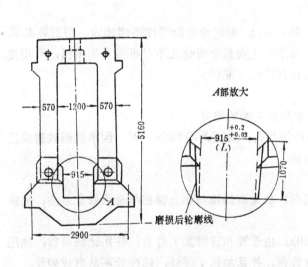

图4-16　ϕ800轧机机架磨损部位示意图　　　图4-17　组合机床简图

① 铣刀旋转机构。为了不上下走刀，故采用直径为1.1m圆盘，镶六片铣刀片的特制铣刀。其回转系由电动机经皮带及减速机减速后驱动两把特制的铣刀同时回转，这套机构固定在滑座上，而滑座又放在机架下横梁上。

② 铣削进刀机构。手动调整，走刀一次调整一次。

③ 铣削走刀机构。移动滑座使其沿机架下横梁作水平运动。在地基上接一动力头、

通过丝杆丝母使滑座运动，移动行程一般取 4 m。

为了保证铣削时两中心线不变，安装滑座时要使其中心线与机架中心线重合。

2） 铣平面。

3） 检查尺寸。用内径千分尺测窗口尺寸及两机架中心线偏差。测量方法见图4-18。一般应使 $l_1 = l_3$，$l_2 = l_4$，最好是 $l_1 = l_2 = l_3 = l_4$。用角尺测量铣削面与窗口底面的垂直度。

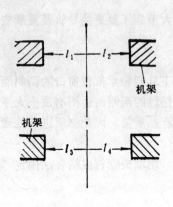

图4-18　测量方法

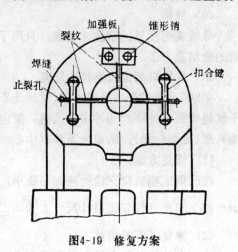

图4-19　修复方案

4） 机架钻孔攻丝。按图纸在机架划线定中心，用手电钻钻 ϕ25mm 的孔，然后再攻丝。

5） 滑板配厚度、钻孔并锪沉头。若 $l_1 \neq l_2$，则两滑板的厚度不能相同。否则轧机机架中心线就不与轧机传动中心线重合。为了防止安装滑板时孔不对机架孔的差错，可用废图纸在机架上打取孔群实样，然后按实样在滑板上配钻。

6） 安装滑板，拧紧埋头螺钉。

3． 1 MN摩擦压力机曲轴前孔严重裂成三瓣的修复

1 MN摩擦压力机曲轴前孔受强烈冲击负荷。材质为 QT450—05，因事故而破裂成三瓣，由于没有备品，故只好采取修复措施。

（1） 修复方案

为了使修复后能承受强烈的冲击载荷，故采取焊接与扣合键相结合的修复方法，见图4-19。

扣合键采用热压半圆头式（见图4-20）。由于键和键槽加工容易，使用比较可靠，热压的作用是让键代替焊缝承受很大一部分负荷，并且加强了焊缝，使焊缝不易形成裂纹。

（2） 修复工艺

1） 找出所有裂纹（用煤油浸湿裂纹部位后，用氧—乙炔焰烤的办法）及其端点位置。

2） 钻止裂孔（钻在裂纹尾部）。

3） 根据裂纹处的具体位置，确定键的外形尺寸及端面尺寸，并根据压力机最大负荷验算键的端面尺寸，要求键的强度大于工件镶键处的断面能承受的负荷。选键的材质为45钢。

4） 在与裂纹垂直的适当位置，按确定键的尺寸划线，使键的两个半圆头 对 称 于 裂

纹。

5) 加工两个键槽。

6) 开出键槽底面上的裂纹坡口。

7) 用$\phi 4$mm奥氏体铁铜焊条焊平键槽底面上的裂纹坡口，同时焊平在加工键槽圆孔时遗留下来的钻坑(如图4-21所示)。焊完后，将两处的焊缝铲至与键槽底一样平滑。

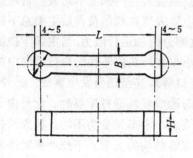

图4-20 扣合键

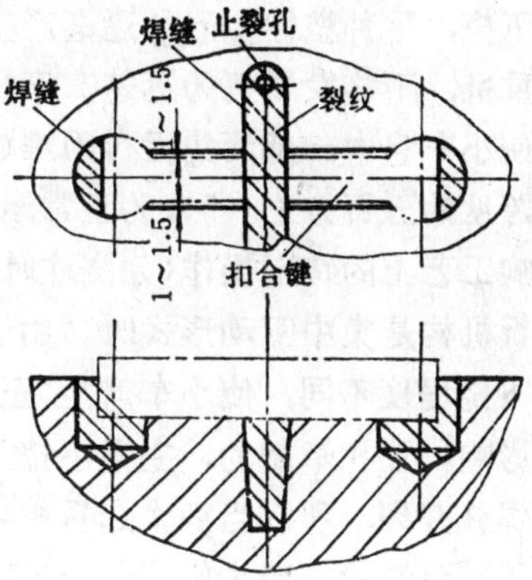

图4-21 加扣合键的焊接修复

8) 计算键两半圆头中心距的实际尺寸L：

$$L_0 = \frac{L}{1 + \alpha(t - t_0)}$$

式中　L——键加热后膨胀的总长度(mm)；

　　　α——键材料的膨胀系数(1/℃)；

　　　t——加热温度(℃)；

　　　t_0——室温(℃)。

令$L = 223.5$mm，$\alpha = 0.000011$ 1/℃，$t = 850$℃，$t_0 = 20$℃，则$L_0 = 221.3$mm。

9) 制造扣合键。

10) 将键加热到850℃，随即放入键槽，用大锤打下去。

11) 用$\phi 4$mm奥氏体铁铜焊条将键焊死在工件上，其余所开坡口处亦焊至与键平齐为止。为消除焊接应力，在熄弧后立即锤击焊缝。

12) 镶加强板。将曲轴前孔正上方的焊缝铲平，用砂轮打光，镶上如图4-22所示的加强板(因该处位置小，不用扣合键，而用加强板)。加强板用锥销打入球墨铸铁内，深25～30mm，再把加强板焊在工件上，最后把锥销端头焊在加强板上。

13) 检查所有焊缝有无裂纹及其他缺陷，没有问题后，把曲轴孔放平，用砂轮打磨曲轴孔的焊缝。在接近磨光时，涂红丹用圆弧面样板研磨，找出凸点，再磨去凸点，直到焊缝加工和原来孔表面一致平滑、尺寸合格为止。

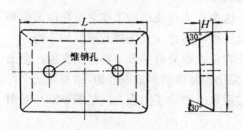

图4-22 加强板

14) 装配试运转。先手动试运转，无问题

71

后再逐渐加负荷试运转。最后加到超过设计负荷10%仍无问题时，才算合格。

第二节　桥式起重机主梁下挠的处理

一、概　述

桥式起重机的主梁产生下挠是比较普遍存在的现象。

在制造桥式起重机时其主梁都有一定的上拱量，使用一段时间后，主梁上拱逐渐消失而产生下挠，这种塑性变形是逐渐产生和发展的。特别是安装在热加工车间或经常超载的桥式起重机，下挠发展更为迅速。下挠发展的后果，主要表现在起吊负荷后主梁总下挠量很大，使小车自中部朝两头运行困难(经粗略计算，这部分附加运行阻力，当主梁下挠值达到主梁跨度的五百分之一时，为正常运行时的1.4倍)。小车在两头停不住而自行滑向中部，因而影响工艺上的特定操作(如浇注时盛钢桶对不准浇口等)，甚至还会发生事故。另外，若大车运行机构是集中驱动形式时，由于主梁下挠厉害而造成联轴器打牙事故。此外由于两根主梁下挠程度不同，使小车产生"三条腿"的现象，造成小车车架受力不均。桥架结构总是互相影响，互相牵制的，主梁下挠又会引起主梁旁弯等结构的变形。下挠严重时还将导致主梁焊缝开裂，所以当桥式起重机主梁下挠严重时，必须尽快处理，使主梁恢复上拱。

为了避免浪费，减少修理量，当桥式起重机作额定载荷试验，主梁下挠值大于其跨度的七百分之一时(对重量级桥式起重机主梁下挠值大于其跨度的八百分之一)，则应予以处理。

主梁下挠的原因是多方面的，总的说来大致有如下几方面：

1)　超载及不合理的使用。

2)　主梁结构内应力的影响，目前箱形主梁都是焊接结构，由于焊接过程中局部加热造成焊缝及其附近加热区的金属收缩，产生残余应力。在桥式起重机的使用过程中，由于自然时效，而使内应力均匀化，呈现出主梁变形。

3)　桥式起重机所在环境温度的影响。环境温度高则主梁内应力均匀化过程易于进行，从而使主梁迅速下挠。

4)　不合理的存放、搬运、起吊与安装。

处理桥式起重机主梁下挠的方法有火焰矫正电焊加固法与预应力矫正法两种。前种方法施工复杂，桥式起重机的停产时间较长，而且对主梁的承载能力还有所降低，虽然当时恢复了上拱，但不要过很长的时间，下挠又重新产生了。

用预应力矫正法处理下挠可以提高主梁的承载能力。实践证明，用这种方法施工简便，工期短。如果准备工作做得很好，施工与生产单位配合得好，实现桥式起重机处理主梁下挠不停产是可以做得到的。

二、用预应力矫正法处理桥式起重机主梁下挠的原理

所谓预应力是指构件在工作之前引进的应力。这个应力应使结构工作之前获得与由外载荷造成的下挠方向相反的挠度(即上拱度)，用以抵消一部分或全部外载造成的下挠。

用预应力矫正法处理桥式起重机主梁下挠，是在桥式起重机主梁下部焊上支座，穿上冷拉及时效的预应力钢筋(预应力钢筋是经过冷拉强化和时效的钢筋制成的，这样有三个好处：钢筋的屈服极限提高了；经过冷拉考验了焊接质量；消除了内应力，见图4-23)。对钢筋进行张拉便可使主梁产生上拱。

其原理是，拧紧张拉螺母便相当于给支座一个外力。这个外力以P表示，见图4-24。

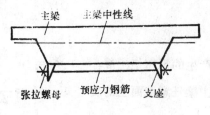

图 4-23 　　　　　　　　　　　　　　　　图 4-24

根据力的平移原理，把力P移到主梁中性线上A、B两点，并加上两对大小相等方向相反的力，$P_1 = P_2 = P$，见图4-25，P与P_2形成的力偶M，见图4-26。在左右两个力偶M的作用下，便使主梁产生上拱，如图4-26虚线部分。

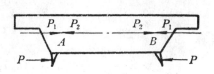

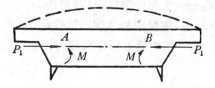

图 4-25 　　　　　　　　　　　　　　　　图 4-26

用预应力矫正法，使主梁造成的应力正好和外载作用于主梁的应力相反，即桥式起重机在使用时产生拉应力区域（主梁中性层以下）预先受到压应力，这个压应力将与外载作用下产生的拉应力抵消一部分或全部（中性层以上同理）。因为施加预应力在主梁下部装置了预应力钢筋，这等于主梁增加了断面积。因此主梁的承载能力可以得到提高。

三、下挠处理的计算

1. 矫正量f_c的确定

$$f_c = f_s + y_c \quad \text{(mm)} \qquad (4\text{-}4)$$

式中　f_s——矫正后主梁应达上拱值。其作用是为了避免由于在短时间内施张上拱恢复量过大造成主、端梁结点及主梁焊缝开裂。由于预应力钢筋本身增加了主梁截面积，故不必满足桥式起重机出厂时原始上拱量$\dfrac{0.8 L_K}{1000}$的要求，一般可取

$$f_s = \frac{L_K}{2000}，\ L_K \text{为主梁跨度。}$$

　　　　y_c——桥式起重机主梁下挠前、主梁中点的下挠值。这个数值用水准仪或挂钢丝方法测得。拉钢丝办法比较简单，但要减去钢丝本身的挠度。钢丝直径以0.5～1.5mm为好，线锤重则根据跨度而定，以10～15kg为宜。

主梁任意一点的钢丝挠度y值的计算：

$$y = \frac{q x (L - x)}{2 Q} \quad \text{(mm)} \qquad (4\text{-}5)$$

式中　Q——线锤重量(kg)；

　　　　q——钢丝单位长度的重量(kg/mm)；

　　　　x——所求挠度处至挂线架距离(mm)。

2. 主梁无活动载荷时的上拱量f_{c1}的确定

根据莫尔公式求挠度，见图4-27。

$$f_{c1}=\int_0^L \frac{M_1^0 M_{x1}}{E_K J_x}\mathrm{d}x$$

式中　M_{x1}——预应力钢筋内力为单位力时，主梁产生的反弯矩，$M_{x1}=1\times e=e$；

M_1^0——在主梁中间有一向上的单位力时，主梁任意截面上的反弯矩，$M_1^0=\frac{1}{2}x$。

$$\therefore\quad f_{c1}=2\int_{\frac{L_K-L_e}{2}}^{\frac{L_K}{2}} \frac{e\frac{x}{2}}{E_K J_x}\mathrm{d}x=\frac{eL_e}{8E_K J_x}(2L_K-L_e)\qquad (\text{mm/kN})\qquad (4\text{-}6)$$

式中　L_K、L_e见图4-27(mm)；

e——预应力钢筋对主梁截面X-X轴的距离(mm)；

E_K——主梁的弹性模数(MPa)；

J_x——主梁绕X-X轴的惯性矩($\mathrm{mm^4}$)。

3．在一根主梁下所需预应力钢筋的拉力N的计算

$$N=\frac{f_c}{f_{c1}}(\mathrm{kN})\qquad (4\text{-}7)$$

预应力钢筋的材质、根数、直径以及支座的设计均根据N的大小来决定。

小车满载停于主梁中部时，预应力钢筋受到附加力，其增值N_z的计算，根据变形相等原理列出下式

$$N_z\delta_1=\Delta_P-N_z\Delta_1-N_z\delta_M\qquad (4\text{-}8)$$

式中　$N_z\delta_1$——钢筋拉力增值引起钢筋拉长变形量；

$N_z\Delta_1$——钢筋拉力增值引起主梁压缩变形量；

$N_z\delta_M$——钢筋拉力增值引起主梁上拱后，钢筋变形量减小值；

Δ_P——小车轮压引起主梁下挠使钢筋拉长的变形量。

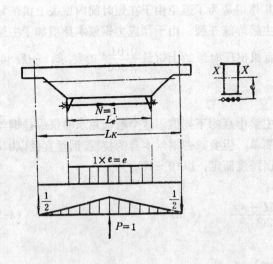

图 4-27

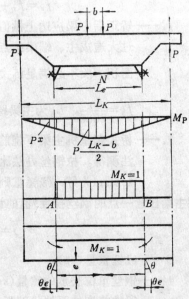

图 4-28

74

$$N_z = \frac{\Delta_P}{\delta_1 + \Delta_1 + \delta_M} \qquad \text{(kN)} \qquad \qquad \textbf{(4-9)}$$

（1）计算Δ_P

$$\Delta_P = 2\theta e, \ \text{见图4-28。}$$

根据莫尔公式求转角θ：

$$2\theta = \int \frac{M_P M_K^0}{E_K J_x} \mathrm{d}x$$

$$\theta = \int_{\frac{L_K - l_e}{2}}^{\frac{L_K - b}{2}} \frac{Px}{E_K J_x} \mathrm{d}x + \int_{\frac{L_K - b}{2}}^{\frac{L_K}{2}} \frac{P \frac{L_K - b}{2}}{E_K J_x} \mathrm{d}x$$

$$= \frac{P}{8 E_K J_x} (2 L_K L_e - L_e^2 - b^2)$$

式中　P——小车最大轮压(kN)；

　　　b——小车轮距。由于b相对L_K来比很小，故b^2忽略不计。

于是
$$\Delta_P = \frac{P_e L_e}{E_K J_x} (2 L_K - L_e) \qquad \text{(mm)} \qquad \qquad \textbf{(4-10)}$$

（2）计算δ_1

$$\delta_1 = \frac{L_e}{E_e F_e} \qquad \text{(mm/kN)} \qquad \qquad \textbf{(4-11)}$$

式中　E_e——预应力钢筋弹性模数(kN/mm²)；

　　　F_e——预应力钢筋断面积(mm²)。

3．计算Δ_1

$$\Delta_1 = \frac{L_e}{E_K F_K} \qquad \text{(mm/kN)} \qquad \qquad \textbf{(4-12)}$$

式中　F_K——主梁断面积(mm²)。

（4）计算δ_M

$$\delta_M = \int_0^{L_e} \frac{e^2}{E_K J_x} \mathrm{d}x = \frac{e^2 L_e}{E_K J_x} \qquad \text{(mm/kN)} \qquad \qquad \textbf{(4-13)}$$

4．预应力钢筋总内力N_{max}及最大应力σ_{max}的计算

$$N_{max} = N + N_z \qquad \text{(kN)}$$

$$\sigma_{max} = \frac{N_{max}}{F_e} \qquad \text{(MPa)}$$

5．支座焊接强度计算

计算焊缝最大剪力$Q_H = N_{max}$；计算焊缝最大弯矩$M_H = Q_H d$。

式中　d——预应力钢筋中心至主梁下盖板焊缝间的距离。

最大焊接应力：

$$\tau_{max} = \sqrt{\left(\frac{Q_H}{F_H}\right)^2 + \left(\frac{M_H}{W_H}\right)^2} \leqslant [\tau]$$

式中　F_H——焊缝有效截面积；

　　　W_H——焊缝抗弯截面模数；

　　　$[\tau]$——焊缝许用剪应力。

6　施工张力计算

当预应力钢筋数目较多时，在施工中很难将所有钢筋同时张紧。在这种情况下，由于主梁是弹性体，当张拉某根钢筋时势必影响到已经张拉好的钢筋内力，使其有所降低。为了使每根钢筋的张拉力最后都相同，将每根钢筋依次施加不同的张拉力。这个张拉力叫施工张力。第 n 根钢筋获得的张力：

$$N_n = \frac{N}{n} \quad (kN) \tag{4-14}$$

式中　n——预应根钢筋的根数。

根据变形相等条件可列出下式：

$$\frac{N - T_n}{E_n F_n} = \frac{T_n}{E_n \sum_1^{n-1} F_{\bullet\bullet}}$$

式中　T_n——当第 n 根钢筋张拉时，引起已拉好的 $(n-1)$ 根钢筋的张力损失，将上式移项得：

$$T_n = \frac{N_n}{1 + \dfrac{E_K F_K}{E_\bullet \sum_1^{n-1} F_{\bullet\bullet}}} \tag{4-15}$$

令

$$\beta = \frac{E_K F_K}{E_\bullet F_{\bullet 1}} \tag{4-16}$$

每根预应力钢筋的张力损失为 T_{n1}：

$$T_{n1} = \frac{N_n}{(n-1) + \beta} \quad (kN) \tag{4-17}$$

第二根预应力钢筋张拉时，其施工张力应等于第一根预应力钢筋的施工张力减去每根钢筋的张力损失。故可列式如下：

$$N_2 = N_1 - T_{n1}$$

$$N_2 = N_1 - \frac{N_2}{(2-1) + \beta} = N_1 - \frac{N_2}{1 + \beta}$$

$$N_1 = N_2 \left(1 + \frac{1}{1 + \beta}\right) \quad (kN) \tag{4-18}$$

推理：当第 n 根钢筋张拉时，其张力应等于第 $(n-1)$ 根钢筋的张拉力减去每根钢筋的张力损失。故可列出通式如下：

$$N_i = N_{i-1} - T_{n1} = N_{i-1} - \frac{N}{(i-1) + \beta}$$

$$N_{i-1} = N_i \left[1 + \frac{1}{(i-1) + \beta}\right]$$

$$N_i = N_{i+1} \left(1 + \frac{1}{i + \beta}\right) \quad (kN) \tag{4-19}$$

四、实例一则

用预应力矫正法处理某大型轧钢厂箱形磁力桥式起重机主梁下挠。

1. 原始数据

主梁尺寸：见图4-29。

76

主梁材质: Q235 $E_{\kappa}=210GPa$

起重量: $Q=7.5+7.5t$

小车参数: 车轮数 $n_1=4$

重量 $G_x=10.7t$

跨距 $L_x=6000mm$

2. 实数下挠值

传动梁(以A为标志): $y_{CA}=26mm$

导电梁(以B为标志): $y_{CB}=22mm$

3. 主梁上拱要求量

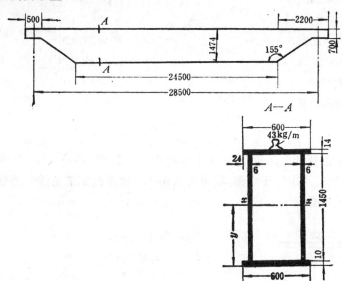

图4-29 主梁尺寸

$$f_s=\frac{L_K}{2000}=14mm$$

4. 总娇正量计算

$$f_e=f_s+y_e$$
$$f_{CA}=14+26=40mm$$
$$f_{CB}=14+22=36mm$$

5. 主梁截面圆形几何参数的计算

主梁断面积 $F_x=375cm^2$

截面形心位置 $y=90cm$

主梁惯性矩 $I_x=134\times10^4cm^4$

6. 预应力钢筋张拉力计算

考虑施工条件, 取 $b=16cm$ (见图4-30), 则 $e=y+b=106cm$。

$$f_{e1}=\frac{eL_e}{8E_KJ_x}(2L_K-L_e)=0.0376 \quad mm/kN$$

$$N_A=\frac{40}{0.0376}=1060 \quad kN$$

$$N_B = \frac{36}{0.0376} = 960 \quad \text{kN}$$

7. 选择预应力钢筋

两主梁均选材质为16MnSi,并经冷拉时效处理的ϕ36mm螺纹钢筋各4根。则$F_e = 41$ cm², $E_e = 200\text{GPa}$, $\sigma_s = 430\text{MPa}$, $\sigma_b = 560\text{MPa}$, $n = 4$。

8. 施工张力计算

$$\beta = \frac{E_K F_e}{E_e \dfrac{F_e}{n}} = 39$$

导电梁: $N_4 = 240\text{kN}$; 　　　　传动梁: $N_4 = 266\text{kN}$

$N_3 = 246\text{kN}$; 　　　　　　　　　$N_3 = 272\text{kN}$

$N_2 = 252\text{kN}$; 　　　　　　　　　$N_2 = 278\text{kN}$

$N_1 = 258\text{kN}$; 　　　　　　　　　$N_1 = 284\text{kN}$

9. 增力N_z的计算

小车最大轮压的计算:

$$P = \frac{KQ + G_x}{n_x}$$

式中　K ——启动提升动力系数,经对该起重机实测得$K = 1.13 \sim 1.15$。实测示波照相见图4-31(此小车停于中部,起吊负荷为15t,由地面到额定提升速度所测主梁中部的示波图)。

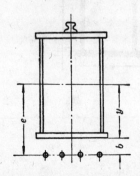

图4-30　预应力钢筋张拉力计算图

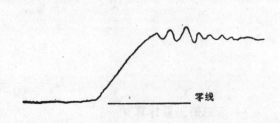

图4-31　示波照相图

$$P' = \frac{1.15 \times 15 + 10.7}{4} = 7\text{t} = 70\text{kN}$$

$$\delta_1 = \frac{L_e}{E_e F_e} = 0.03\text{mm/kN}$$

$$\Delta_1 = \frac{E_e}{E_K F_K} = 0.00311\text{mm/kN}$$

$$\delta_M = \frac{e^2 L_e}{E_K J_x} = 0.0098\text{mm/kN}$$

$$\Delta_P = \frac{PeL_e}{4E_K J_x}(2L_K - L_e) = 5.25\text{mm}$$

$$N_z = \frac{\Delta_P}{\delta_1 + \Delta_1 + \delta_M} = 123\text{kN}$$

10. 预应力钢筋总拉力N_{max}及最大应力σ_{max}的计算

导电梁：$N_{max}=N_B+N_z=960+123=1083kN$

$$\sigma_{max}=\frac{N_{max}}{F_e}=263MPa$$

传动梁：$N_{max}=N_A+N_z=1060+123=1183kN$

$$\sigma_{max}=\frac{N_{max}}{F_e}=288MPa$$

16MnSi的$[\sigma]=320MPa$，$\sigma_s=450MPa$（经冷拉后），所以预应力钢筋强度足够。

11. 支座设计及其焊接强度的计算

（1）支座设计见图4-32

把背板宽度设计为630mm而大于主梁下盖板宽度的目的是为了焊支座时施平焊。

（2）焊接强度计算

主要计算主梁下盖板与背板间的焊缝，这条焊缝采用填角焊。

支座处最大剪力：$Q_H=1183kN$

支座处最大弯矩：$M_H=Q_H\times d=189kN\cdot m$

焊缝面积：$F_H=0.71k$

焊接长度：$k=8mm$

焊缝长度：$l=1500mm$（按三条计算）

$$F_H=0.7\times3\times1500\times0.8=252cm^2$$

焊缝抗弯断面模数：$W_H=\frac{0.7}{6}kl^2=6300cm^3$

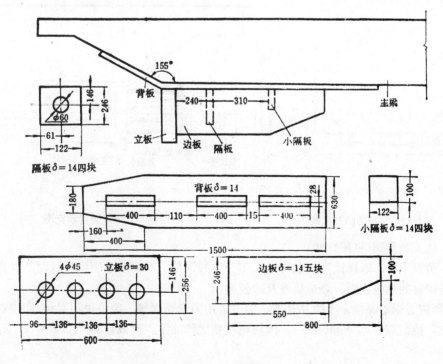

图4-32 支座图

最大焊接应力：

$$\tau_{max} = \sqrt{\left(\frac{Q_H}{F_H}\right)^2 + \left(\frac{M_H}{W_H}\right)^2} = 55.5\text{MPa} < [\tau]$$

一般焊缝$[\tau] = 70$MPa，支座焊接强度通过。

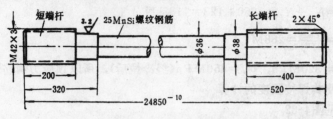

图4-33　预应力钢筋

12．预应力钢筋端杆设计（见图4-33）

长、短端杆材质为45钢，经调质处理。其中ϕ38光面为贴电阻应变片处，长端杆为张拉端，短端杆为固定端。

端杆与螺纹钢筋采用闪光焊焊接，焊完后进行冷拉，冷拉控制应力$\sigma_K = 450$MPa。

13．预应力钢筋托架设计

托架是用来防止起重机在运行中钢筋抖动之用。其结构见图4-34。

14．张拉装置设计

由于没有空心油压机，故采用0.3MN螺旋千斤顶进行张拉，为此设计了适用的张拉装置。其结构示意见图4-35。

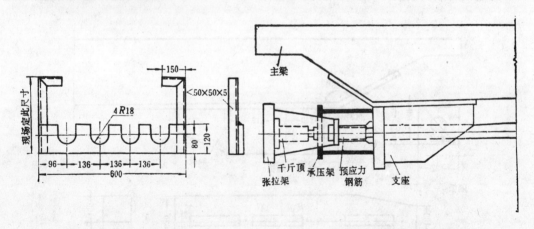

图4-34　预应力钢筋托架　　　　　图4-35　张拉装置示意图

15．施工统筹图（见图4-36）

1）圆钢下料，取样试验。以防混入不合格的钢种，对钢筋必须取样试验。取样试验的项目是钢材的屈服极限、强度极限及冷拉率。

2）预应力钢筋焊接、冷拉及时效。钢筋采用闪光焊焊接，冷拉采用双控，即控制应力和冷拉率。控制应力$\sigma_K = 450$MPa，冷拉率根据试验决定，时效用蒸气，$T = 180℃$，$t = 6h$。

3）停车停电。小车停于司机室对面端头，吊钩放至地面，在大车两头用氧－乙炔焰

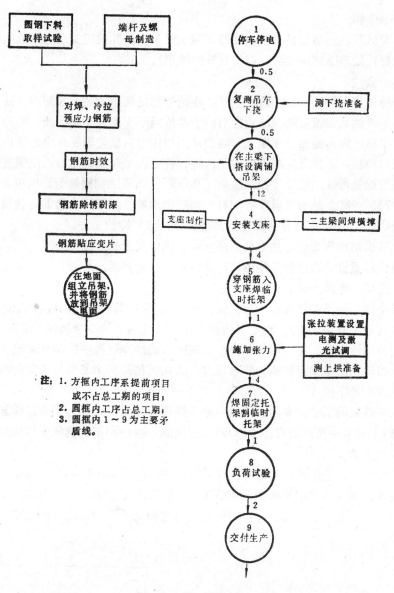

图4-36 施工统筹图

割滑电道各3m，挂上红灯，并在大车轨道上打卡子，以防同跨其他起重机碰撞。

4） 在地面组立两组满铺吊架，吊架上靠支座处铺薄铁板，放灭火机，把预应力钢筋放在吊架内，长端杆放于司机室端。

5） 在两主梁间焊100×100×8的角钢横撑10根，以防处理下挠过程中发生旁弯。

6） 焊支座、托架及横撑均用T422，$d=4$mm的焊条。

7） 穿预应力钢筋，先穿司机室对面支座。

8） 施加张力，按图4-37中次序张拉。施工张力大小电阻应变仪指示，施张完毕后将两端背帽与支座焊死。在张拉过程中要检查主梁各部位焊缝有无发生裂开现象。

9） 有条件时，测下挠及上拱采用激光水准仪。无电测设备时，可用激光水准仪测出上拱值来指导张拉。

10）负荷试验。按额定负荷及超载25％测主梁下挠，并做提升动力系数的测定（提升动力系数最好在处理下挠前做好，以便计算时采用）。

16. 体 会

必须坚持做好"预应力钢筋冷拉工序"。冷拉钢筋是将拉力超过屈服点，使钢筋产生塑性变形，但不要达到强度极限。冷拉之后由于晶体的平面变成不平的面，阻碍了晶体原来平面的继续滑移，因此提高了屈服点。我们曾用预应力方法处理了几台起重机，但均由于钢筋没有进行冷拉，下挠又过早地出现了。经分析是由于起重机超载，使钢筋应力达到屈服限而使钢筋松弛所致。经过冷拉，提高了屈服限，还可以把钢筋的许用应力提高，使达到强度限的75％～80％从而可以节省钢材。预应力钢筋冷拉还可以考验焊接质量及端杆材质。不论是Q275钢还是低合金高强度钢筋都要坚持做好冷拉工序。

这台起重机用预应力矫正法处理从停电停车到恢复上拱只用了28h，我们认为还有潜力，实现桥式起重机处理主梁下挠不停产是一定可以做到的。

五、火焰矫正电焊加固法

在主梁中性层的下部选择若干加热区，用火焰（常用氧—乙炔焰）加热至600℃以上（此时低炭钢的屈服极限等于零）。由于加热区在加热时受到周围冷金属板的限制，不能自由热膨胀伸长而被塑性压缩，这些热塑性变形区在随后的冷却过程中收缩从而迫使主梁恢复上拱，由于火焰矫正使主梁存在新的残余应力，故如何消除应力是值得注意的问题。

1. 检查测量下挠

为了制定矫正的工艺方案，必须对主梁下挠进行测量检查。为了全面恢复，还应该同时检查旁弯（主梁水平面内的弯曲变形），腹板波浪，两根小车轨道的平行性等。

2. 顶起主梁

上拱的恢复可以在地面也可以在高空进行，在地面恢复比较彻底、操纵安全。但要有大的起重设备，而且占车间地面的面积较多，停车处理时间也较长。而在高空处理，既不多占地面也不要大的起重设备，停车时间也比在地面处理要短，故采用高空处理下挠的方式。

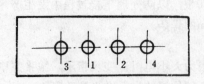

图4-37　施张次序

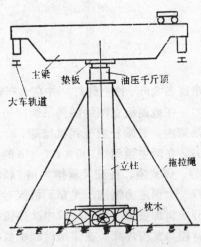

图4-38　顶起主梁施工示意图

顶起主梁是采用立柱和油压千斤顶配合顶起。顶杆用无缝钢管为好，管径大小决定于起重机的自重。最后要校核立柱的压杆稳定，对于自重为20t，高度在10m之内的桥式起重机，立柱外径可选为200～250mm，钢管壁厚在10mm以上。

油压千斤顶放在立柱与主梁下盖板之间，为了不使主梁受力集中而局部变形，在千斤顶上再放一块钢垫板。立柱放在枕木上，用拖拉绳拉好，见图4-38。

油压千斤顶顶起主梁以使车轮脱离大车轨道约20mm即可。不要顶得过高以免主梁发生旁弯。

3. 火焰矫正

(1) 加热部位的确定

加热部位必须在主梁中性层下部，即腹板下部和下盖板。因为加热区在冷却后存在较大的残余拉应力，故选择加热部位时应避免在主梁受弯矩最大的中部范围（即主梁中心点左右四分之一小车轮距范围）。其次加热部位应选在主梁内加筋板处，以防腹板在受热不均时产生浪浪形。另外，在同一部位进行二次加热会抵消前一次加热产生压缩塑性变形量，所以不能在同一部位重复加热。

(2) 加热区数量

加热区数量根据桥式起重机的跨度和主梁下挠量的多少来决定，一般采用双数数，从4至12来选取。

(3) 加热面积

下盖板加热区为矩形，其面积为 $A \times B$，$A = 80 \sim 120$mm为加热区宽度，B为下盖板宽度。腹板加热区为三角形，其面积为 $\frac{1}{2}Ah$，而 $h = \left(\frac{1}{3} \sim \frac{1}{4}\right)H$，$H$为腹板高度。

(4) 加热次序

加热次序是哪里下挠最厉害，就先加热哪里。当得到均匀下挠后，再开始全面矫正，否则死弯不好消除，全面矫正加热次序如图4-39所示。

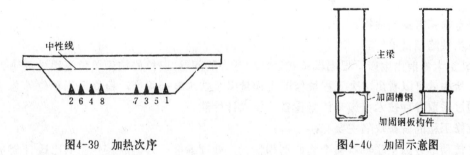

图4-39　加热次序　　　　　　　　图4-40　加固示意图

(5) 加热温度

加热温度高则矫正效率高，为了不使金属组织发生变化，对Q235钢加热温度不能超过900℃，一般在700～800℃。

(6) 矫正结果判断

加热几个点之后，将主梁放在大车轨道上，待加热区冷却至常温时，测量上拱量恢复情况，再确定下一步加热措施，直至上拱恢复为止。

4. 加固方法

用火焰加热而恢复上拱度，由于残余应力逐渐消失，上拱度也将逐渐消失。所以必须采取措施防止下挠的产生，其办法是将槽钢或钢板焊在下盖板上（见图4-40）。要注意在焊完加固件后，上拱量会增加，故火焰加热时不必恢复全部上拱量。

总之，火焰矫正电焊加固法较之预应力矫正法，已是落后的检修工艺。考虑到钢筋冷拉这一工序并非所有单位都有条件办到，故仍把火焰矫正电焊加固法作为一般性介绍列入本书。

第三节 轧机的检修方案

轧机种类繁多，其机械设备的检修有难有易，现将φ800可逆式开坯轧机主机列大修检修方案部分叙述如下（图4-41）。

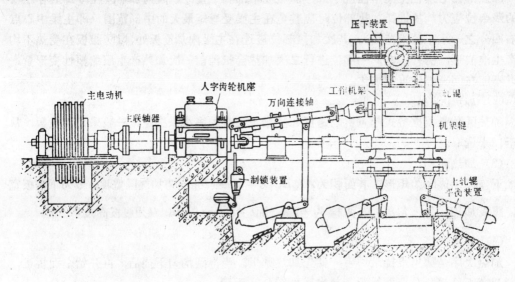

图4-41 φ800轧机主机列

一、制定检修方案的依据

1. 设备缺陷项目单

φ800轧机大修前由生产厂根据设备在运转中存在的问题，向检修施工单位提出设备缺陷项目单。从中就可以看出这次工程检修的工作量以及技术复杂程度。检修施工单位务必千方百计通过采取各种技术措施来恢复设备的原设计性能。

本次大修工程的设备缺陷主要有：

1) 主传动部分。主联轴器检查齿面磨损情况，处理漏油；万向联接轴及其巴氏合金瓦整体更换；人字齿轮轴及巴氏合金瓦更换，作好拆除时机架各有关数据的测量记录；轧辊轴承座更换。

2) 机架部分。轧机下联接横梁更换，机架滑板更换；机架下轧辊轴承座装配处两侧磨损修复。

3) 压下及轧辊平衡装置部分。压下减速机清洗检查，轴承间隙调整，压下螺丝及螺母更换；轧辊平衡装置立杆更换。

4) 换辊装置。长短链条更换，减速机清洗检查，链道轨座刨平重新找正安装。

5) 机架辊。更换机架辊及万向联接轴；轴承座清洗重新安装并固定牢。

2. 施工工期

施工工期40天。

二、施工前的装备工作

与生产厂根据设备缺陷项目单到车间逐一查对，并共同落实检修用备品到货情况。编制工程用料及施工用料计划。编制人工计划。编制机具计划。制定检修方案。编制施工网络图。绘制检修场地分配图。

能提前施工的则提前施工，如万向联接轴巴氏合金瓦的研磨，半圆瓦的研配，压下螺丝与压下螺母的调色检查等。不能提前施工的作好施工各项准备工作：如机具检查，拆卸大螺帽用扳手的割制，卸装压下螺母的"⊥"形工具制作等。

三、检修方案

1. 停车位置及停电步骤

万向联接轴扁头停于垂直的地方，主电动机即可停电拆线。

利用换辊机构移动轧辊拆走上瓦架，再拆除压下螺丝保护罩后将压下螺丝提升至最上位置(事先将压下螺丝极限开关移去)后压下系统可以停电、拆线、以及油库停止送油，拆润滑油管及轧机冷却水管。轧机系统各部此时均可拆除。

2. 上瓦架的拆除及机架窗口的测量修复

为了更换机架滑板、下接横梁以及为换轧辊平衡装置的立杆必须将轧辊拉出，上瓦架进行拆除。而上瓦架通过两半法兰与压下螺丝系统联系着，所以它的拆除比较麻烦，上瓦架、轧辊及压下系统部分见图4-42，上瓦架拆除步骤是：

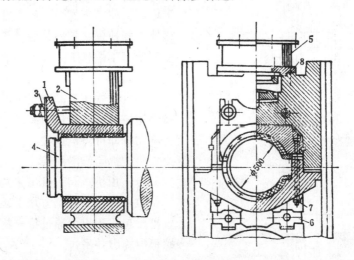

图4-42 上瓦架、轧辊及压下系统部分图

1) 卸掉上瓦架1与轧辊轴承座2的联接螺杆3，用两根长钢管插入瓦架孔内，搭上跳板，用铁丝将其与钢管绑牢。

2) 施工人员登上跳板，轧辊4上升，拆掉压下螺丝保护罩5下部与轴承座的联接螺丝，并用铁丝将其系在压下螺母底部。

3) 在下轧辊轴承座上安放四个换辊用板凳6。

4) 上轧辊下降落于板凳上，松开上下轴承盒联接螺丝7。

5) 用起重机提上轧辊平衡重，使平衡重立杆头部的缺口与机架滑道中的沟槽相吻合的地方，插上大插销（参见图4-44），使上轧辊与上辊平衡装置隔开，在平衡重下垫上枕木。

6) 拆卸传动侧瓦架上的两半法兰8（固定压下螺丝端部白垫用），并吊走。

7) 启动压下电动机使压下螺丝上升，传动侧的上瓦架因与压下螺丝系统分离故落于轧辊轴承盒上，而换辊侧上瓦架仍跟压下螺丝上升。

8) 拖出轧辊让传动侧上瓦架停在两片机架之中部，利用起重机及链式起重机将上瓦架顺轧制方向吊出运走。

9) 继续拉出轧辊使换辊侧上瓦架落在轧辊传动侧的轴承盒上，拆除上瓦架的两半法兰，压下螺丝上升，再将轧辊推入机架内，让换辊侧上瓦架停在二片机架之中，用同样办法，借起重机及链式起重机将上瓦架拆除。

10) 拉出轧辊，拆卸机架滑板埋头螺丝，在滑板上焊螺帽，用链式起重机提起，用桥式起重机斜向吊除。

11) 机架窗口测量及磨损部位修复（见本章第一节）。

3．压下螺丝及压下螺母的拆除

压下螺丝及压下螺母的部分压下系统见图4-43。其工作原理是：

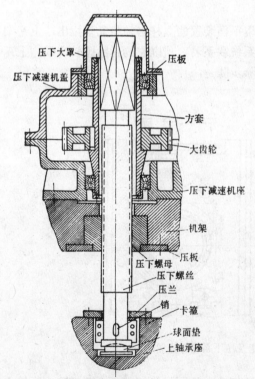

图4-43　部分压下系统图

1) 启动压下电动机将压下螺丝提升至一定高度，垫上短枕木，打出销子，卸下卡箍，并吊走。

2) 在打出销子的孔内插进铁棍，启动压下电动机使压下螺丝继续上升至铁棍保护罩相碰处，卸掉保护罩内外法兰螺丝，再开压下电动机使压下螺丝下降，抽出铁棍，将保护罩吊走。

3) 吊走压下减速机上的两个压下大罩，开动压下电动机将压下螺丝抬到最高位置，压下电动机即可停电拆线。

4) 拆除润滑油管。

5) 用桥式起重机吊走两台压下电动机。

6) 在压下螺丝方尾上装吊环，用桥式起重机提起，用人力通过撬杆将压下螺丝从压下螺母中旋出并吊走。

7) 吊出压下减速机盖。

8) 拆卸方套上部压板螺丝，将压板吊走。

9) 吊出方套、大齿轮及中间轴。

10) 桥式起重机吊起"⊥"形工具，托住压下螺母，拆卸压板，吊钩下落，压下螺母坐在"⊥"形工具上落下，再配合链式起重机吊出。

4．轧辊平衡装置立杆的拆除

轧辊平衡装置见图4-44。其拆除步骤是：

图中标注：
压下大罩
压板
压下减速机盖
方套
大齿轮
压下减速机座
机架
压板
压下螺母
压下螺丝
压兰
销
卡箍
球面垫
上轴承座

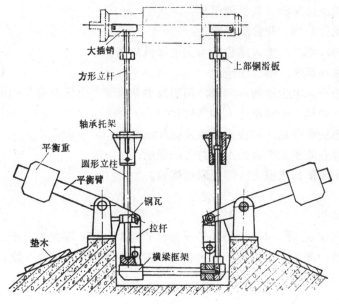

图4-44　轧辊平衡装置

1)　用桥式起重机吊起平衡重，取出大插销后，平衡重落在枕木上。

2)　立杆由两部组成，一根是长2750mm方形杆。其下部是长2900mm的圆形杆，它们穿过机架及轴承托架，下部支承在横梁框架上，下部还有铜瓦支承以保持立杆垂直运动，为了拆除立杆，先要将下部铜瓦拆除，上部铜滑块拆除。在机架滑板全面拆除的前提下，从机架内吊出立杆，机架窗口净高为3300mm，先吊出方形断面立杆。

3)　在机架下部挂链式起重机，把圆形断面立杆往上提，使其穿过机架内孔，然后在机架里用吊方形断面立杆的办法吊走圆形断面立杆。

5. 万向联接轴的拆除

万向联接轴的示意图见图4-45。其拆除步骤是：

1)　利用制锁装置将万向联接轴平衡重挂住(或用枕木垫稳)，制锁装置见图4-41。

2)　卸掉上万向联接轴瓦盖螺丝，吊走瓦盖。

3)　用桥式起重机吊起上万向联接轴，使其脱离下瓦，再朝机架方向抽出，然后吊走。

4)　用桥式起重机吊住上万向联接轴框架，用绳扣将叉形托杆锁住，投出框架支点小轴和平衡臂小轴，吊走框架。

5)　卸掉轴承盖与底座的联接螺丝，用桥式起重机吊走轴承箱盖。

6)　用桥式起重机吊起下万向联接轴，使其脱离底座。朝机架方向抽出，然后吊走。

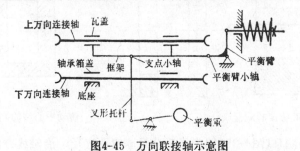

图4-45　万向联接轴示意图

6. 人字齿轮机座的拆除及其机架测量

人字齿轮机座见图4-46。其拆除步骤是：

1) 卸掉主联轴器螺丝，使人字齿轮与主电动机分离。

2) 卸掉各部联接螺丝，吊走上盖。

3) 用压铅法检查人字齿轮啮合间隙，用塞尺测量轴颈与巴氏合金瓦的间隙。

4) 吊走人字齿轮轴、中座及下人字齿轮轴。

5) 卸掉旧的巴氏合金瓦，清洗齿轮座及壳体结合面。

6) 用方水平检查底座上平面的水平并作好记录。

7) 把中座、上盖吊到底座上，拧好联接螺栓。

8) 机架测量。

机架测量的步骤是：

1) 镗孔中心距测量（图4-47）。用外径千分尺测量AC或BD即为中心距。

2) 镗孔椭圆度的测量，用内径千分尺在每一镗孔上相隔120°测量一次，视每次测得的数据即可判断椭圆度。

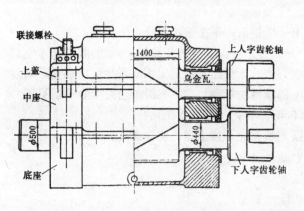

图4-46 人字齿轮机座简图

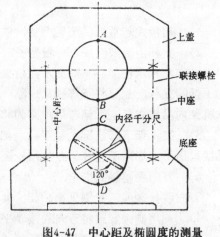

图4-47 中心距及椭圆度的测量

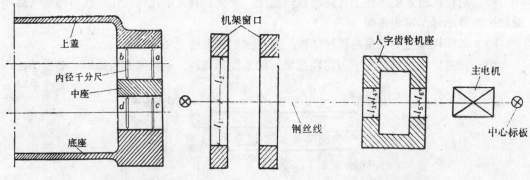

图4-48 镗孔锥度的测量

图4-49 传动中心线的测量

3) 镗孔锥度的测量（图4-48）用内径千分尺测镗孔直径，沿轴线方向测几处，量得a、

b、c、d……每个镗孔都要检查测量。若a与b，c与d之差超出许可范围，则需要堆焊重新镗孔。

4) 传动中心线的检查，以原埋设于轧机及主电机两侧的中心标板为基准挂线（见 图 4-49）。用内径千分尺测出l_1，l_2，l_3，l_4，l_5与l_6，若l_3与l_4，l_5与l_6相差较大，说明人字齿轮机座偏离传动中心较大，则应采取移动人字齿轮座的办法进行处理。若l_3与l_4，l_5与l_6相差不大，则可以用研刮巴氏合金瓦的办法。

第四节　减速机漏油的处理

减速机不同程度的漏油是较为普遍的现象。严重漏油时不但产生少油或断油事故，引起齿面粘合剥离影响到生产的连续进行，而且对周围环境污染厉害，对基础有腐蚀作用。这样既破坏了文明生产又浪费了不少本可回收再生产的润滑油。

一、减速机漏油的原因

1) 在封闭的减速机里，每一对齿轮相啮合发出热量，根据波义耳—马略特定律（$PV=RT$），随着运转时间的长久，使减速机箱内温度逐渐升高，而减速机箱内容积不变，故箱内压力随而增加，箱体内润滑油经飞溅，洒在减速机箱内壁。由于油的渗透性比较强，在箱内压力下，哪一处密封不严，油便从哪里渗透出。

2) 减速机结构设计不合理引起漏油，如设计的减速机没有通风罩，减速机无法实现均压，造成箱内压力越来越高，这时就会出现漏油现象。

3) 思想上没有认识到减速机漏油的危害性，因此在减速机封盖操作时马马虎虎，即使减速机结构设计很好，结果还是出现漏油现象。

二、防止漏油的原则办法

1. 均　压

减速机漏油主要是由于箱内压力增加所引起，因此减速机应设有相应的通风罩，以实现均压。通风罩不能太小，较简便的检查方法是：打开通风罩上盖，减速机以高速连续运转五分钟之后，用手摸通风罩，感到压差很大时，说明通风罩小，则应改大或升高通风罩。

2. 畅　流

要使洒在箱体内壁的油尽快流回油池，不要在轴头密封处存留，以防油逐渐沿轴头浸出来。如在减速机轴头设计有油封圈，或在减速机上盖位于轴头处粘一半圆槽，使溅到上盖的油顺半圆槽两头流到下箱。

3. 堵　漏

主要是上下箱结合面和轴头密封处要采取措施，使其密封好。这些措施包括密封结构的设计，对一般减速机而言，构造不宜复杂，常用羊毛毡油圈、迷宫式密封槽、丨型或U形无骨架橡胶油封对轴头进行密封即可。另外密封剂的选择也是很重要的，过去常用漆片配合工业用纸来密封上下箱结合面，只要认真操作，是完全可以防漏的。近来改用密封带或密封填料操作更为方便，但对重型减速机效果还不很理想。新型的密封胶如厌氧胶（Y-150）液态密封胶（609）还只停留在试用阶段，尚未广泛使用。

三、处理效果

近几年来，对于ZD、ZL、ZS,原苏联型号如РМ、ЦД、ВК、ПН型减速机在检修之后基本做到不漏油。对于重型减速机及人字齿轮机座的防漏也取得了良好效果。下面介绍实例一则——炼铁厂高炉料车卷扬机减速机漏油的处理。

1．概况

该卷扬机系原苏联设备，自1960年投产以来，漏油严重，不仅减速机的全部轴头漏油，而且上下箱结合面多处漏油，卷扬机示意见图4-50，料车卷扬机主要技术特性见表2-9，齿轮几何参数见表2-10。两台小减速机壳是铸铁件，中间大减速机机盖系用钢板焊成，下箱为铸钢件。减速机均无通风罩，轴头用羊毛毡密封，并有油封圈，但油封圈无泄油孔。

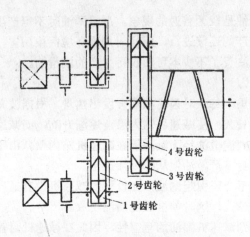

4号齿轮
3号齿轮
2号齿轮
1号齿轮

图4-50　料车卷扬机传动示意图

2．处理办法

1)　在减速机上盖的加油孔盖板上分别装了通风罩（因施工工期有限来不及在上盖的最上方装通风罩）。

2)　将轴头油封圈的最下方钻一大孔，使油封圈的油能畅流到油池。

3)　大型减速机的上下箱结合面要很平，加工不易达到。而料车卷扬机中间大减速机上盖是由钢板焊成的，容易变形，所以上下箱结合面更难密合。过去用薄的工业用纸，势必还会有微小的缝隙，为了彻底防漏，先将减速机清洗后进行上下箱的试扣合，用塞尺测量结合面的最大间隙，然后选比测出最大间隙还厚的工业用纸作垫，再加漆片进行密封。这就是利用纸的弹性来补偿上下结合面，由于不平而出现的缝隙。工业用纸接头处采用燕尾式，轴头处的断口要与轴线平行。轴头用羊毛毡密封还是可以的。所割羊毛毡周边要切整齐，且比槽要高出2mm为宜，羊毛毡下料之后一定要浸在机油里泡24h。

3．处理结果与想法

经过高速空载连续试车运行2h以及负荷连续试车运行8h，只发现一处轴头有轻微渗油现象，半月之后复查发现通风罩有漏油现象。经分析，所装通风罩欠大，箱内外均压还不够理想，应换大的通风罩，并应装在减速机上盖的最高处。有些工厂为了解决严重漏油问题，采取如烟囱式长管通风罩，长管增加了抽力。这样箱内外均压很理想，效果较好，但欠美观。这次由于检修工期不长，轴头密封不便改造，以致尚有一处有轻微渗漏现象。

防止漏油和用油润滑齿轮这是一对矛盾。人们为了润滑齿轮，采用了润滑油，解决了齿轮寿命不长的矛盾。但又带来了漏油这个矛盾。近年来采用二硫化钼润滑材料，它的摩擦系数随着负荷的增加而减小，随着转动或滑动的速度增加而减小，化学稳定性好，在400℃左右才开始氧化，比一般润滑材料抗压性强，且与金属的结合力相当强不易被磨掉。采用二硫化钼干膜润滑，由于根本不用油，因此从根本上解决了设备的漏油问题。一般中、小型减速机采用二硫化钼作润滑材料是行之有效的，甚至在条件比较恶劣的地方亦能胜任，如某炼钢厂350t铸锭起重机主小车走行机构的减速机用二硫化钼润滑效果甚好，对于大型、重型减速机运用二硫化钼润滑，目前不少单位正在试验中，无疑的这是一种很有前途的润滑材料。

第五章 冶金机械的润滑

冶金工厂的机械设备是在高温和恶劣的条件下工作。为了延长机器的寿命，合理的进行润滑，在减少机件的摩擦和磨损方面起重要的作用。因此，必须根据摩擦机件构造的特点及其工作条件，周密考虑和正确选择所需的润滑材料、润滑方法、润滑的装置和系统，严格监督按照规程所规定的润滑部位、周期、润滑材料的质量和数量进行润滑，妥善保管润滑材料以便使用时保证其质量。

机器的润滑有下列的主要作用和目的：

1) **减少摩擦和磨损**，在机器或机构的摩擦表面之间加入润滑材料，使相对运动的机件摩擦表面不发生或尽量少直接接触，从而降低摩擦系数，减少磨损。这是机器润滑最主要的目的。

2) **冷却作用**。机器在运转中，因摩擦而消耗的功全部转化为热量，引起摩擦部件温度的升高。当采用润滑油润滑时，不断从摩擦表面吸取热量加以散发，或供给一定的油量将热量带走，使摩擦表面的温度降低。

3) **防止锈蚀**。摩擦表面的润滑油层使金属表面和空气隔开，保护金属不产生锈蚀。

4) **冲洗作用**。润滑油的流动油膜，将金属表面由于摩擦或氧化而形成的碎屑和其它杂质冲洗掉，以保证摩擦表面的清洁。

冶金工厂的机械设备通常采用稀油润滑和干油润滑两种润滑方式。稀油润滑采用矿物润滑油(简称润滑油)作为润滑材料。在下列情况下，采取稀油润滑：除减少摩擦和磨损外，摩擦表面尚须排除大量热量(由摩擦产生的热或位于高温区吸收的热)；摩擦表面可能实现液体摩擦时；能实现紧密密封的齿轮传动和轴承；摩擦表面除润滑外尚需冲洗保持清洁时；其他由于结构上的原因很难实现使用干油润滑时。干油润滑采用润滑脂作为润滑材料。在下列情况下，采取干油润滑：低速下工作，经常逆转或重复短时工作的重负荷滑动轴承或导轨；长期停止工作无法形成润滑油膜的滚动轴承；长期正常工作而不需经常更换润滑脂的密封的滚动轴承。

除了上述两种主要润滑方式外，摩擦机件在高温、高压、高速的工作条件下，当矿物润滑油和润滑脂都不能保证正常工作时，则采用固体润滑材料。采用合成树脂布胶的轴承，可以用水进行润滑和冷却。

第一节 润 滑 油

一、润滑油的分类及其质量指标

近年来我国的石油工业迅速发展，润滑油的质量不断提高，品种亦不断扩大，达200种以上。在一般工矿企业中所采用的润滑油，根据不同的使用要求，有以下几种类别：

机械油——如高速机械油、机械油、轧钢机油，称为通用机械油，主要用于各种机械设备及其轴承的润滑。近年发展的精密机床润滑油，如主轴油、导轨油等，主要用于各种精密机床。

齿轮油——具有抗磨、抗氧化、抗腐蚀、抗泡等性能，主要用于齿轮传动装置。

汽轮机油(透平油)——具有良好的抗氧化稳定性、抗氧化性和防锈性，主要用于汽轮机轴承、透平泵、透平鼓风机、透平压缩机等的润滑，也可用作风动工具油。

蒸气机油——具有高的抗乳化性、粘度和闪点，以便在高温和高压蒸气下保持足够的油膜强度，分为气缸油、过热气缸油和合成气缸油三种。

内燃机油——具有高的抗氧化、抗腐蚀性能和一定的低温流动性，分为汽油机油和柴油机油两种。

压缩机油——具有良好的抗氧化稳定性和油性，高的粘度和闪点，主要用于空气压缩机、鼓风机的气缸、阀和活塞杆的润滑。

电器用油——具有高的抗氧化稳定性和绝缘性能，低的凝固点，要求油中的胶质、沥青质、酸性氧化物、机械杂质和水分的含量少，有变压器油、电器开关油、电缆油等。

除了上述各种润滑油类外，尚有防锈油、工艺油、仪表油以及其他用途的润滑油。液压油在冶金机械液压传动课程中已作叙述。

以上所述的各种润滑油是按其用途来分类的，由于润滑油的性能关系到机器的工作状况和使用时间，通常润滑油的质量有下列几种主要指标。

1. 粘　度

粘度是润滑油的一项重要质量指标，在选择润滑油时，通常以粘度为主要依据。

液体受外力作用移动时，在液体分子间发生的阻力称为粘度。粘度分为绝对粘度和相对粘度两大类。

(1) 绝对粘度

绝对粘度分为动力粘度和运动粘度两种。

动力粘度是指面积各为$1cm^2$和相距$1cm$的两层平行液体，当其中一层液体以$1cm/s$的速度和另一层液体作相对运动时，产生的阻力为1达因，即为动力粘度。其单位为厘米克秒制表示为泊(P)，泊的百分之一为厘泊。动力粘度的法定计量单位为帕·秒(Pa·s)，$1Pa·s=10P$。

在相同温度下，液体的动力粘度与它的密度之比，称为运动粘度，在厘米克秒制中，运动粘度的法定计量单位为cm^2/s，$1cm^2/s=1St$(斯托克斯)，$1mm^2/s=1cSt$(厘斯)。

由于润滑油的粘度随温度变化而变化，所以在表示粘度时，必须注明是在什么温度下测定的粘度；比较油品的粘度时，也必须在同一温度下才有意义。

(2) 相对粘度

相对粘度(条件粘度)有恩氏、赛氏、雷氏粘度等，我国采用恩氏粘度。恩氏粘度用恩氏粘度计测定，它表示被测定的油液在某种温度下从$\phi 2.8mm$小孔流出$200ml$所需的时间与同体积的蒸馏水在$20℃$时流出的时间的比值，用符号$°E$表示，温度为t时的恩氏粘度用符号$°Et$表示。润滑油一般以$50℃$或$100℃$作为测量时的标准温度，以$°E_{50}$或$°E_{100}$表示。

赛氏粘度是油液在某温度从赛氏粘度计流出$60ml$所需的时间(秒)。用符号S.U.S(或S.S.U)表示。

雷氏粘度(或称雷氏标准秒或雷氏商业秒)是以$50ml$油液在一定温度($140°F$或$210°F$)下，流过雷德乌德粘度计所需的时间(秒)来表示的。

润滑油的运动粘度和恩氏粘度的换算，通常可以采用GB265-64的换算表进行换算。

相对粘度的测定值与粘度计的精度和结构有关，所以又称为条件粘度。

我国石油产品常采用运动粘度和恩氏粘度单位。根据油品的粘度不同分别在50℃和100℃时来测定。原苏联、德国采用恩氏粘度单位，美国用赛氏、英国用雷氏。

2. 粘温特性

润滑油的粘度一般随温度升高而降低，随温度下降而增高。这种性能叫做粘温特性，简称"粘温性"。润滑油的粘温特性常用粘度比或粘度指数来表示。

粘度比是润滑油在50℃和100℃时粘度的比值，粘度比愈小，粘温特性越好。粘度指数表示该润滑油的粘度随温度变化的程度同标准油粘度变化程度比较的相对值。粘度指数大，表示粘温曲线平缓，粘温特性较好。具体计算时，可先求得该润滑油在50℃和100℃时的运动粘度，然后再利用机械设计手册中的图即可查出粘度指数。

3. 凝固点（凝点）

润滑油失去流动性变为可塑性时的温度称为凝点。凝点决定润滑油在低温条件下工作的适应性。在寒冷季节，机器在开动前或停车时，因温度降低会使润滑油凝固失去流动性。当再开动机器时，即失去润滑作用，使摩擦表面处于干摩擦状态，增加机器的磨损和动力消耗，或润滑系统的输送管道由于润滑油凝固而使润滑中断发生设备事故，应该根据最低环境温度适当选择润滑油的凝点。

4. 闪点和燃点

润滑油加热至一定温度即蒸发产生油蒸气，当油蒸气和空气形成的混合气体与火焰接触时，即发生闪光现象，这时润滑油的温度称为闪点；如果闪光时间长达5秒钟，则这个温度称为燃点。闪点的高低表示润滑油在高温下的安定性。一般润滑油的闪点在130～325℃之间。在高温下工作所采用的润滑油应该选取较高的闪点，并且闪点要比最高工作温度大20～30℃。

5. 抗乳化性

润滑油和水混合时呈现一种乳化状态，在一定温度下静止后，使润滑油和水完全分离所需的时间（分钟），称为抗乳化度。在工作环境潮湿，与水或水蒸气接触的润滑部位，应该注意润滑油的抗乳化性能。

6. 氧化安定性

在高温下润滑油抗氧化作用的能力，称为氧化安定性。用氧化后沉淀物重量的百分数（%）和氧化后的酸值（mgKOH/g）来表示，氧化后的沉淀物愈少，润滑油的氧化安定性愈好，则润滑油的使用寿命较长。

7. 酸 值

中和1g润滑油中有机酸所需要的氢氧化钾（KOH）的毫克数，称为酸值，单位以mgKOH/g表示，酸值就是测定润滑油中游离有机酸及其他酸性产物的含量，润滑油在使用过程中，由于氧化会产生有机酸，使润滑油的酸值增加，酸值增加到一定程度时，润滑油就必须进行净化或更换新油，酸值的增加是润滑油老化的标志之一。

8. 水溶性酸和碱

润滑油中水溶性酸和碱是指能溶于水中的无机酸和碱以及低分子的有机酸和碱性化合物等物质。在润滑中出现水溶性酸和碱，主要是由于加工原因或在贮运过程中受到污染。润滑油在使用中出现的水溶性酸，主要是由于氧化变质造成。润滑油不允许有水溶性酸和碱存在，因为它严重腐蚀机件。在使用润滑油时，如果出现了水溶性酸，变压器油就会降低绝缘性能，汽轮机油就会降低抗氧化性能，这时润滑油就应该处理或更换。

9．抗磨性

抗磨性是表示润滑油膜抵抗磨损的技术指标。这里有两种基本概念，即润滑油的油性和极压性。油性是润滑油牢固地吸附在摩擦表面上，一层极性分子膜能够增加油膜的强度。极压性是润滑油中含有活性元素，能与金属表面生成一层金属盐化学膜，这层膜抗极压强度较大而抗剪切强度较低。

10．机械杂质

润滑油中残留的悬浮和沉淀状固体杂质称为机械杂质。机械杂质可引起摩擦表面加速磨损，摩擦机件的发热和管路的堵塞。

11．残　炭

润滑油在高温下因分解形成的硬质碳化沉淀物称为残炭。残炭增加机件的磨损和堵塞管路。

12．灰　分

润滑油中矿物性杂质(各种盐类)的含量称为灰分。润滑油中灰分过多，则产生于摩擦面间的油膜不易均匀，降低润滑效能。

13．水　分

润滑油中的含水量能降低润滑性能，会减弱油膜强度和降低润滑效果，使金属锈蚀，产生泡沫。

14．外　观

润滑油的颜色是一项重要的指标。颜色是均一的，澄清的，不混浊，不生沉淀。精制程度愈深的油，颜色愈浅，透明度也好。新的矿物油，一般都有荧光反应，使用过的油颜色会逐渐变深。轻质油品(如液压油、汽轮机油)常常可以根据颜色变深的程度，而决定是否应该换油。

二、润滑油的添加剂

为了改善润滑油性能和质量，以适应机器的工作条件。在润滑油中掺入少量的化学物质，能够显著改善润滑油的某种性能，这种化学物质称为添加剂。

润滑油的添加剂有的可以改善油的物理性质，如降凝添加剂、抗泡沫添加剂、粘度添加剂、油性添加剂等。有的可以改善润滑油的化学性能，如抗氧化添加剂、清净分散添加剂、极压抗磨添加剂、防锈添加剂、抗腐蚀添加剂等。下面分别叙述冶金机械润滑中常用的几种添加剂。

1．极压抗磨添加剂

在某些机械设备润滑条件比较苛刻的情况下(例如在很高的负荷下)，极压抗磨添加剂能使润滑的金属表面形成牢固的油膜。它主要是含有硫、磷、氯的化合物，在高温下放出的活性元素，能在金属表面形成比较牢固的化合物油膜，实现极压润滑。此添加剂适应高温和高压的工作条件，可减少摩擦和磨损，适用于极重负荷的齿轮，蜗杆传动和其他重型机械的轴承。我国生产的极压抗磨添加剂有：氯化石蜡、亚磷酸二正丁酯、二硫化二苄、二烷基硫代磷酸锌等。

2．油性添加剂

油性添加剂是一种极性物质，能够吸附于金属表面，形成牢固的油膜，改善润滑性能，获得最小的磨损和最低的摩擦系数。但是和极压润滑不同，只适于低、中负荷和摩擦表面温度120～200℃以下，高温时将分解时效，我国生产的油性添加剂有：硫化鲸鱼油、硫化油酸、硫化棉子油。

3. 粘度添加剂（增粘添加剂）

为了改进润滑油受环境气温和机械运转工作温度变化不利于机械润滑的影响，可以在润滑油中加入粘度添加剂。粘度添加剂利用高分子聚合物在润滑油中溶解率的变化。低温时在润滑油中不能全部溶解，呈胶体分散状态。温度增高时，溶解度增大，使粘度增大，改善了润滑油的粘温性能。我国生产的粘度添加剂有：聚正丁基乙烯醚、聚异丁烯、聚甲基丙基酸脂等。

4. 降凝添加剂

润滑油中含有蜡质，在低温时从润滑油结晶析出形成网状结构，将油包在里面，阻止其流动。润滑油中加入降凝添加剂后，溶解于润滑油中，被吸附在析出的蜡晶体的表面上，只能形成极微小的晶体，阻止形成网状结构，以防止润滑油在低温时稠化，降低润滑油的凝点。我国生产的降凝添加剂有：烷基萘、聚烯烃等。

5. 抗泡沫添加剂

润滑油在使用过程中，有出现泡沫过多现象，能引起供油中断，发生故障和加速磨损。抗泡沫添加剂具有较大的表面张力。能溶解并附在润滑油的表面，防止泡沫的产生，或者侵入已产生的泡沫之中，使泡沫迅速消散。我国生产的抗泡沫添加剂有：二甲基硅油、甲基苯硅油等。

6. 抗氧化添加剂

润滑油在使用和贮存过程中常被空气氧化而变质，降低润滑性能，分离出胶质沉淀，生成酸性物质，这样就会堵塞油管和腐蚀金属，缩短机件的使用寿命，抗氧化添加剂能在金属表面形成保护薄膜，达到降低氧化速度的目的。我国生产的抗氧化添加剂有：2,6-二叔丁基对甲酚、丁戊烷二硫代磷酸脂锌盐等。

7. 防锈添加剂

能改善润滑油的粘附性能，在金属表面形成吸附油膜，防止与水接触而生锈。我国生产的防锈添加剂有：石油磺酸钡、烯基丁二酸、二壬基萘磺酸钡等。

三、冶金机械常用的润滑油

冶金机械常用的润滑油有机械油，齿轮润滑油，汽轮机油，油膜轴承油和变压器油。其品种规格和质量指标见表5-1。

1. 机械油

机械油广泛用于各种机械传动的润滑。在冶金机械中，大量采用的是机械油和轧钢机油，并用于一般闭式齿轮传动的润滑，称为非极压性的工业齿轮油。机械油共有七个牌号，高温抗氧化的工作性能较差，负载能力亦较小，只适用于轻负荷和无冲击的机械设备的润滑。28号轧钢机油具有较好的氧化安定性和一定的抗磨能力，常用于重负荷减速机和轧钢机支承辊的油膜轴承，亦用于稀油循环润滑系统。机械油和轧钢机油为通用机械油，此外尚有专用的机械油，有精密机床主轴油，精密机床导轨油等，因为加入了各种添加剂，使性能提高。精密机床主轴油适用于精密机床的轴承和主轴箱等的润滑，精密机床导轨油适用于

表5-1　润滑油的品种规格和质量指标

润滑油品种规格		恩氏粘度 (°E₈₀)	恩氏粘度 (°E₁₀₀)	运动粘度 50℃ (mm²/s)	运动粘度 100℃ (mm²/s)	粘度指数 不小于	闪点 开式(℃) 不低于	闪点 闭式(℃) 不低于	凝点(℃) 不高于	酸值 mg KOH/g 不大于	水溶性酸碱	灰分(%) 不大于	水分(%) 不大于	残碳(%) 不大于	机械杂质(%) 不大于	腐蚀试验 铜片 100℃,3h	氧化安定性(氧化后沉淀物)(%) 不大于	备注
机械油	10号 HJ-10			7~13			165		-15	0.14	无	0.007	无	0.15	0.005			
	20号 HJ-20			17~23			170		-15	0.15	无	0.007	无	0.15	0.005			
	30号 HJ-30			27~33			180		-10	0.20	无	0.007	无	0.25	0.007			
	40号 HJ-40			37~43			190		-10	0.35	无	0.007	无	0.25	0.007			
	50号 HJ-50			47~53			200		-10	0.35	无	0.007	无	0.3	0.007			
	70号 HJ-70			67~73			210		0	0.35	无	0.007	痕迹	0.5	0.087			
	90号 HJ-90			87~93			220		0	0.35	无	0.007	痕迹	0.6	0.007			
28号轧钢机油	HJ3-28				26~30		250		-10	0.1	无		无	0.8	无			
汽缸油	11号 饱和 HG-11				9~13		215		5	0.25	无	0.02	痕迹	0.8	0.007			
	24号 汽缸油 HG-24				20~28		240		15		无	0.03	0.05	2.0	0.1			
	38号 过热 HG-38				32~44		290		10		无	0.015	0.05	2.5	无			
	52号 汽缸油 HG-52				49~55		300		10		无	0.01	0.05	3.0	0.01			
	62号 HG-62				58~66		315		5		无	0.01	0.05	3.0	0.02			
	33号 合成过 HG-33H	4.5					300				无	0.03	0.05	4.0	0.02			
	65号 热汽缸 HG-65H	8.0					325				无	0.035	0.05	4.2	0.02			
	72号 油 HG-72H	8.5					340				无	0.04	0.05	4.5	0.025			
齿轮油	20号 HL-20	2.7~3.2					170		-20		无		痕迹		0.05	合格 40号或50号钢片		
	30号 HL-30	1~4.5					180		-5		无		痕迹		0.05	合格 40号或50号钢片		

97

润滑油品种规格	恩氏粘度 ($°E_{50}$)	恩氏粘度 ($°E_{100}$)	运动粘度 50℃ (mm²/s)	运动粘度 100℃ (mm²/s)	粘度指数 不小于	闪点 开式(℃)不低于	闪点 闭式(℃)不低于	凝点(℃)不高于	酸值 mg KOH/g 不大于	水溶性酸或碱	灰分(%)不大于	水分(%)不大于	残碳(%)不大于	机械杂质(%)不大于	腐蚀试验 铜片 100℃,3h	氧化安定性(氧化后沉淀物)(%)不大于	备注
工业齿轮油 50号			45～55			170		-5				痕迹	0.3	0.01	合格		
70号			65～75			170		-5				痕迹	0.5	0.01	合格		
90号			80～100			190		-5				痕迹	0.7	0.01	合格		
120号			110～130			190		-5				痕迹	0.9	0.01	合格		
150号			140～160			200		-5				痕迹	1.1	0.01	合格		
200号			180～220			200		-5				痕迹	1.3	0.015	合格		
250号			230～270			220		-5				痕迹	1.5	0.015	合格		
300号			280～320			220		0				痕迹	1.7	0.02	合格		
350号			330～370			220		0				痕迹	1.9	0.02	合格		
硫磷型极压工业齿轮油 90			80～100		90	195		-10							合格		暂定质盈标准
120			110～130		90	200		-10							合格		
150			130～170		90	210		-8							合格		
200			180～220		90	210		-8							合格		
250			230～270		90	210		-8							合格		
300			280～320		90	210		-8							合格		
350			330～370		90	210		-5							合格		
环烷 55				50～60	80	220		-5					8		合格		
100				85～115	80	225		-5					6		合格		
酸铝型 300			280～320		90	210		-5							合格		

98

润滑油品种规格			恩氏粘度 (°E₅₀)	(°E₁₀₀)	运动粘度 50℃ (mm²/s)	粘度 100℃ (mm²/s)	粘度指数 不小于	闪点 开式(℃)不低于	闭式(℃)不低于	凝点(℃)不高于	酸值 mg KOH/g 不大于	水溶性酸或碱	灰分(%)不大于	水分(%)不大于	残炭(%)不大于	机械杂质(%)不大于	腐蚀试验 铜片 100℃,3h	氧化安定性(氧化后沉淀物)(%)不大于	备注
精密机床主轴油	2号				1.2~2		85		45	-15		无		无		无	合格(50℃)		
	4号				3.5~4.5		85		80	-15		无		无		无	合格		
	6号				5~7		90	130		-15		无		无		无	合格		
	10号				8~13		90	130		-5		无		无		无	合格		
精密机床导轨油	20号				17~23			170		-10		无		无		无			暂定质量标准
	40号				37~43		70	190		-10		无		无		无	合格		
	70号				67~73		70	190		-10		无		无		无	合格		
	90号				90~100		70	190		-5		无		无		无	合格		
汽轮机油	22号	HU-22			20~23	15~17	90	180		-15	0.02	无	0.005			无		0.1	
	30号	HU-30			28~32	20~22	90	180		-10	0.02	无	0.005			无		0.1	
	46号	HU-46			44~48	25~27	90	195		-10	0.02	无	0.02			无		0.15	
	57号	HU-57			55~59	30~32	90	195		0	0.05	无	0.04			无			
油膜轴承油	16号					15~17	90			-8	0.05	无			0.4	无	合格		暂定质量标准
	21号					20~22	90			-8	0.05	无			0.5	无	合格		
	26号					25~27	90			-5	0.05	无			0.65	无	合格		
	31号					30~32	90			-5	0.05	无			0.8	无	合格		
变压器油	10号	DB-10			9.6				135	-10	0.05	无				无	合格	0.1	
	25号	DB-25			9.6				135	-25	0.05	无				无	合格	0.1	
	45号	DB-45			9.6				135	-45	0.05	无				无	合格	0.1	

各种精密机床导轨，冲击振动或高负荷摩擦点的润滑。

2. 齿轮润滑油

根据冶金机械齿轮传动装置的负荷、冲击、温度和环境条件等工作特点，其齿轮应该具有抗磨损、抗氧化、抗乳化、抗腐蚀和防锈等性能。因此冶金机械闭式齿轮传动用润滑油，大致可以分为下列三类：

1) 非极压性齿轮润滑油：除了上述的机械油和轧钢机油外，还有齿轮油、汽缸油等，这些润滑油都不加入添加剂，多用于一般齿轮传动装置的润滑。齿轮油（又称黑机油）具有较好的粘附和抗磨性能，但是氧化安定性较差，使用后粘度变化大，故寿命较短，适用于中等负荷齿轮传动装置，汽缸油共有饱和汽缸油、过热汽缸油、合成过热汽缸油等8个牌号，除用于蒸汽机械外，亦适用于齿轮和蜗轮传动装置的润滑。

2) 中等极压性齿轮润滑油：工业齿轮油共有9个牌号，因为加入了抗磨、抗氧、抗腐、防锈、抗泡等添加剂，提高了工作性能。适用于低速高负荷闭式齿轮传动装置的润滑，目前正在扩大使用范围。

3) 极压性齿轮润滑油：极压工作齿轮油共10个牌号，因为加入了大量的抗磨抗极压添加剂，所以适用于高负荷、高冲击、高温的齿轮传动装置。

3. 汽轮机油（透平油）

共有4个牌号，因为加入了抗氧化、抗泡沫、防锈等添加剂，具有良好抗乳化性、防锈性和氧化安定性。除用于蒸汽和燃气轮机外，常用于电机轴承，亦用于各种液压系统。

4. 油膜轴承油

共有4个牌号，因为加入了各种抗氧化、抗泡沫、防锈等添加剂，具有粘度指数高、良好抗乳化性、氧化安定性和防锈性，适用于轧钢机支承辊的油膜轴承。

5. 变压器油

变压器油属电器用油。共有3个牌号，具有高绝缘性，良好的氧化安定性和适宜的凝点。主要用于变压器和油开关等电气设备的绝缘和散热。

第二节 润 滑 脂

一、润滑脂的分类及其质量指标

润滑脂俗称黄油或干油，由基础油和稠化剂按一定的比例经稠化而制成。

基础油通常采用矿物润滑油，例如30号或40号机械油、11号或24号汽缸油等；也有采用合成油的，例如合成烃油、硅油、酯类油等。为了改善润滑脂的性能，亦可加入抗氧化、极压抗磨、防锈等添加剂。

稠化剂分为皂基和非皂基两种。由天然脂肪酸（动物脂或植物油）或合成脂肪酸和碱土金属进行中和（皂化）反应生成的脂肪酸金属盐即为皂，用皂稠化的润滑脂称为皂基润滑脂。由非皂物质（石蜡、地蜡、膨润土、二硫化钼、碳黑等）稠化的润滑脂称为非皂基润滑脂。

润滑脂是按其不同的稠化剂、组成、用途和特性而区分，有以下各种类别：

1) 单皂基脂。用一种皂作为稠化剂制成的润滑脂，如以钙皂（脂肪酸钙）作为稠化剂制成的润滑脂称为钙基润滑脂。同样用其他皂的有钠基润滑脂、锂基润滑脂、铝基润滑脂、钡基润滑脂等。

2) 混合皂基脂。用两种皂作为稠化剂以提高性能所制成的润滑脂，如以钙皂和钠皂稠化制成的润滑脂称为钙钠基润滑脂，用其他混合皂基的有钙铝基润滑脂、铝钡基润滑脂等。

3) 复合皂基脂。除用皂外再加入复合剂以提高性能经稠化制成的润滑脂。如以醋酸为复合剂和钙皂稠化制成的润滑脂称为复合钙基润滑脂，以苯甲酸和铝皂稠化制成的润滑脂称为复合铝基润滑脂。

4) 非皂基脂。

除用上述金属皂为稠化剂外，还有用非金属作为稠化剂的润滑脂，称为非皂基润滑脂，例如用石蜡和地蜡为主稠化剂制成的凡士林，用无机化合物为稠化剂制成的二硫化钼脂、炭黑脂、膨润土脂，也有用有机化合物为稠化剂制成的阴丹士林蓝脂等。

根据使用要求，润滑脂有下列各种主要质量指标：

1) 滴点：将润滑脂开始熔化滴下的温度，称为润滑脂的滴点，单位为℃。通常选用润滑脂时，滴点应该比工作温度高20～30℃。

2) 针入度：表示润滑脂的致密的程度，用重量为150g的标准圆锥针，在5s内插入到温度为25℃润滑试样的深度（单位为1/10mm）称为针入度。针入度愈大，表示润滑脂的稠度愈小，针入度愈小，则润滑脂的稠度愈大。应该根据摩擦机件的工作条件选择针入度，而润滑脂针入度的数值，是选用润滑脂的一项重要质量指标。

3) 腐蚀试验：将铜试片（或钢试片）放在润滑脂中保持一定的温度，经过规定的时间取出，如果铜试片表面无绿色暗迹或其他腐蚀斑点时，认为合格。

4) 游离酸或碱：润滑脂在稠化时，如果皂化不完全或矿物油氧化分解，就会产生游离酸，如果碱过多，就会产生游离碱。游离酸会使金属表面腐蚀，游离碱对有色金属特别有害。

5) 氧化安定性：指润滑脂抗空气氧化的能力，氧化安定性差的润滑脂，易于和空气氧化生成各种有机酸，腐蚀金属表面，或润滑脂变质。

6) 机械安定性：指润滑脂受到机械搅动和剪切作用后稠度的变化情况。润滑脂经过机械搅动后，稠度一般要降低。质量好的润滑脂，这种变化不明显，质量低劣的润滑脂则变化较大，甚至发生流失现象。在实验室采用剪断器来测定润滑脂的机械安定性，用剪断10万次，剪后润滑脂针入度的变化值来鉴定，如果经剪切后针入度增大值在30以内，测认为该润滑脂的机械安定性是比较好的。

7) 胶体安定性：胶体安定性是指润滑油从脂中分离出来的情况。胶体安定性差的油脂，油极易从脂中析出，但完全不析油的润滑脂是没有的。润滑脂在长期存放或处在高温环境下工作，析油量比较明显。

8) 水淋性：指润滑脂对水淋损失的抵抗能力。抗水淋性差的润滑脂在试验过程中容易乳化而流失。在冶金工厂中，设备常需大量的冷却水（如轧辊冷却），水分极易进入轴承，所以要求润滑脂必须具有较强的抗水能力。

9) 抗磨性：是润滑脂的一项重要质量指标。测定抗磨性的方法一般用四球机，测定临界负荷P_K值；烧结负荷P_c值，综合磨损指标。梯姆肯试验机测OK值等。

10) 蒸发损失：蒸发损失又称蒸发度。是指润滑脂在低压或高温环境中，其中润滑脂损失的程度。蒸发损失大的润滑脂容易干枯而失去润滑性能。

11) 水分：指润滑脂中水的含量。润滑脂中游离水的含量过多时，会降低润滑脂的工作性和金属表面的腐蚀。但是润滑脂含有的结合水，可以作为较好的结构改善剂，如钙基脂、钙钠基脂。

12) 灰分：指润滑脂中矿物杂质的含量。

13) 机械杂质：指润滑脂中固体粒子杂质的含量。在润滑脂中机械杂质的存在，比在润滑油中含有机械杂质更为有害，因为润滑油中的机械杂质还可以用沉淀或过滤的方法将其除去。因而润滑脂的机械杂质不可避免的会进入摩擦表面，增加机件的磨损。

14) 防护性：是指在温度增高时，防止金属锈蚀的能力。

15) 色泽和外观：良好的润滑脂的颜色和浓稠度都应是均匀的，没有硬块颗粒，没有析油现象，表面没有干硬皮层和稀软糊层。有的润滑脂（如钙基脂）外观呈奶油光滑状，有的润滑脂（如钠基脂）外观呈纤维丝状。

二、冶金机械常用的润滑脂

冶金机械常用的润滑脂见表5-2。

1. 单皂基润滑脂

(1) 钙基润滑脂

其外观为淡黄色到暗褐色的均匀无块状油膏。钙基润滑脂不易溶于水，抗水性强，在高温时使水蒸发，在高速时受离心力作用将水分离出去，使结构破坏，故不适用于高温和高速机械的润滑。为耐水的中滴点润滑脂，共有 5 种牌号，常用于潮湿环境和工作温度较低（温度不高于55~60℃）的中、轻负荷低中速机械的磨损部件。

(2) 石墨钙基润滑脂

其外观为黑色均一非纤维状油膏。适用于开式齿轮、钢绳以及其他粗糙的重负荷摩擦部件的润滑。

(3) 合成钙基润滑脂

其外观为深黄到暗褐色均匀油膏。具有良好的润滑性能和抗水性，但是氧化安定性和低温性能较差，对温度的变化较敏感，使用温度不高于60℃，适用于潮湿环境、低温、中等速度和中等负荷的轴承和机构。

(4) 钠基润滑脂

其外观为深黄色到暗褐色油膏。亲水性较强，耐高温下工作。适用于温度不高于120~135℃摩擦部件的润滑，但是不能用于潮湿和有水的环境。

(5) 合成钠基润滑脂

其外观为暗褐色均匀无块状油膏。能耐较高的温度和具有耐振的性能。抗水性较差，适用于工作温度不高于100℃摩擦部件的润滑。不适用于潮湿的环境。

(6) 铝基润滑脂

其外观为淡黄色到暗褐色的光滑透明油膏。不含水也不溶于水，为高耐水性润滑脂，缺点是结构不稳定，温度达70~80℃时，就会减弱润滑的作用。

(7) 锂基润滑脂

其外观为淡黄色到暗色的均匀油膏，具有滴点高、抗水性和抗压性。低温性能好，为多效长寿润滑脂。适用于潮湿环境、低高温（−20~＋120℃）、高速、高负荷摩擦部件的润滑。

(8) 合成锂基润滑脂

润滑脂品种规格		滴点 (℃) 不低于	针入度 25℃,150g (1/10mm)	游离 有机酸	游离碱 (%) 不大于	水分 (%) 不大于	灰分 (%) 不大于	机械杂质 (%) 不大于	含硫量 (%) 不大于	腐蚀试验 钢片、铜片 100℃,3h	皂分 (%) 不小于	矿物油粘度 50℃ (mm²/s)	备注
钙基润滑脂	1号 ZG-1	75	310~340	无	0.2	1.5		0.3		合格	9~14		
	2号 ZG-2	80	265~295	无	0.2	2.0		0.4		合格	12~17		
	3号 ZG-3	85	220~250	无	0.2	2.5		0.5		合格	14~20		
	4号 ZG-4	90	175~205	无	0.2	3		0.5		合格	17~24		
	5号 ZG-5	95	130~160	无	0.2	3.5		0.5		合格	19~26		
石墨钙基润滑脂	ZG-5	80				2		无			12±1		
合成钙基润滑脂	1号 ZG-2H	80	265~310	无	0.2	3		无		合格	18		
	2号 ZG-3H	90	220~265	无	0.2	3		无		合格	23		
钠基润滑脂	2号 ZN-2	140	265~295	无	0.2	0.4	4	无		合格	10~18		
	3号 ZN-3	140	220~250	无	0.2	0.4	4.5	无		合格	14~22		
	4号 ZN-4	150	175~205	无	0.2	0.4	5	无		合格	18~26		
合成钠基润滑脂	1号 ZN-1H	130	225~275	无	0.2	0.5	4	无		合格		19~45	
	2号 ZN-2H	150	175~225	无	0.2	0.5	4.5	无		合格		19~53	
2号铝基润滑脂	ZU-2	75	270~280	无		无		无		合格	14		
锂基润滑脂	1号 ZL-1	170	310~340	无	0.1	痕迹		无		合格			
	2号 ZL-2	175	265~295	无	0.1	痕迹		无		合格			
	3号 ZL-3	180	220~250	无	0.15	痕迹		无		合格			
	4号 ZL-4	185	175~205	无	0.15	痕迹		无		合格			
钡基润滑脂		135	200~260	无	0.2	痕迹		0.2		合格		27~43	
钙钠基润滑脂	1号 ZGN-1	120	250~290	无	0.2	0.7		无		合格		27~43	
	2号 ZGN-2	135	220~240	无	0.2	0.7		无		合格		27~43	
压延机润滑脂	1号 ZGN40-1	80	310~355			0.5~2.0		无	0.3	合格(钢片)			
	2号 ZGN40-2	85	250~			0.5~2.0		无	0.3	合格(钢片)			
钡铅基润滑脂	ZBQ-1	92	不大于330			无	6.5			合格(72小时)			

续表5-2

润滑脂品种规格		滴点 (℃) 不低于	针入度 25℃, 150g (1/10mm)	游离有机酸	游离碱 (%) 不大于	水分 (%) 不大于	灰分 (%) 不大于	机械杂质 (%) 不大于	含硫量 (%) 不大于	腐蚀试验 钢片、铜片 100℃,3h	皂分 (%) 不小于	矿物油粘度 50℃ mm²/s	备注
1号 复合钙基润滑脂 2号 3号 4号	ZFG-1	180	310~340	无	0.2	痕迹		无		合格		27~53	
	ZFG-2	200	265~295	无	0.2	痕迹		无		合格		27~53	
	ZFG-3	220	220~250	无	0.2	痕迹		无		合格		27~53	
	ZFG-4	240	175~205	无	0.2	痕迹		无		合格		27~53	
1号 合成复合钙基润滑脂 2号 3号 4号	ZFG-1H	180	310~340	无	0.2	痕迹		无		合格		27~53	
	ZFG-2H	200	265~295	无	0.2	痕迹		无		合格		27~53	
	ZFG-3H	220	220~250	无	0.2	痕迹		无		合格		27~53	
	ZFG-4H	240	175~205	无	0.2	痕迹		无		合格		27~53	
1号 合成锂基润滑脂 2号 3号 4号	ZL-1H	170	310~340		0.1	痕迹		无		合格			
	ZL-1H	175	265~295		0.1	痕迹		无		合格			
	ZL-1H	180	220~250		0.15	痕迹		无		合格			
	ZL-1H	185	175~205		0.15	痕迹		无		合格			
1号 合成复合铝基润滑脂 2号 3号 4号	ZFU-1H	180	310~340			痕迹		无		合格			
	ZFU-2H	190	265~295			痕迹		无		合格			
	ZFU-3H	200	220~250			痕迹		无		合格			
	ZFU-4H	210	175~205			痕迹		无		合格			
二硫化钼复合钙基润滑脂	ZFG-1E	180	310~350										企业标准
	ZFG-2E	200	260~300										
	ZFG-3E	220	210~250										
	ZFG-4E	240	160~200										
二硫化钼复合铝基润滑脂	ZFU-1E	180	310~350										
	ZFU-2E	200	260~300										
	ZFU-3E	220	210~250										
	ZFU-4E	240	160~200										
膨润土润滑脂	J-1	250	310~340										企业标准
	J-2	250	265~295										
	J-3	250	220~250										
	J-4	250	175~205										

104

其外观为浅褐色到暗褐色均匀油膏。具有一定的抗水性和耐温性，适用于-20～+120℃范围内各种机械设备的滚动和滑动摩擦部件的润滑。

(9) 钡基润滑脂

其外观为黄褐色到暗褐色的均匀软膏。具有耐水、耐温和耐高压性能，适用于潮湿环境和有水的摩擦部件的润滑。

2. 混合皂基润滑脂

(1) 钙钠基润滑脂

其外观为黄色到深棕色的软膏。性能介于钙基和钠基润滑脂之间，抗水性比钠基润滑脂好，在干燥环境下耐热性比钠基润滑脂好，并有一定的耐压和耐高速性能。适用于工作温度不高于90～100℃环境不太潮湿的滚动轴承润滑。钙钠基润滑脂又称为轴承润滑脂。

(2) 压延机润滑脂

其外观为黄色到深褐色的均匀软膏。具有良好的耐压性、能承受较大的负荷，在外观温度波动范围较大时，有良好的输送性，适用于轧钢机械轴承的润滑，干油集中润滑系统。

(3) 钡铝基润滑脂

其外观为浅黄色到深棕色的油膏。具有良好的耐寒性。抗水性和抗极压性，工作温度可在-60～+80℃之间，适用于低温、潮湿环境和高负荷等条件下工作的摩擦机件的润滑。

3. 复合皂基润滑脂

(1) 复合钙基润滑脂

其外观为淡黄色到暗褐色，均匀无块状油膏。具有耐热性和一定抗水性。机械安定性和氧化安定性较好，工作温度不高于120℃，短时工作温度可达150℃，适用潮湿环境、高温、较高速度等条件工作的滚动轴承和摩擦部件的润滑。

(2) 合成复合钙基润滑脂

其外观为深褐色均匀软膏。具有耐温和一定的抗水性能。机械安定性亦较好，适用于潮湿环境和较高的工作温度(不高于120℃)和潮湿条件下摩擦部件的润滑。并且可以用于干油集中润滑系统。

4. 非皂基润滑脂

我国通用的润滑脂以皂基脂为主，目前冶金工厂采用的非皂基脂有二硫化钼润滑脂和膨润土润滑脂两种。

(1) 二硫化钼润滑脂

二硫化钼润滑脂有二硫化钼钙基润滑脂和二硫化钼复合铝基润滑脂两种，具有耐温(80～180℃)、抗水和抗极压性能，适用于高温和高负荷的滚动轴承和摩擦部件的润滑。

(2) 膨润土润滑脂

它具有耐高温(达200℃)、抗水、抗极压、热稳定良好等特点，适用于高温、环境潮湿、温度和速度变化较大的大、中、小负荷以及工作条件较恶劣的机械设备的润滑。

第三节 固体润滑材料

两个具有负荷作用的相互滑动的表面间，采用粉末状或薄膜状固体材料作为润滑剂，以降低摩擦和磨损。这种润滑材料称为固体润滑材料。固体润滑材料涉及面广，包括金属材料，无机非金属材料和有机材料等。这些材料各有特点，正处在不断发展过程中。通常可分为固体粉末润滑材料、粘结或喷涂固体润滑膜、自润滑复合材料三大类。

随着工业技术的发展，固体润滑材料也得到迅速发展。固体润滑材料的适应范围比较广，从1000℃以上的白热高温到液体氮的深冷低温，无论是在严重腐蚀气体环境中工作的化工机械，还是受到强辐射的宇航机械上（如月球表面的工作机械）都能有效地进行润滑。目前，固体润滑材料在原子能工业、宇航和国防工业、电子工业、化学工业、机械工业、交通运输、食品工业、纺织印染等轻工业部门都已经得到了应用。我国是从60年代开始在冶金机械设备中应用固体润滑技术的。

一、固体润滑材料的种类

表5-3　固体润滑材料

石　墨　粉　剂					二　硫　化　钼　粉　剂				二硫化钨粉剂	
指　标　名　称	F-1	F-2	F-3	F-4	指　标　名　称	MF-0	MF-1	MF-2	质　量　指　标	
石墨粉含量 　　（%）不小于	99	98.5	98	98	二硫化钼含量 　　（%）不小于	98	97.5	9.7	二硫化钨含量 　　（%）不小于	98
灰分（%）不大于	0.8	1	1.5	1.5	粒度:				粒度:	
水分（%）不大于	0.5	0.5	0.5	0.5	小于1.5μm（%）不小于	70	70	10	小于2μm（%）不小于	90
硫分（%）不大于	—	—	—	0.1	1.5～2.3μm（%）不小于	25	25	50	2～10μm（%）不大于	10
粒度（μm）	4	15	30	100～ 200	2.3～4μm（%）不大于	5	5	40	大于10μm（%）	无
上海井冈山化工厂					上海井冈山化工厂				本溪牛心台化工厂	

固体润滑材料的种类甚多，我国常用的有：无机物质（石墨）、金属硫化物（二硫化钼MoS_2、二硫化钨WS_2）、有机物质（塑料抗磨：酚醛、尼龙、聚四氟乙烯）等，见表5-3。

石墨为呈黑色鳞片状晶体物质，在常压、高温（达400℃）下可长期使用，摩擦系数为0.05～0.19，是一种较好的固体润滑材料。

二硫化钼是从辉钼矿经化学提纯多级粉碎的呈灰色粉剂，具有良好的粘附性，抗压性能和减摩性能。摩擦系数为0.03～0.15，能在高温（350℃）和低温（-180℃或更低）下进行使用，对酸、碱、石油和水等不溶解，与金属表面不产生化学反应，也不侵蚀橡胶材料，为良好的固体润滑材料。

二硫化钨粉剂具有抗压、抗氧化、耐高温性能。摩擦系数为0.11～0.13，也是一种良好的固体润滑材料。

塑料抗磨材料主要制成各种自润滑零件。

二、固体润滑材料的使用方法

1．固体粉末润滑

这种方法是固体润滑材料简单的直接应用。可以将粉末用涂擦或机械加压等方法固定在摩擦表面上，或将粉末和挥发性溶剂混合后，喷在摩擦表面上。也可以在机器运转中将粉末随气体输送到摩擦表面上进行润滑。如果将粉剂和润滑油配成油剂，例如石墨油剂、二硫化钼油剂，和润滑脂配成脂剂，为二硫化钼润滑脂、二硫化钼油膏等，都可用于机械设备的稀油和干油润滑。

2. 粘结固体润滑膜

由于无粘结剂的固体粉末润滑膜的耐磨寿命也不能完全满足润滑的要求，因此发展了有粘结剂的固体润滑膜。常用的粘结剂有：环氧树脂、酚醛树脂、硅酸钠等。粘结固体润滑膜的成膜配方工艺很多，主要根据具体条件和试验的总结选择确定。其中以环氧-酚醛树脂和淡金水膜在使用中比较能够耐高温，耐高负荷以及高速下有较好的润滑性能。涂膜工艺主要包括零件处理、成膜喷涂、保膜等。

随着固体润滑剂的广泛使用，在涂膜工艺和技术上也有了很大发展，除了上面介绍的采用粘结剂粘结的固体膜之外，还可将固体润滑剂直接涂敷在零件表面（不用粘结剂），其涂敷的方法很多，这里简要介绍几种：

1）振动涂膜法。是把要涂膜的零件放入盛有金属球的滚筒中，加入固体润滑剂粉末，然后在温度为120～150℃，振幅为1.5mm，频率为40Hz下，将旋转着的滚筒振动30～60min。用此法涂敷的MoS_2膜厚度约为1μm。

2）物理溅射法。由于所涂膜的摩擦表面经过"蚀刻"较清洁，所涂的膜具有良好的粘附性，又由于所涂的固体润滑剂，在溅射到拟涂零件摩擦表面有相当高的位能（压力），因而使得这层厚约200Å的膜既均匀又有较长的寿命。实践证明用这种方法涂的MoS_2膜，具有较长的寿命和低的(0.03～0.08)摩擦系数。

3）离子涂膜法是在拟涂膜的摩擦表面，通过抽气、溅射蚀剂、化学反应、扩散和蒸发物的物理嵌入等几个过程。这种方法是在蒸发源与被涂膜零件表面之间加上3～4kV的直流电压，在辉光放电中进行操作。涂膜时，按上述过程，材料呈电离状态，高能的正离子冲击到被涂零件的摩擦表面，涂膜的厚度约为2000Å。当这层离子涂膜一旦被磨穿时，摩擦系数并不是因膜的穿破而突然升高，而是逐渐升高，没有突变现象。这种涂膜方法用于有润滑性的耐高温材料。其成膜的方法比较复杂。

4）将固体润滑剂的粉末分散在挥发性的溶剂中，或者制成气溶胶。刷抹或喷涂在零件表面上，待溶剂挥发后即留下一层固体润滑膜。

5）以粉末冶金的办法，把固体润滑剂与零件材料混合压制成形，经过烧结处理制成零件。由于这种零件含有固体润滑剂，所有不需要另外的润滑了。

6）将固体润滑剂作为填充剂渗入到塑料、石墨、金属及合金等制成复合材料，用以代替金属零件并具有自润滑性。

3. 自润滑复合材料

由两种或多种物质形成的复合材料所制成的具有自润滑作用的机件。在没有外部润滑剂供给下，具有低的摩擦和磨损的性能。这种自润滑复合材料有金属基、石墨基和塑料基三类，例如由粉末冶金制成的铁-铜-石墨复合材料轴承，有较高的抗摩性能。塑料具有优异的自润滑性能，有一定的承载能力，应用较早作为自润滑材料的是尼龙、聚四氟乙烯和热固性的酚醛树脂。聚四氟乙烯是已应用的塑料自润滑材料中摩擦性能最好的一种，只是它的机械性能太差，限制了它的应用。近年来采用加入适量的填充剂（石墨、二硫化钼、石英砂、青铜粉等），以改善其性能。

三、固体润滑材料的优缺点

固体润滑剂与润滑油脂相比，有以下优点：

1）免除了油脂的污染及滴漏。如在空气压缩机实现固体润滑（包括轴承、密封、活塞环)后，可以提供不被油污染的空气，又如在纺织机械、食品加工机械、造纸机械、印刷机械采用固体润滑剂润滑后，被避免油污，提高产品质量。

2) 取消了供油脂所用的润滑油站及油路系统，节省了投资、降低了维修费用。

3) 适用于比较广泛的温度范围，它可用于特殊的工况条件（如在具有放射性条件下能抗辐射、耐高真空、抗腐蚀)以及不适宜使用润滑油脂的场合。

4) 增强了防锈蚀能力。这对于潮湿气候的南方具有重要意义。

5) 可以在高负荷和低速度下工作；可以在无封闭有尘土的环境中使用，和环境介质不起反应。

固体润滑材料也存在一些缺点，如固体润滑膜的寿命较短，保膜时不仅增加工作量，有时还要停车检查，在一定程度上影响生产，即使是粉末状的固体润滑材料，其导入性也不好，不易补充到摩擦表面。

塑料自润滑材料存在强度不高，线膨胀系数大、导热性差、不耐高温、摩擦系数有的还不够低。

在防锈、排除磨屑等方面不如润滑油和润滑脂。因此目前还不能完全取代润滑油脂。

第四节　冶金机械和部件的润滑材料选用

在冶金机械设备的运转过程中，如何正确选择润滑材料，以减少机件的摩擦、磨损和延长机器的使用寿命，是有效组织润滑工作的重要环节。

各种机械设备都具有一定的工作特性、摩擦表面的结构形状和环境条件等，合理地选择润滑材料，必须适应这些特性和条件，才能保证机械设备处于良好的润滑状态，而满足生产的要求。

一、各种机械设备润滑材料选择的一般原则

1．负荷大小

各种润滑材料都具有一定的承载能力，负荷较小，可以选取粘度小的润滑油，负荷愈大，润滑油的粘度也应该愈大。重负荷的条件下，应该考虑润滑油的极压性能。如果在重负荷下润滑油膜不易形成时，则选用针入度小的润滑脂。

2．运动速度

机构转动或滑动的速度愈高，应该选用粘度较小的润滑油或针入度较大的润滑脂。在低速时，负荷的承载能力主要依靠润滑油的粘度，应该选用粘度较大的润滑油或针入度较小的润滑脂。

3．运动状态

当承受冲击负荷、交变负荷、振动、往复和间歇运动时，不利于油膜的形成，应该采用粘度较大的润滑油。有时也可以采用润滑脂或固体润滑材料。

4．工作温度

工作温度较高时，应该选用粘度较大、闪点较高、油性和氧化安定性较好的润滑油，或选用滴点较高的润滑脂。当温度的变化较大时，则采用粘温性能较好的润滑油。

5．摩擦部件的间隙、加工精度和润滑装置的特点

摩擦部件的间隙愈小，选用润滑油的粘度愈低，这样以利润滑油迅速流入间隙中去。摩擦部件表面的精度愈高，润滑油的粘度应该低些，粗糙表面应该采用粘度较大的润滑油。

循环润滑系统要求采用精制、杂质少和具有良好氧化安定性的润滑油。在飞溅和油雾润滑中，多选用有抗氧化添加剂的润滑油。在干油集中润滑系统中，要求采用机械安定性和输送性好的润滑脂。对垂直润滑面、导轨、丝杆、开式齿轮、钢丝绳等不易密封的表面，应该采用粘度较大的润滑油或润滑脂，从而减少流失，保证润滑。

6. 环境条件

在潮湿环境下，应该采用抗乳化和防锈性能良好的润滑油，或采用抗水性较好的润滑脂。在尘土较多和密封困难时，多采用润滑脂润滑。对有腐蚀气体时，应该采用非皂基润滑脂。有时环境温度很高，则要考虑选择耐高温的润滑脂。

总之，由于润滑油内摩擦较小，形成油膜均匀，兼有冷却和冲洗作用，清洗、换油和补充加油都比较方便，所以除了部分滚动轴承由于机器的结构特点和特殊工作条件要求必须采用润滑脂外，一般多采用润滑油。去稀油循环润滑系统和干油集中润滑系统中，应该根据主要机构的需要来选择润滑材料的品种，以保证机器或机组最主要的性能。

各点机器的润滑点很多，加以综合归纳，主要是滑动轴承、滚动轴承、齿轮和蜗轮传动装置等典型摩擦副的润滑。此外还有各种机构和装置的润滑。下面详细叙述其对润滑的要求和润滑材料品种的选择。

二、滑动轴承润滑材料的选择

滑动轴承的润滑关系到轴承的工作条件(速度、负荷、工作温度)、轴承的结构和周围环境情况等许多因素。当滑动轴承采用稀油润滑时，如果轴承设计正确处于液体摩擦的条件下，轴承是不会磨损的。但是轴承在实际工作过程中，不可避免的要产生启动和停止，高速转动中发生的大量摩擦热量使油温上升、粘度下降，同时使轴受热膨胀引起间隙变小而造成油膜的破裂，以及在润滑油中由污染存在的机械杂质，是使轴承产生磨损的主要原因。因此在选择滑动轴承的润滑油品种时，要考虑上述因素，合理选择润滑油的粘度。

用理论或经验公式来计算选择润滑油的粘度时，应考虑轴承工作条件的各种数值（负荷、速度、温度）和摩擦部件的设计数值（间隙、轴颈直径、轴瓦长度）以及润滑油在轴承中保持液体摩擦条件所必须的粘度三者之间的关系。在一般情况下，用计算的方法来确定润滑油必需的粘度，是有很大困难的，因目前还缺乏甚有实效的计算公式。

用另一种试验的方法，选择滑动轴承润滑油的品种是，在滑动轴承的工作条件不变时，用几种粘度不同的润滑油进行比较试验，同时以轴承的发热温度作为表示润滑油的品质及其对摩擦部件的润滑的适用性。通常用粘度较大的润滑油进行试验。轴承的温度应该在同一位置并在充分稳定的运动时，进行测量，这个稳定(规定)的运动通常是在每一种润滑油开始工作 4～5h 后达到。然后以坐标的横轴表示润滑油的粘度，纵轴表示在试验中测得的每一种润滑油轴承温度和环境温度的差值。如果试验进行得正确，连接试验结果的各点得出一条平滑曲线，该曲线上会有明显的转折点。转折点表明，轴承工作不稳定和润滑条件的开始恶化。如果继续用更小粘度的润滑油进行试验时，轴承的温度上升，这就表示油膜的破裂，轴承已处于半液体摩擦或半干摩擦状态。试验时应该注意被试验的润滑油尽可能在相同条件下工作，试验前应该将轴承中的污物仔细清除，被试验润滑油所含的机械杂质不超过技术条件规定数值，试验中应该向轴承充分供油。根据得出曲线中转折点的粘度（比转折点高一点的粘度，即富裕的粘度）选择滑动轴承用润滑油的品种和规格。

在选用滑动轴承润滑油时，一般根据实践经验进行选择，表5-4～表5-6列出了在不同速度、负荷和工作温度选用滑动轴承润滑油的粘度和品种。

表5-4 轻、中负荷时滑动轴承润滑油的选择

轴的圆周速度 (m/s)	工作条件：温度10～60℃，轻、中负荷	
	运动粘度，50℃（mm²/s）	适用润滑油的品种和规格
9以上	4～15	10号机械油
9～5	10～30	10号、20号、30号机械油，22号、30号汽轮机油
5～2.5	25～35	20号、30号机械油，30号汽轮机油
2.5～1.0	25～40	30号、40号机械油，30号汽轮机油
1.0～0.3	30～45	30号、40号机械油，30号汽轮机油
0.3～0.1	40～75	40号、50号、70号机械油，50号工业齿轮油
0.1以下	50～100	50号、70号、90号机械油，70号工业齿轮油

表5-5 中、重负荷时滑动轴承润滑油的选择

轴的圆周速度 (m/s)	工作条件：温度10～60℃，中、重负荷	
	运动粘度，50℃（mm²/s）	适用润滑油的品种和规格
2～1.2	40～55	40号、50号机械油
1.2～0.6	45～75	50号、70号机械油，50号工业齿轮油
0.6～0.3	60～75	70号机械油，90号工业齿轮油
0.3～0.1	70～100	70号、90号机械油，70号、90号工业齿轮油
0.1以下	85～130	90号机械油，90号、120号工业齿轮油

表5-6 重、特重负荷时滑动轴承润滑油的选择

轴的圆周速度 (m/s)	工作条件：温度20～80℃，重、特重负荷	
	运动粘度100℃（mm²/s）	适用润滑油的品种和规格
1.2～0.6	10～18	70号、90号机械油，50号、70号、90号、120号工业齿轮油
0.6～0.3	15～25	90号、120号、150号工业齿轮油，24号汽缸油
0.3～0.1	20～35	150号、200号、250号工业齿轮油，24号、38号汽缸油
0.1以下	30～50	250号、300号、350号工业齿轮油，38号、52号汽缸油

表5-7 滑动轴承润滑脂的选择

负 荷	轴的圆周速度 (m/s)	最高工作温度 (℃)	选用的润滑脂	附 注
	≤1.0	75	3号钙基润滑脂	1. 在潮湿、环境温度在75～120℃的条件下，可用钙钠基润滑脂
	0.5～5	55	2号钙基润滑脂	
	≤0.5	75	3号钙基润滑脂	2. 在水淋、潮湿和工作温度75℃以下可用铝基润滑脂
	0.5～5	120	2号钠基润滑脂	3. 工作温度在110～120℃时，也可以用锂基或钡基润滑脂
	≤0.5	110	1号钙钠基润滑脂	
	≤1.0	−50～100	2号锂基润滑脂	4. 干油集中润滑系统采用压延机润滑脂、合成复合铝基润滑脂或复合钙基润滑脂
	0.5	60	2号压延机润滑脂	

滑动轴承一般多采用润滑油润滑，当工作条件困难（负荷高、速度低、环境温度高、潮湿和多尘）以及结构特点不宜使用润滑油时，才采用润滑脂润滑。滑动轴承在负荷大、转

速低时，选用针入度小的润滑脂。润滑脂的滴点一般选用高于工作温度20～30℃，在水淋或潮湿环境下，选用钙基、铝基或锂基润滑脂。在高温下选用钙钠基润滑脂。表5-7列出了在不同负荷、速度、工作温度和环境条件下，选用滑动轴承润滑脂的品种。

三、滚动轴承润滑材料的选择

根据滚动轴承的工作条件，可以采用润滑油或润滑脂进行润滑。润滑油在高速和高温下具有良好的稳定性（在长期运转中保持其润滑性能）、摩擦系数小、使用条件方便（全部更换润滑油时可以不拆卸部件），具有一定的冷却能力，能够循环供油进行润滑。缺点是必须采用复杂的密封装置。润滑脂能够可靠地填充于滚动体的间隙，不需要特殊的密封装置，工作的持续时间较长，一般在较长的周期内不需要更换和添加润滑脂。缺点是内摩擦较高，不宜用于高速条件，更换润滑脂时必须拆卸部件。所以在选择滚动轴承的润滑材料时，采用润滑油润滑有较好的润滑效果，但是对一般长期低速（小于4～5m/s）工作、经常停止工作和环境条件恶劣的，多采用润滑脂润滑滚动轴承。

可以根据负荷、工作温度和速度指数（轴承转速和内径的乘积）而按粘度选择滚动轴承用的润滑油。表5-8给出了滚动轴承润滑油的选择。

表5-8 滚动轴承润滑油的选择

轴承工作温度（℃）	速度指数（mm·r/min）	轻、中负荷		中、重负荷或冲击负荷	
		运动粘度50℃（mm²/s）	适用润滑油的品种和规格	运动粘度50℃（mm²/s）	适用润滑油的品种和规格
0～60	15000以下	25～40	20号、30号40号机械油，20号、30号汽轮机油	40～95	40号、50号、70号、90号机械油，57号汽轮机油
	15000～75000	15～30	20号、30号机械油，22号汽轮机油	25～50	30号、40号、50号机械油，30号、46号汽轮机油
	75000～150000	12～20	10号，20号机械油，22号汽轮机油	20～25	20号机械油，22号汽轮机油
	150000～300000	5～9	5号、7号高速机油	10～20	10号机械油
60～100	15000以下	60～95	70号、90号机械油	100～150 15～24（100℃）	24号汽缸油 19号、22号压缩机油
	15000～75000	40～65	40号、50号机械油	60～95	70号、90号机械油
	75000～150000	30～50	30号、40号、50号机械油，30号、46号汽轮机油	40～65	40号、50号机械油，46号、57号汽轮机油
	150000～300000	20～40	20号、30号、40号机械油，22号、30号汽轮机油	30～50	30号、40号、50号机械油，30号、46号汽轮机油
-30～0	—	10～20	10号、20号机械油，12号冷冻机油	12～25	10号、20号机械油，22号冷冻机油

根据工作温度、速度指数和环境条件可按表5-9选择滚动轴承润滑脂。

四、电机轴承润滑材料的选择

电机（电动机、发电机）的轴承，有采用滑动轴承或滚动轴承的。中小功率电机的滑动轴承多采用润滑油润滑。大功率电机的滑动轴承需要大量排热，常采用强制式循环润滑系统。电机如采用滚动轴承时，则采用润滑脂润滑。表5-10给出了电机轴承润滑油和润滑脂的选择。

表5-9 滚动轴承润滑脂的选择

轴承工作温度 (℃)	速度指数 (mm·r/min)	干 燥 环 境	潮 湿 环 境
0～40	80000以下	2号、3号钠基润滑脂, 2号、3号钙基润滑脂	2号、3号钙基润滑脂
	80000以上	1号、2号钠基润滑脂, 1号、2号钙基润滑脂	1号、2号钙基润滑脂
40～80	80000以下	3号钠基润滑脂	3号锂基润滑脂,钡基润滑脂
	80000以上	2号钠基润滑脂	2号合成复合铝基润滑脂
80以上 0以下		锂基润滑脂, 合成锂基润滑脂	锂基润滑脂, 合成锂基润滑脂

注:1. 滚动轴承在正常工作条件(温度不超过50℃、有良好密封装置、环境没有灰尘和水)下,3～6月换油一次,
在繁重工作条件(温度超过50℃、环境有尘土和水)下,要求定期添加,1～3月换油一次。
2. 滚动轴承转速在1500r/min以内时,用正常填充量,装入润滑脂占轴承壳体容积2/3,转速超过1500r/min
时,用小填充量,占1/3～1/2。

表5-10 电机轴承润滑油和润滑脂的选择

轴承类型	速度 (m/s)	电 机 功 率 (kW)		
		100以下	100～1000	1000以上
滚动轴承	5以上	2号钙基润滑脂	1号、2号钙钠基润滑脂	1号、2号复合钙基润滑脂
	1～5	2号、3号钙基润滑脂	1号、2号钙钠基润滑脂	2号复合钙基润滑脂
	1以下	3号、4号钙基润滑脂	2号钙钠基润滑脂	3号、4号复合钙基润滑脂
滑动轴承	5以上	20号机械油	20号机械油	30号机械油
	1～5	20号机械油	30号机械油	30号机械油
	1以下	20号机械油	40号机械油	40号机械油

注:1. 滚动轴承的工作温度较高和环境潮湿时,改锂基润滑脂或合成锂基润滑脂;
2. 经常起动或逆转的滑动轴承,选用粘度大一号品种的润滑油。

表5-11 渐开线齿轮减速机(连续运转)润滑油的选择

齿轮材料和热处理		齿轮工作 表面硬度 HB	圆 周 速 度 (m/s)						
			<0.5	0.5～1	1～2.5	2.5～5	5～12.5	12.5～15	>15
			工 业 齿 轮 油 规 格						
塑料、铸铁、青铜		—	150	120	90	70	50	—	—
钢	调质	<280	250	200	150	90	70	50	—
		280～350	250	200	150	120	90	70	50
	淬火、渗炭、氮化	>40(HR)	300或350	250	200	150	120	90	70

注:1. 多级减速机可按各级速度平均值选用,或按最重要一级的速度选用;
2. 当一对齿轮齿面硬度不同时,按最低硬度选用;
3. 对于具有冲击负荷的齿轮副,可选用高一级规格的润滑油,圆弧齿轮减速机可选用高一级规格的润滑油,
如果有冲击负荷时,选用润滑油的规格提高二级。

表5-12　闭式齿轮传动润滑油的选择

主轴转速 (r/min)	传递马力	润滑方法	减速比10:1以下		减速比10:1以上	
			运动粘度50℃(mm²/s)	适用润滑油	运动粘度50℃(mm²/s)	适用润滑油
1000~2000	10以下	飞溅或循环	30~45	40号机械油,50号工业齿轮油	40~60	50号机械油,50号工业齿轮油
	10~35		40~70	50号机械油,50号工业齿轮油	50~80	50号、70号机械油,50号、70号工业齿轮油
	35~50		60~80	70号机械油,11号汽缸油,70号工业齿轮油	80~120	90号机械油,90号、120号工业齿轮油
	50以上		75~95	70号、90号机械油,11号汽缸油,70号、90号工业齿轮油	100~150	120号、150号工业齿轮油
300~1000	20以下	飞溅	65~70	70号机械油,11号汽缸油,70号工业齿轮油	70~80	70号机械油,11号汽缸油,70号工业齿轮油
		循环	40~50	40号、50号机械油,50号工业齿轮油	45~60	50号机械油,50号工业齿轮油
	20~50	飞溅	70~90	70号、90号机械油,11号汽缸油,70号、90号工业齿轮油	80~110	90号机械油,90号工业齿轮油
		循环	50~70	50号、70号机械油,50号、70号工业齿轮油	60~90	70号、90号机械油,11号汽缸油,70号、90号工业齿轮油
	50~75	飞溅	80~140	90号机械油,90号、120号工业齿轮油	110~200	20号齿轮油,24号汽缸油,150号、200号工业齿轮油
		循环	70~90	70号、90号机械油,11号汽缸油,70号、90号工业齿轮油	90~130	90号机械油,90号、120号工业齿轮油
	75以上	飞溅	140~170	24号汽缸油,20号齿轮油,150号工业齿轮油	200~260	30号齿轮油,28号轧钢机油,200号、250号工业齿轮油
		循环	90~130	90号机械油,120号工业齿轮油	130~160	20号齿轮油,150号工业齿轮油
300以下	30以下	飞溅	90~110	90号机械油,90号、120号工业齿轮油	150~180	20号齿轮油,24号汽缸油,150号工业齿轮油
		循环	65~80	70号机械油,70号工业齿轮油	120~140	20号齿轮油,120号、150号工业齿轮油
	30~75	飞溅	110~180	24号汽缸油,20号齿轮油,150号工业齿轮油	180~260	30号齿轮油,28号轧钢机油,200号、250号工业齿轮油
		循环	80~130	90号机械油,90号、120号工业齿轮油	140~200	30号齿轮油,24号汽缸油,28号轧钢机油,150号、200号工业齿轮油
	75~120	飞溅	180~210	24号汽缸油,28号轧钢机油,30号齿轮油,200号工业齿轮油	270~320	28号过热汽缸油,250号工业齿轮油
		循环	130~160	20号齿轮油,150号工业齿轮油	220~250	30号齿轮油,28号轧钢机油,200号、250号工业齿轮油
	120以上	飞溅	210~260	28号轧钢机油,30号齿轮油,38号过热汽缸油,200号、250号工业齿轮油	340~430	52号过热汽缸油,350号工业齿轮油
		循环	170~200	24号汽缸油,30号齿轮油,28号轧钢机油,200号工业齿轮油	260~300	38号过热汽缸油,250号、300号工业齿轮油

注: 1. 油温20~60℃; 2. 建议采用工业齿轮油。

五、齿轮和蜗杆传动润滑材料的选择

冶金机械设备中齿轮传动的类型多、数量大，润滑材料的消耗量亦大，冶金机械设备齿轮传动装置的工作特点是传动功率大，工作时冲击大、速度低和工作环境恶劣(温度高、灰尘、铁末、水汽等)，一般采用润滑油润滑。根据上述冶金机械设备齿轮传动的特点，对润滑油的质量，要求具有良好的抗磨性能、氧化安全性、抗乳化性、防泡沫性和防锈性等。因此在选择齿轮传动用润滑油时，应该根据负荷和速度因素，考虑润滑油的粘度和抗磨极压性能。根据温度因素及环境条件，考虑粘度指数、氧化安定性、防锈性及抗乳化性和防腐蚀性等。例如轻负荷的正、斜齿轮传动，容易实现液体摩擦，常采用非极压型齿轮润滑油。在中等负荷和冲击较大时，常处于边界润滑和润滑条件比较苛刻的情况下，则应该采用中等极压型或极压型齿轮润滑油。然后再根据负荷，速度和温度按粘度选择润滑油的品种和规格，表5-11和表5-12给出齿轮传动装置润滑油的选择。

蜗杆传动的特点是低速、重负荷，要求润滑油具有较高的粘度、良好的润滑和抗磨性能。一般采用油池润滑，表5-13给出了蜗杆传动润滑油的选择。当蜗杆圆周速度大于12m/s时，则采用喷油润滑(循环润滑系统)，采用表列稍小值的粘度。

开式齿轮采用易于粘附的高粘度润滑油，或采用润滑脂，按表5-14选用。

表5-13　蜗杆传动润滑油的选择

工作温度 (℃)	运动粘度，100℃ (mm²/s)	适　用　润　滑　油
30～80	12～20	70号、90号工业齿轮油，24号汽缸油
0～30	10～15	50号、70号工业齿轮油，70号机械油，11号汽缸油

表5-14　开式齿轮润滑油、脂的选择

工作温度 (℃)	滴油润滑时适用润滑油	涂抹润滑时适用润滑脂
0～30	40号、50号机械油	1号、2号、3号钙基润滑脂，2号铝基润滑脂
30～60	50号机械油，50号工业齿轮油	3号、4号钙基润滑脂，2号铝基润滑脂，石墨钙基润滑脂
60以上	90号机械油，90号工业齿轮油，11号汽缸油	4号、5号钙基润滑脂，2号铝基润滑脂，石墨钙基润滑脂

六、专门机器和机构润滑材料的选择

冶金工厂的大量主机和辅机以及其它各种类型的专门类型的专门机器，必须按其工作特点和要求来选择润滑材料。在润滑油产品中，有许多专门用途的润滑油品种，例如一般的机架采用机械油，机床主轴采用主轴油，其他专门用途的润滑油汽轮机油、变压器油、冷冻机油、工业齿轮油等。选择润滑材料时应该尽量采用专门的品种，或根据运动副的结构特点和工作条件，选用用途接近的润滑材料。

1. 冶金机械设备润滑材料的选择

冶金机械设备根据冶金工厂的工作特点(高负荷、温度范围大、环境条件恶劣)选择润滑材料，并趋向广泛采用稀油循环润滑系统和干油集中润滑系统。表5-15给出了冶金机械设备各种机构润滑材料的选择。

表5-15 冶金设备润滑材料的选择

设 备 名 称	适 用 润 滑 材 料
1. 炼铁设备	
(1) 高炉汽轮鼓风机	22号汽轮机油
(2) 电动泥炮:	
齿轮传动	24号汽缸油
干油集中润滑系统	压延机润滑脂，1号合成复合铝基脂
打泥丝杠和推力轴承	2号钠润滑脂
(3) 高炉上料卷扬机减速机	24号汽缸油，120号工业齿轮油
(4) 旋转布料器和大、小钟拉杆密封装置	11号、24号汽缸油
(5) 斜桥干油集中润滑系统	压延机润滑脂，1号合成复合铝基脂
(6) 钢丝绳	钢绳脂
(7) 称量车	
走行轴瓦	车轴油
空气压缩机	13号压缩机油
减速机	70号工业齿轮油
(8) 热风炉	
各种阀门减速机	50号工业齿轮油
干油集中润滑系统	压延机润滑脂，1号合成复合铝基脂
开式齿轮	石墨钙基润滑脂
2. 炼钢设备	
(1) 转炉传动机构:	
耳轴轴承	钠基脂、膨润土脂
蜗轮箱	28号轧钢机油，200号工业齿轮油
开式齿轮	石墨钙基润滑脂
(2) 冶金吊车	
减速机	28号轧钢机油，200号工业齿轮油
钢丝绳	钢绳脂
开式齿轮	石墨钙基润滑脂
(3) 混铁炉	
减速机	28号轧钢机油，200号工业齿轮油
干油集中润滑系统	压延机润滑脂，1号合成复合铝基脂
3. 轧钢设备	
(1) 循环润滑系统	28号轧钢机油
(2) 干油集中润滑系统	压延机润滑脂，1号合成复合铝基脂
(3) 液压系统	20号、30号机械油，20号、30号液压油
(4) 主电机轴承	
循环润滑系统	30号汽轮机油
(5) 开式齿轮	石墨钙基润滑脂

2. 起重设备润滑材料的选择

冶金工厂的起重运输设备，有桥式、梁式、悬臂式起重机、卷扬机和各种运输机械等。起重设备的减速机常在重负荷、冲击和时开时停的条件下工作，故应采用比一般减速机用油粘度大一些、油性较好一些的润滑油，表5-16给出了起重设备润滑材料的选择。

3. 锻压设备润滑材料的选择

锻压设备包括锻锤、压力机以及其他冲剪和剪板机等。这类设备的冲击负荷较大，通常采用粘度较大的润滑油。锻压设备润滑材料的选择见表5-17。

表5-16　起重设备润滑材料的选择

设　备　名　称		适　用　润　滑　材　料
桥式起重机的大车和小车（蜗轮减速机除外）	**减速机** 起重量<10t（<50℃）	40号、50号机械油，50号工业齿轮油
	10～15t（<50℃）	70号机械油，70号工业齿轮油，11号汽缸油
	>15t（<50℃）	70号、90号机械油，70号、90号工业齿轮油，24号汽缸油
	各种起重量（冬天<0℃）	50号机械油，车轴油
	各种起重量（>50℃）	38号、52号过热汽缸油
	滚动轴承 正常温度下	2号、3号钙基润滑脂
	高温下	锂基润滑脂，二硫化钼润滑脂
电动、手动起重机，链式起重机，提升机	人工润滑	40号、50号机械油
	滚动轴承	2号、3号钙基润滑脂
带式、链式、斗式等各种运输机	人工润滑	40号、50号机械油
	滚动轴承	2号、3号钙基润滑脂
	链索	40号、50号机械油
	开式齿轮	石墨钙基润滑脂
卷扬机	滚动轴承	2号、3号钙基润滑脂
	滑动轴承	30～70号机械油

表5-17　锻压设备润滑材料的选择

设　备　名　称			适　用　润　滑　材　料
锻锤	空气锤	汽缸	50号机械油，11号汽缸油
		轴承	1号钙钠基润滑脂
	蒸汽锤、蒸空两用锤	汽缸	11号、24号汽缸油
		轴承	3号、4号钙基润滑脂
	弹簧锤，杠杆锤		40号、50号机械油
	模锻锤		11号、24号、38号汽缸油
	平锻锤		50号机械油，2号钙基润滑脂
压力机	机械锻压机		50号机械油、2号钙基润滑脂
	水压机（3000t以下）		40号、50号机械油，30号汽轮机油
	油压机		30号汽轮机油，20号、30号、40号机械油，2号钠基润滑脂
	摩擦压力机		20号、30号机械油，2号钙基润滑脂
	曲轴压力机，偏心压力机		30号机械油，2号钙基润滑脂
其它	剪板机、冲剪机		40号、50号机械油
	冲床		40号、50号、70号机械油，2号钠基润滑脂
	冷锻机		20号、30号、40号机械油

4．空气压缩机润滑材料的选择

空气压缩机用的润滑油，要求具有足够的粘度，在高温下有较高的粘附性能，在气缸磨擦表面形成牢固的油膜，保证汽缸壁的润滑。正常运行中温度较高，并要求具有良好的粘温性能、氧化安定性、高的闪点和低的含水量，在高温作用下不使油的质量变质，否则容易形成积炭，对空气压缩机造成不利条件（易爆炸），油中含水在压缩过程使水饱和形成

表5-18　空气压缩机润滑材料的选择

类　　　　　型	适 用 润 滑 油
1.　空气压缩机	
(1) 二级和三级卧式压缩机压力≤5×10⁶Pa	13号压缩机油
(2) 一级卧式和立式压缩机压力≤8×10⁶Pa	13号压缩机油
(3) 多级卧式压缩机压力50×10⁵～180×10⁶Pa	19号压缩机油
(4) 立式压缩机压力>8×10⁶帕	19号压缩机油
(5) 多级压缩机压力180×10⁵～225×10⁶Pa	22号压缩机油
2.　透平压缩机	22号汽轮机油
3.　回转式压缩机	13号压缩机油

表5-19　钢绳润滑材料的选用

工 作 条 件	使 用 设 备	适 用 润 滑 材 料
低速、重负荷钢绳	起重机、电铲等	38号过热汽缸油，钢绳润滑脂
高速起重钢绳	卷扬机、电梯	11号、24号汽缸油
高速、重负荷牵引钢绳	矿山提升斗车、锅炉运煤车	38号过热汽缸油，钢绳润滑脂
中高速、轻中负荷牵引钢绳	牵引机、吊货车	11号、24号汽缸油
无运动、工作在潮湿或化学气体环境中的钢绳	支承或悬挂用钢绳	钢绳润滑脂

蒸汽，带入气缸破坏油膜而加速磨损。空气压缩机润滑材料的选择，见表5-18。

　　5.　钢绳润滑材料的选择

　　为了提高钢绳的使用寿命，必须选用适用钢丝绳的润滑材料，见表5-19。

第五节　润滑的方法和装置

　　各种机器和机构中摩擦部件的润滑，都是依靠专门的装配来完成的。凡实现润滑材料的进给，分配和引向润滑点的机械和装置都称为润滑装置。

　　根据润滑材料的分类，润滑装置通常有两种型式：一种是向摩擦副供给各种粘度的矿物润滑油的润滑油装置，另一种是供给润滑脂的润滑脂装置。

　　根据润滑材料送入机器中润滑点的方式，可以分为单独润滑和集中润滑两种。如果在润滑点附近设置独立的润滑装置对临近的摩擦副进行润滑，称为单独润滑。由一个润滑装置同时供给几个或许多个润滑点进行润滑，称为集中润滑。

　　根据对摩擦副供油的性质，又分为无压润滑和压力润滑、间歇润滑和连续润滑以及流出润滑和循环润滑等方式。无压润滑时，油的进给是靠润滑油自身的重力或毛细管的作用来实现的，而压力润滑则利用压注或油泵实现油的进给，在经过一定的间隔时间才进行一次润滑称为间歇润滑。当机器在整个工作期间连续供油，或由预先调整好的一定的和相同的间隔时间内一次一次地进行供油，称为连续润滑。如果供给的润滑材料进行润滑后即排出消耗，称为流出润滑。当供给的润滑油经过润滑后又能不断送到摩擦表面重复循环使用时，称为循环润滑。

　　所以润滑装置是按照其结构、润滑的性质和方法进行分类的。此外，油雾润滑和油气润滑的效果较好，详细情况将在以后叙述。

一、润滑油润滑装置

1. 流出润滑

流出润滑有旋套注油杯润滑、球阀注油杯润滑、油芯润滑(油芯油杯和填料油杯)、滴油润滑(针阀油杯)等。旋套和球阀油杯属于单独式无压连续润滑，主要应用于不重要的摩擦部件。

2. 循环润滑

循环润滑包括油杯润滑、油池润滑(浴油润滑和飞溅润滑)和压力循环润滑。油环润滑是一种简单的循环润滑，主要用于润滑滑动轴承。油池润滑是由装置在密闭箱体中的机械零件(齿轮传动、轴承等)浸入油池中进行润滑，属于单独式循环润滑。关于流出润滑、油环润滑和油池润滑的装置已在有关课程中详细叙述，下面主要叙述压力循环润滑。

压力循环润滑是一种比较完善和可靠的润滑，它可以润滑具有多摩擦部件的复杂机械，或集中润滑具有大量润滑点的多台机器和机组。润滑系统是一个闭合的回路，润滑油沿着回路输送至各摩擦部件进行润滑，并且进行冲洗和冷却。在不断循环的过程中，润滑油经过沉淀、过滤和冷却，使润滑油在很大程度上恢复原来的润滑性能。

压力循环润滑分为下列三种类型：

第一种是导入式循环润滑系统，润滑油引入机构的摩擦部件是由于油箱与摩擦部件位置差别所产生的压力，润滑油由油箱直接导入润滑点，然后流回机构底部的贮油槽中，经过沉淀，再用油泵将润滑油压送高置的油箱中，循环进行润滑，如图5-1所示。目前在冶金工厂中很少采用导入式。

第二种是流油式循环润滑系统。摩擦部件的润滑采用油池润滑，压油管(进油管)1和压力循环润滑系统相连接，使油池中的润滑油不断地得到更新和排散热量。为保证油池润滑，回油管(排油管)2的位置必须保持一定的油位，或采用绕行管3。排污油管5排污时，将截止阀4打开，如图5-2a、b所示。一些本来可以用油池润滑，但是由于环境温度较高的齿轮传动，可以采用流油式循环润滑，在冶金工厂中通常用于单独传动或组传动辊道的齿轮传动装置，也用于油环润滑的主传动电动机或其他电机的轴承。

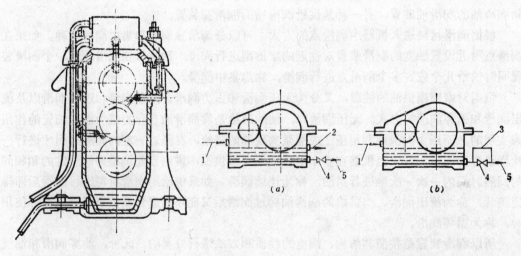

图5-1 导入式循环润滑　　　　　　　图5-2 流油式循环润滑

118

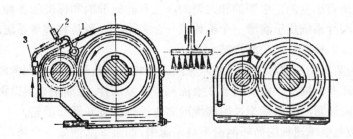

图5-3 喷油式循环润滑

第三种是喷油式循环润滑系统(又称强制式),这种喷油润滑是利用油泵产生的压力,保证不断将所需的、净化过的润滑油输送到摩擦表面上,向润滑点供油采用强制喷油的方法,并不断地将由于摩擦损失发生的热量随同润滑油一起排走。当圆周速度超过12m/s的密封齿轮和蜗杆传动时,应该采用具有压力的喷油润滑。由于传动功率大,不易散热,虽然速度不超过这一值,但也常采用喷油润滑。如图5-3所示,由压油管引入传动装置的壳体中连接喷油器1,引入处并装有压力表2和截止阀3,喷油器用管子制成,上面有一排小孔,要求作丰富的润滑时,可以采用喷嘴,喷嘴的构造形状是出口压扁的无缝钢管,当齿轮圆周速度小于12m/s的水平齿轮传动装置采用喷油润滑时,经常是从上方引入润滑油到啮合处,而不受齿轮传动方向的限制。在圆周速度小于12m/s的垂直齿轮传动装置中,不论齿轮的转动方向如何,都可以从任何一面将润滑油引到齿轮的啮合处。在更大的圆周速度下,在斜齿和人字齿的齿轮传动装置,润滑油从齿开始啮合的一侧引到啮合处,以避免产生点蚀现象。高速传动的齿轮传动装置(直齿轮圆周速度大于20m/s、斜齿轮圆周速度大于40m/s),对两个齿轮顶圆交点的切线形成的平分角中心线上将润滑油引向啮合处,速度愈大,喷油器离啮合处远些。如果齿轮是可逆转动的,应该在齿轮的两侧都装置喷油器。对宽齿轮喷油时,可以装置几个喷嘴,见图5-4a、b。蜗杆传动在喷油润滑时,润滑油应该从蜗杆螺纹开始和蜗轮啮合的一侧喷入。

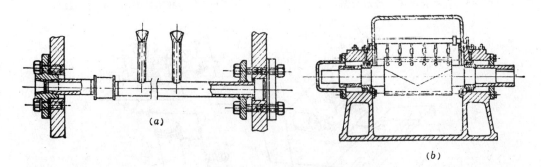

(a)

(b)

图5-4 宽齿轮的喷油润滑

使用循环润滑系统时,润滑油通过给油指示器以微小的油流进入齿轮传动装置的滚动轴承内,对滑动轴承以足够排散热量的润滑油在$(0.3 \sim 1) \times 10^5 Pa$的压力下送入轴承内。

喷油压力润滑的优点是简单可靠,润滑油的使用期较长,缺点是在喷油中可能使润滑油汽化和产凝结水。当采用油池润滑而速度过大时,由于离心力的作用,油就要从轮齿的表面甩出,不能保证轮齿表面形成油膜,所以必须以喷油润滑代替油池润滑。

循环润滑系统有小型的、中型的和大型的，也有非标准的和标准的各种类型。

小型的循环润滑系统用于润滑一个机构或一台机器，一般是将润滑系统的装置附属于机器之中，也可以单独设立一个润滑站。

图5-5所示为某机构的循环润滑系统示意图。齿轮泵4从油箱1将润滑油吸出，经过滤油器3过滤后，送入机构中，由喷油器2喷油润滑摩擦部件。溢油阀5用以调定供油压力，多余的润滑油流回油箱，润滑后用过的润滑油亦通过排出管6返回油箱。

图5-6所示为大型减速机的循环润滑系统示意图，油泵2从油箱1中将润滑油吸出，通过冷却过滤器4将油分别送入齿轮啮合处和轴承中。溢油阀3调定供油压力，多余的润滑油流回油箱。供给摩擦部件的油量由给油指示器5调节，三通旋阀6和截止阀7用来控制油路，箱体下部用过的润滑油由排油管输送返回油箱。

冶金工厂采用的循环润滑系统通常建立容量大小不同的润滑站，小型的用于润滑一台机器(齿轮座、主传动装置的减速机、压下装置等)，中、大型的用于润滑工作条件相近需要用同一品种的润滑油进行润滑、分布面积比较集中的、整系列的主要和辅助设备。循环润滑系统的润滑站一般装置在离被润滑的机器较近的浅坑内，或装置在低于厂房地平面的油库中。润滑站内的主要设备应该包括油箱、油泵装置、滤油器、各种阀类、控制测量仪表以及输油管路和其他配件等。图5-7为冶金工厂采用的循环润滑系统润滑站的示意图。

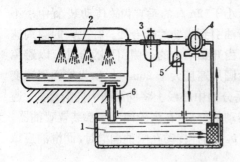

图5-5 机构的循环润滑示意图

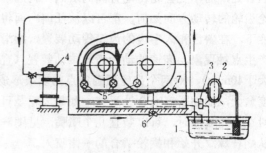

图5-6 大型减速机的循环润滑示意图

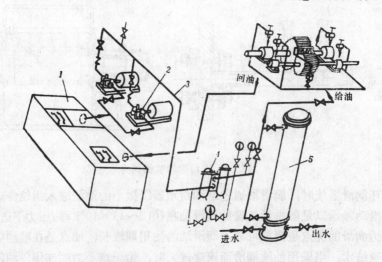

图5-7 冶金工厂循环润滑系统的润滑站示意图

120

润滑站工作时，油泵 2 由吸油管将润滑油从油箱 1 内吸出，沿给油主管 3 进入清除油中机械杂质用的滤油器 4 内，并通过冷却器 5 冷却后，送向被润滑的机械。润滑油润滑所有摩擦表面之后，沿着回油主管流回油箱。一般只有在炎热的季节环境温度较高时，润滑油才需要进行冷却，在正常的温度(20～25℃)下，润滑油可以由绕行管而不通过冷却器直接输向润滑点。

为了在寒冷的季节里加热润滑油，在油箱内装置蒸汽加热器(蛇形管)或电器加热器。

在润滑重要机器的稀油循环润滑系统中，为了保证可靠的工作，通常使用两台油泵，其中一台工作，而另一台为备用，润滑站在正常工作情况下，油泵输出润滑油的压力约为 $(3～6)×10^5Pa$ (压力大小确定于输油管路润滑元件的液压损失)。为了控制压力，设有溢油阀(安全阀)，或带溢油阀的油泵。当输油压力超过调定的压力时，溢油阀自动打开，多余的润滑油溢回油箱，直至压力恢复到调定压力，由压力表指示输油压力，并设有两个电接触压力表(或压力继电器)，控制油泵的电动机，保证正常输油和安全，设在滤油器处的差示压力表，指示滤油器工作的压力差。

为了观察油箱中的油温和液面，装置有普通的或电控制的温度计和液面计。

对润滑液体摩擦轴承时，还应该装置压力箱。为了定期清除润滑油中的水分和微小的机械杂质，润滑系统中还可以装置离心分油器(净油机)。

二、润滑脂润滑装置

润滑脂润滑装置均属流出润滑，润滑脂在润滑摩擦表面之后就流出消耗，一般润滑脂在使用熔化后即失去其基本性能，所以目前还不能在润滑脂润滑系统中使润滑脂连续地循环使用。

1. 单独润滑

将润滑脂压注到摩擦表面上，采用压力脂杯或罩形脂杯，均属单独间歇压力润滑，常用于润滑点很少的机构中，或用于移动和旋转零件上的不重要的润滑点。填充润滑是将润滑脂填充于机壳中而实现，适用于不经常工作的开式齿轮和齿条传动装置、闭式低速齿轮和蜗杆传动装置、开式滑动平面等。密封的滚动轴承转速不超过 3000r/min 时，广泛采用润滑脂填充润滑，属于单独连续无压润滑。

2. 集中润滑

冶金工厂的润滑脂润滑普遍采用干油集中润滑系统。这种润滑系统是比较完善的润滑装置。主要的优点是从润滑站一次可以供应数量较多的，分布较广的润滑点，保证每隔预定的时间向许多摩擦表面供给一定分量的润滑脂。特别是可以润滑采用人工难以润滑的点，可靠地保证润滑脂不被机械杂质所污染，因为润滑脂由润滑站输向润滑点都在密闭的条件下进行，而冶金工厂的环境中充满着大量的机械杂质和尘土。

干油集中润滑系统按管路的分布和给油器结构的特点，可以分为环式干油集中润滑系统和流出式干油集中润滑系统。

(1) 环式干油集中润滑系统

环式干油集中润滑系统根据采用不同的给油器结构，又可分为单线和双线两种。

单线环式干油集中润滑系统(图5-8a)工作时，润滑脂在润滑站中油泵的压力作用下，经润滑站中换向阀左边(或右边)的主油管流出，并通过给油器的一侧各出油孔向润滑点供给润滑脂，当所有给油器都动作完毕后，经过环形主油管流回换向阀的润滑脂压力升高，使换向阀换向，于是润滑脂又从换向阀的右边（或左边）的主油管流出，又使各给油器另一侧的各出油孔向润滑点供给润滑脂。当所有给油器又一次都动作完毕后，换向阀在润滑脂压力作用下再次换向，这样使全部润滑点保证供给润滑脂。

双线环式干油集中润滑系统（图5-8b）工作时，润滑脂通过换向阀沿一线主油管向给油器压送润滑脂，供给各润滑点，沿这一线的各给油器都动作完毕，压力升高并传至换向阀处，使换向阀换向，润滑脂即沿另一线通过给油器向润滑点供给润滑脂，各给油器又动作完毕，保证全部润滑点的润滑，压力升高，又使换向阀换向，并使油泵电机断电，经一定间隔时间后，下一个供给润滑脂的周期同样按上述顺序工作。

由于环式系统供脂的面积要求集中，管路较长，管径较大，压力损失亦较大，目前我国已不采用环式干油集中润滑系统。

(2) 流出式干油集中润滑系统

流出式干油集中润滑系统，根据采用不同的给油器结构，也可以分为单线和双线两种。

单线流出式干油集中润滑系统（图5-9a）工作时，润滑站的油泵工作，将润滑脂压送至各给油器，通过给油器向其两侧的出油孔依次向润滑点供给润滑脂，压力升高后，各给油器全部工作完毕，润滑站停止工作。如果润滑站的油泵继续工作，则给油器循环的供给润滑脂，一直进行下去。润滑站的特点是没有换向装置，不能向润滑点供给一定分量的润滑脂，采用的给油器为片式给油器，只是根据润滑点具体所需的油量控制油泵的工作时间。

双线流出式干油集中润滑系统（图5-9b），采用双线环式同样的给油器，只是管路布置不同。系统工作时，润滑站通过换向阀将润滑脂从一条给油主管压送到各给油器，在管路内的润滑脂压力作用下，给油器开式动作，将一定分量的润滑脂供给各润滑点。当所有给油器都动作完毕，位于管路最远支管末端的压力操纵阀的压力升高，达到一定数值时，压力操纵阀触杆即触动行程开关，使换向阀换向。这时润滑站压送的润滑脂沿另一条给油主管通过给油器向各润滑点供给润滑脂，各给油器动作完毕，保证全部润滑点的润滑。当压力操纵阀内的压力又升高到一定数值时，换向阀又换向，同时润滑站的电机切断，油泵停止工作。经过一定间隔时间后，润滑站又按上述顺序工作。

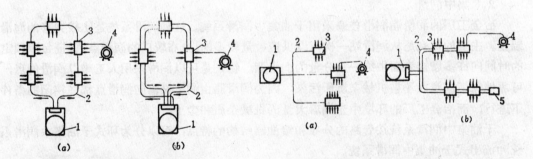

图5-8　环式干油集中润滑系统　　　　图5-9　流出式干油集中润滑系统

1—润滑站；2—给油主管；3—给油器；4—润滑点　　1—润滑站；2—给油主管；3—给油器；4—润滑点；5—压力操纵器

三、油雾润滑装置

油雾润滑是最近新发展起来的一种新型高效能的润滑方式。油雾润滑装置以压缩空气作为动力，使油液雾化，即产生一种像烟雾一样的、颗粒在 $2\mu m$ 以下的干燥油雾，然后经管道输送到润滑部位。油雾润滑适用于封闭的齿轮、蜗轮、链条、滑板、导轨以及各种轴承的润滑。目前在冶金企业中，油雾润滑装置用于大型、高速、重载的滚动轴承较为普遍（如偏八辊冷轧机的支承辊轴承），油雾润滑具有周期或连续的微量供油，送给的压缩空气能排除尘土和杂质的污染，润滑和冷却效果良好，耗油量小，提高被润滑机件的使用寿命，系统的设备和元件简化等优点。但也存在一些缺点，即在排出的压缩空气中，含有少量的浮悬油粒，污染环境，对操作人员健康不利。所以需增设抽风排雾装置；不宜用在电机轴承上（因为油雾侵入电机绕组将会降低绝缘性能，缩短电机使用寿命）；油雾的输送距离不宜太长，一般在30m以内较为可靠，最长不得超过80m；必须具备一套压缩空气系统。由于油雾润滑的上述缺点，在一定程度上限制了它的使用范围。但它的独特优点，则是其它润滑方式所无法比拟的。所以在冶金设备上，将获得越来越广泛地应用。我国已试制成功了油雾润滑装置，并已系列化。

1. 油雾润滑的工作原理和结构组成

稀油油雾润滑是把压缩空气接入油雾发生器，将润滑油雾化成为粒度十分细小雾状的干燥油雾，并通过管路输送至摩擦部件上进行润滑。

油雾润滑的原理(图5-10)是压缩空气由进气管1进入油雾发生器中，油池6内的润滑油，由于文氏管2的作用从吸油管5吸出，喷散成为微细油粒($\phi 0.002\sim0.005$mm)，较大的油粒碰挡板3后返回油池，微细雾状的油粒经过油雾管4输出至润滑点。

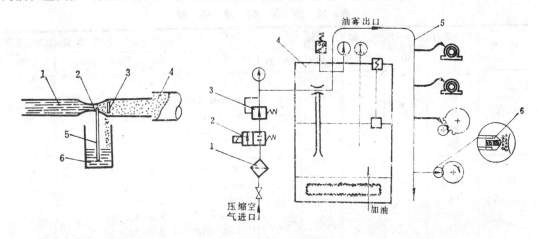

图5-10　油雾润滑的原理　　　　　图5-11　油雾润滑的结构组成

油雾润滑的结构组成如图5-11所示，通常由空气过滤器1，电磁阀2，调压阀3和油雾发生器4等四个部分所构成油雾润滑装置，以及必需的附件凝缩嘴6和管路5等。空气过滤器是为了过滤压缩空气中的杂质和排除空气中的水分，使能得到纯净和干燥的压缩空气。电磁阀是用以控制输送压缩空气的管路的接通和断开，而调压阀则使压缩空气保持恒定的压力，并根据需要可以进行调节。油雾发生器为油雾润滑装配的主要部分，压缩空气通过文氏管时产生压差，使油池中的润滑油沿管路被吸上升进入文氏管中，被压缩空气气流雾化成各种油粒，较大的油粒在重力作用下返回油池，微小的油粒形成油雾随压缩空气送往润滑点。油雾发生器中一般都装置有指示压力、温度和控制液面的计器。小型的油雾润滑装置通常只有空气过滤器、调压阀和油雾发生器组成。

我国设计生产的适用于冶金设备的油雾润滑装置，其供油能力有 $100W_L$、$300W_L$ 和 $1000W_L$ 的三种大型规格（W_L 为油雾润滑油当量单位）。其型号和技术性能见图 5-12 和表 5-20。小于 $100W_L$ 的小型油雾润滑装置主要用于机床和其它小型机械设备，我国尚无这类的标准产品。

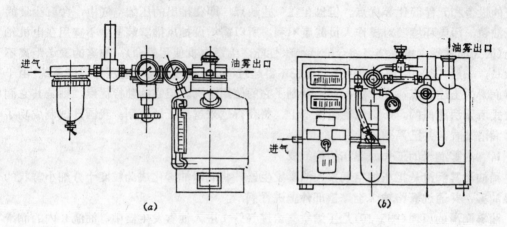

图5-12 油雾润滑装置

a—WZ-100型，b—WZ-300和WZ-1000型

表5-20 油 雾 润 滑 装 置

型 号	供油能力 W_L	贮油器有效容积 (l)	油雾出口尺寸	最大油的粘度°E_{50} 未加热	加热	压缩空气 调定压力 (Pa)	耗量 (m³/h)	耗油量 (g/h)	加热器功率 (kW)
WZ-100	20	4	G1/2″	—	—	0.4×10^5	1.7		—
	40					$(0.4 \sim 0.6) \times 10^5$	1.7~2.4		
	60					$(0.6 \sim 1) \times 10^5$	2~2.7		
	80					$(1 \sim 1.3) \times 10^5$	2.4~3.7		
	100					$(1.3 \sim 1.8) \times 10^5$	3.3~4		
WZ-300	72	20	G1″	10	20	0.4×10^5	2.9	0.2~0.25	1
	100					$(0.4 \sim 0.6) \times 10^5$	2.9~4.3		
	150					$(0.6 \sim 1) \times 10^5$	4.3~6.4		
	200					$(1 \sim 1.6) \times 10^5$	6.4~8.5		
	250					$(1.6 \sim 2) \times 10^5$	8.5~10.5		
	300					$(2 \sim 2.8) \times 10^5$	10.5~12.8		
WZ-1000	150	20	G2″	10	20	0.4×10^5	6.9	0.2~0.25	1
	220					$(0.6 \sim 0.7) \times 10^5$	8~9.4		
	350					$(1 \sim 1.4) \times 10^5$	12.3~15.3		
	500					$(1.7 \sim 2.2) \times 10^5$	16.5~20.5		
	750					$(1.9 \sim 2.5) \times 10^5$	18~31		
	1000					$(1.9 \sim 2.5) \times 10^5$	18~42		

2. 凝缩嘴

由油雾发生器产生的油雾直接输送至润滑点，尚不能产生润滑油膜。因此，在润滑点前必须装置凝缩嘴，通过它破坏油雾粒子的表面张力，使其结合成较大的油滴，在润滑表面形成必需的油膜而实现良好的润滑。

凝缩嘴中具有一个或几个具有一定直径和长度的小孔，成为各种规格（不同供油能力）的凝缩嘴。

图5-13所示的各种凝缩嘴可供100~1000W_L油雾发生器之用。凝缩嘴可分普通型（图5-13a)和大型（图5-13b)两种，其结构尺寸见表5-21。在实际应用中，除选用表中标准的凝缩嘴外，也可以直接在被润滑设备上的适当位置上作出相应尺寸的凝缩孔，或用直径相当的管子代替凝缩嘴装置在润滑点之前。

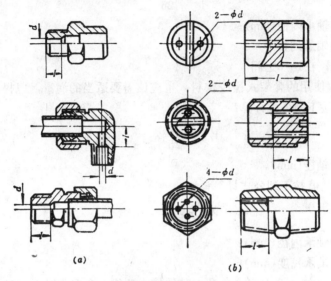

图5-13 凝缩嘴

表5-21 凝缩嘴的结构尺寸

类型	油雾量 W_L	凝缩嘴尺寸 (mm)			凝缩孔面积 (mm²)	备注
		d	l	n		
普通型	1	0.65	4	1	0.332	1. 本表中凝缩嘴供100~1000W_L油雾发生器用 2. n 为凝缩孔数量
	2	0.9	5		0.635	
	4	1.15	8		1.035	
	8	1.6	10		2.15	
	14	2.1	13		3.45	
	20	2.4	15		4.52	
大型	28	2.1	13	2	6.9	
	40	2.4	15		9.04	
	56	2.1	13	4	13.8	
	70	2.1	13	5	17.25	
	80	2.4	15	4	18.08	

3. 油雾润滑的计算

油雾润滑的计算，是由实际应用中总结得出的经验公式，从而得出油雾润滑的当量单位W_1（被润滑部件所需的油雾量）。根据它选用凝缩嘴和油雾润滑装置。W_L的值主要决定于被润滑部件的类别和几何要素，一般不再考虑速度、负荷和温度等因素。因为给出的计算公式中已考虑了最恶劣条件下，保证充分润滑的各种因素。

下面分别叙述滚动轴承、滑动轴承、齿轮和蜗轮传动油雾量W_L值的计算方法。

滚动轴承的W_L值按下列公式计算：

$$W_L = \frac{d n k_1}{25} \tag{5-1}$$

式中　d——滚动轴承内径(mm)；

　　　n——滚动轴承列数；

　　　k_1——系数，在1～3之间。

滚动轴承轴端使用的骨架式橡胶密封，也应该需要适当的润滑，以提高密封效果和寿命。所需的W_L值按下列公式计算：

$$W_L = \frac{D}{25} \tag{5-2}$$

式中　D——密封轴径(mm)。

滑动轴承的W_L值按下列公式计算：

$$W_L = \frac{d l k_2}{5000} \tag{5-3}$$

式中　d——滑动轴承内径(mm)；

　　　l——滑动轴承长度(mm)；

　　　k_2——系数，在1～8之间，负荷大时选较大的值，负荷小时采用较小的值。上列的值轴承材料为黄铜，轴承材料为巴氏合金时上列的值增加一倍。

当轴承长度较大时，沿轴承长度100～150mm配置一个凝缩嘴，例如轴承长为200mm时，选用两个凝缩嘴，在轴承端面的全长1/4处各装一个。

滚动轴承的凝缩嘴装置在距轴承表面3～25mm处，对圆锥滚子轴承，应该将凝缩嘴装置在滚子小头一侧。轴承腔内应该留有空气通道，排气口的面积，不小于凝缩嘴面积的两倍。滑动轴承的凝缩嘴装置在无负荷部位的纵向油沟中部，距轴承表面3～25mm。当轴承间隙足以排出空气时，应该另设排气口，设在与凝缩嘴同一径向平面内，并用环形油沟连通，同时要考虑到轴的旋转方向。

齿轮传动的W_L值按下列公式计算：

$$W_L = \frac{B(d_1 + d_2)}{2500} \tag{5-4}$$

式中　B——齿宽(mm)；

　　　d_1——小齿轮节圆直径(mm)；

　　　d_2——大齿轮节圆直径(mm)。

当两个齿轮节圆直径之比大于2时，取大齿轮节圆直径为小齿轮节圆直径的两倍进行计算，即

$$W_L = \frac{3 B d_1}{2500} \tag{5-5}$$

以上计算适用于各种齿轮（正齿轮、斜齿轮、人字齿轮和伞齿轮）。每齿宽50mm配置

一个凝缩嘴，配置方式和轴齿相同。对于所有齿轮传动，凝缩嘴应该装配在开始啮合点90°～120°的位置，向着主动齿轮负荷面，离齿面3～25mm。

齿条和小齿轮的W_L值可以按小齿轮的投影面积除以1250求得。如果小齿轮是可逆的，则W_L值应该增加一倍，凝缩嘴应该装置在齿轮的两边。

蜗杆传动的W_L值按下列公式计算：

$$W_L = \frac{Ld_1 + Bd_2}{2500} \tag{5-6}$$

式中　L——蜗杆螺纹部分长度(mm)；

B——蜗轮齿宽(mm)；

d_1——蜗杆节圆直径(mm)；

d_2——蜗轮节圆直径(mm)。

对可逆传动的蜗杆传动，其W_L值为不可逆传动的两倍，凝缩嘴在两对称装置。凝缩嘴装置在直接向着开始啮合方向的任一个负荷面。

油雾润滑在配管中，应该尽量避免不必要的弯头和急剧的弯曲，管子应该光滑清洁，以减少油雾在管路中凝聚，管路应该向油雾发生器方向倾斜，油雾支管接于主管的上部(图5-14)，主管和支管都不宜过长。

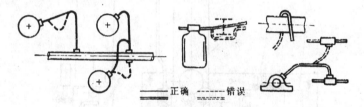

—— 正确　------ 错误

图5-14　油雾润滑配管

表5-22　油雾管路管子的内径

W_L值(100～1000W_L油雾发生器)	16	36	65	120	200	300	500	650	1000
管子内径(mm)	6	8	10	15	20	25	32	40	50
管子截面积(mm²)	28.27	50.27	78.54	176.72	314.16	490.87	804.25	1256.64	1963.5

油雾在管路中的速度超过一定数值时，容易产生凝聚，一般油雾的流速要求不大于6m/s，输送油雾管子的截面积F，可以按下列公式计算：

$$F \geqslant 6\Sigma f (mm^2) \tag{5-7}$$

式中　Σf——所有凝缩嘴内孔截面积之和(mm²)；

根据式(5-7)计算得到的管子总截面积并参考供应油雾W_L的总值，可以按表5-22选用管子的内径。

油雾润滑可以在很大的粘度范围内选取润滑油，通常在不加热条件下采用粘度不大于$10°E_{50}$的润滑油，在加热的条件下采用粘度不大于$20°E_{50}$的润滑油，一般采用掺入抗泡沫和防锈添加剂的精制矿物油。在使用混合油时，油中不允许含有石墨、皂质等固体物质，因为它们从油中析出，有可能堵塞管子和凝缩嘴。

油雾润滑不宜用于电机上，因为油雾进入电机后影响绝缘性能和缩短使用寿命。

四、干油喷雾润滑装置

干油喷雾润滑于60年代问世，具有润滑均匀，耗油量少和易于形成油膜等优点。是目前较为理想的一种干油润滑方式，成功地用于冶金、矿山和重型机械设备的大型开式齿轮传动润滑中。

1．干油油雾润滑的工作原理和结构组成

干油喷雾润滑的工作原理是由手动干油润滑站供给的干油，利用压缩空气通过喷嘴将干油雾化，定时、定量地喷射到承载轮齿表面上，形成细致而均匀的干油层，保证齿轮啮合面可靠的润滑。

以GWZ-4型干油喷雾润滑装置（图5-15）为例，SGZ-8型手动干油润滑站 1 将润滑脂压送到SLQ-42型双线给油器 2，并将润滑脂定点、定量地供给各控制阀 3，控制压缩空气和润滑脂通过管路同时分别进入喷嘴 5 中，从压力表 4 可以观察压缩空气的压力。干油油雾润滑的结构一般由供油装置（手动润滑站和给油器），控制阀和喷嘴等组成。我国设计生产的GWZ型干油喷雾润滑装置共有 4 种规格，见表5-23。

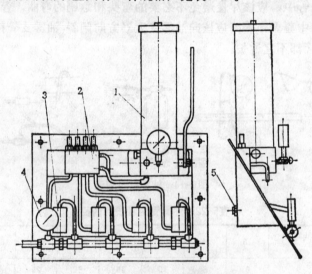

图5-15　GWZ-4型干油喷雾润滑装置

表5-23　干油喷雾润滑装置

型　　号	喷　　嘴		空气压力	每喷嘴每循环给油量	喷涂带长×宽	喷嘴间距	油膜厚度
	型　式	数　量	(Pa)	(ml)	(mm)	(mm)	(mm)
GWZ-2		2			200×65		
GWZ-3	GW	3	$4.5×10^5$	1.5～5	320×65	130	0.5～1.66
GWZ-4		4			450×65		
GWZ-5		5			580×65		

控制阀和喷嘴的结构如图5-16所示。当润滑脂进入控制阀时，推动工作活塞 2 向上移动，使润滑脂进入和喷嘴相通的孔 5 中，同时顶进钢球 1，使压缩空气由孔 3 进入环形槽 4 中，该环形槽和喷嘴上的 3 个沿周向均布的孔相通，润滑脂从喷嘴的中间孔流出，在喷嘴的出口处和压缩空气相遇。润滑脂在压缩空气的冲击下被破碎为微细的颗粒，成为雾化，喷向被润滑机件的表面上，形成细致而均匀的干油层进行润滑。

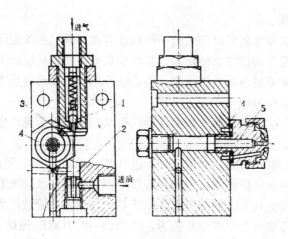

图5-16 控制阀和喷嘴

2. 干油油雾润滑的计算参数

为了在实际应用中选用干油喷雾润滑装置，必须知道喷雾圆锥角和喷雾润滑带。

根据试验得出，当压缩空气的压力为$4.5 \times 10^5 Pa$，喷嘴距被润滑面间的距离为200mm时，雾化形成的油膜厚度适当，比较细致均匀，润滑情况较好，这时喷雾圆锥角φ约为42°（图5-17），这是较好的喷雾圆锥角，这样在被润滑表面形成的油膜面积也就固定了。

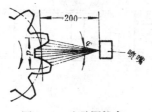

图5-17 喷雾圆锥角

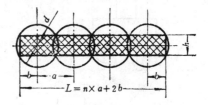

图5-18 喷雾润滑带

因为被润滑机件表面的形状和面积大小都不一样，因此需要选择不同规格（2～5个喷嘴）的干油喷雾润滑装置，以满足润滑的要求。由多个喷嘴组成进行喷雾所形成的有效润滑油膜的面积称为喷雾润滑带（图5-18）。则喷雾润滑带的长度L和宽度h为：

$$L = n \times a + 2b \quad (mm)$$
$$h = \sqrt{d^2 - a^2} \quad (mm)$$

式中　n——喷嘴数减1；

　　　a——两个喷嘴间的距离(mm)，按GWZ型装置规定$a = 135mm$；

　　　b——两个喷嘴中心至喷雾润滑带边缘距离(mm)，$b \approx \dfrac{a}{2}$；

　　　d——一个喷嘴喷雾时被润滑面油膜圆直径(mm)。

对使用GWZ-4型喷雾润滑装置所形成的喷雾润滑装置所形成的喷雾润滑装置所形成的喷雾润滑带，$L = 540mm$，$h = 65.4mm$。

干油喷雾润滑装置所采用的润滑剂，常用复合铝基润滑脂加20%轧钢机油或10号汽油机油，稀释后效果较好，也可以采用二硫化钼油膏，或二硫化钼粉剂40%和60%的52号汽缸油（或62号汽缸油），根据试验，凡针入度不小于250的润滑脂均能适用于干油喷雾润滑。

五、油气润滑装置

油气润滑是最近几年才新发展起来的一种润滑方式，是以压缩空气为动力将稀油沿管道输送至润滑点，适用于润滑滚动轴承，尤其是重负荷的轧机轧辊轴承。它具有耗油量微小，气冷效果好，可降低轴承的工作温度，延长轴承的使用寿命等优点。

1. 油气润滑的工作原理

油气润滑是利用压缩空气存管道内的流动，带动润滑油沿管道内壁不断地流动，把油气混合体输送至摩擦副上进行润滑。

油气润滑的原理(图5-19)是，压缩空气由进气管 1 和供给的润滑油进油管 2 同时进入油气混合器 3，将润滑油吹成油滴，附着在管壁上形成油膜，油膜随着气流的方向沿管壁流动，进入特波油路分配阀 4，将油气混合体分配到几个输出管道，并通过管道输送至摩擦部件上进行润滑。压缩空气以恒定的压力，约(0.3～0.4)MPa连续不断地供给，而润滑油则是根据各个不同润滑点油的消耗量由供油系统定量供给。润滑油和压缩空气先进入油气混合器，压缩空气把油吹成油滴，附着在管壁上形成油膜，油膜随着气流的方向沿管壁流动，在流动过程中油膜的厚度逐渐减薄，并不凝聚(见图5-20)，供油是间断的，间隔时间和每次的给油量都可以根据实际消耗的需要量进行调节。油气混合体在进入各个润滑点之前还要进行分配，按照各个润滑点的需要量均匀地分配供油。现在德国的瑞波斯(REBS)

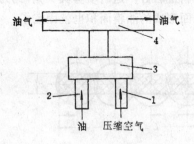

图5-19　油气润滑原理

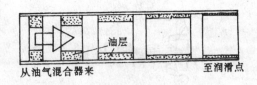

图5-20　流动过程的油膜层

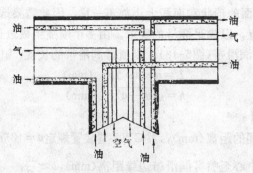

图5-21　波特油路分配阀

公司发明了一种特波油路分配阀，能够分配空气和油两种不同的成分，使许多润滑点的分一个点都能接受到所需要的油量。波特油路分配阀没有任何运动零件，它将油气混合体分配到几个输出管道，而输入的混合体分成几个中间细流(图5-21)。每一组中间细流都在体积上特别是流向上与其它组相等，并在分配中对重力的影响采取了补偿措施，使分配阀可以安装在任何部位，不受油的粘度及空气量的影响。油气混合体沿管路进入润滑点，如果漏溅量微小，耗油量也微小，根据消耗量逐次补油，所以供油是间断的，只有供气才是连续的。空气的消耗量决定于润滑点的密封状况，因为要在润滑点(亦即轴承箱内)保持0.03 MPa的气压，如果轴承箱的密封是良好的，空气的消耗就决定于喷嘴的直径。以轧机轧辊辊颈的四列圆锥轴承为例，每个轴承SKF330661C(ϕ343.052×ϕ457.098×254)的耗气量大约为70L/min，耗油量大约为5mL/h，是极其微小的，相当于用脂润滑时的耗脂量的1/20。

2. 油气润滑装置的结构组成

油气润滑装置的结构组成，大体可分为供油部分、供气部分和油气混合部分。

图5-22是四重式轧机轧辊轴承(均为四列圆锥滚子轴承)的油气润滑系统图。供油部分有油箱、油泵、步进式给油器等主要元件，都是根据系统的给油量选定的。油泵设计为两台，一台工作，另一台备用，通过电子监控装置启动或停止。油泵的排油量一般都较低，而耗油量比较少。油泵的压力较高，因步进式给油器是由片式给油器组合而成，有多种规格的排油量可供选用。如图5-23a所示，活塞Ⅰ输出的油推动活塞Ⅱ及活塞Ⅱ输出的油推动活塞Ⅲ，这样就使油从出油口1、2、3排出；图5-23b是向相反的方向重复进行。步进式给油器排出的油一个一个地输送到油气混合器去，如果其中有一个排油口堵塞，则整个步进式给油器停止工作，可以通过检测装置发出警报信号，同时给油器每工作一个循环也可以通过电子控制装置使油泵停歇一定的时间后再次启动。

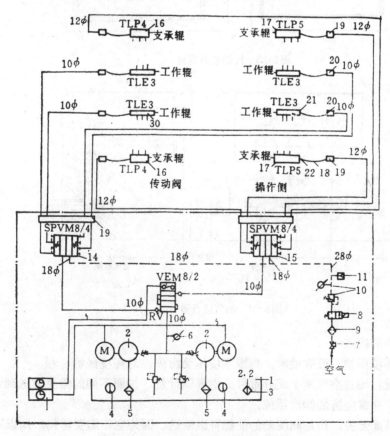

图5-22 四重式轧机轧辊轴承油气润滑系统

供气部分要求供给的压缩空气应该是清洁而干燥的，必须先经过油水分离及过滤。当油气润滑系统启动时，压缩空气由电磁阀接通，经过减压，使排出的气压为0.3~0.4MPa，并在排气管线上装有压力监测器，以保证工作中有足够的气压。

油气混合部分是使油和气在混合器中能很好的雾化成油滴，均匀地分散在管道内表面，油气混合器亦有多种规格的供给量可供选用。如果供给的润滑点在两个以上，油气混合物还必须经油气分配阀均匀地和适量地供给每个润滑点(油气混合器的示意图见图5-24)。

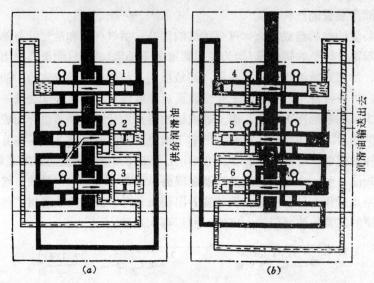

图5-23 排油量的规格

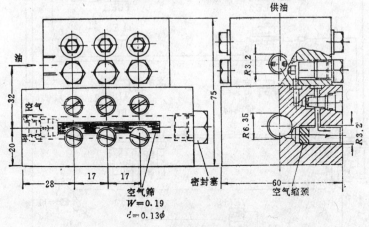

图5-24 油气混合器

3 油气润滑的优点

1) 有利于环境保护。没有油雾，周围环境不受污染，对环境保护有利。

2) 精密计量。油和空气两个成分都可分别准确计量，按照不同的需要输送到每一个润滑点，这是一个非常经济的润滑系统。

3) 与油的粘度无关，凡是能流动的油都可以输送。因为它不需要雾化，所以不存在高粘度雾化困难的问题。

4) 可以监控。润滑系统的工作状况很容易实现电子监控。

5) 特别适用于滚动轴承，尤其是重负荷的轧机轧辊的辊颈轴承，气冷效果好，可降低轴承的运行温度，从而延长了轴承的使用寿命。

6) 耗油量微小。仅为耗脂量的1/10～1/20。

由于油气润滑具有以上优点，现在德国设计制造的轧机轧辊的轴承已经不再使用润滑脂，都采用新式的油气润滑装置。我国某钢铁的冷轧厂五机架冷连轧机工作辊轴承是四列圆锥滚子轴承，原来使用润滑脂，平均寿命较短，现在已改为德国瑞波斯（REBS）公司设计制造的油气润滑装置。

第六节 润滑系统

目前，我国冶金工厂中的冶金机械设备广泛采用稀油循环润滑系统和干油集中润滑系统。稀油循环润滑系统是一种集中的、连续循环的压力润滑，它是冶金机械最常用的喷油润滑的方法；干油集中润滑系统是通过润滑站向润滑点供送润滑脂。

一、稀油循环润滑系统

稀油循环润滑系统润滑站的主要润滑设备有油箱、油泵装配、滤油器、冷却器等。控制这些设备的测量计器有压力表、温度计、直接作用温度调节器、冷凝器、液位计、油流指示器以及润滑站必须配件的各种阀类（溢油阀、逆止阀、截止阀）、活门、旋塞和喷嘴及油管等。

1．稀油循环润滑系统的布置

我国最早采用的是原苏联设计的用回转活塞泵和齿轮泵的循环润滑系统。图5-25所示为用回转活塞泵的循环润滑系统图，包括润滑站 I、主油管 II 和被润滑机器上的管路 III 等三个主要部分。

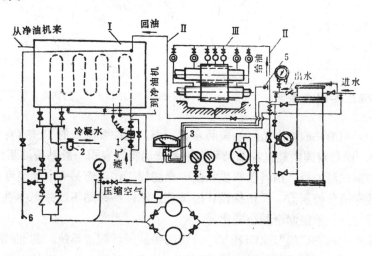

图5-25　用回转活塞泵的循环润滑系统

1—温度调节器；2—冷凝器；3—电桥温度计；4—转换开关；5—电阻温度计；6—换油用管道

这种系统的特点是油箱采用蒸气加热或电气加热，油泵采用能自动调节压力和耗油量的回转活塞泵。采用片式滤油器和管式冷却器，在系统中装置有各种计器，对压力和温度能够起一定的自动控制，系统的最大工作压力为0.4MPa,耗油量在75～600L/min之间。

图5-26为用齿轮泵的循环润滑系统的润滑站，由下列各部分组成：油箱1、油泵2、溢油阀3、滤油器4、压力箱5、冷却器6、配件、控制测量计器、给油主管和回油主管等。

这种系统的特点是油泵采用齿轮泵，并装置有压力箱，它和溢油阀一起调节系统内的压力，起液压蓄能器的作用。在系统发生事故（如断电）时，尚能在短时间内向润滑点供油。其它油箱、滤油器、冷却器等和用回转活塞泵的系统相同。这种系统中齿轮泵的压力达2.5MPa，输出量为16～125L/min。

图5-27是从原西德进口的装置在一套二十辊轧机的"SUNDWIG"公司的稀油循环润滑系统。其油箱1的容积为1.6m³，两台螺杆泵2的压力为0.4MPa，输油量135L/min，一台工作，一台备用，油泵前装有单向阀（逆止阀）3，溢油阀（安全阀）4调定压力，用压力表5可以观察输油压力，滤油器6为双筒网式滤油器，经过管式冷却器7（装有测量水温的温度控制器8）输向润滑点，油箱中装有液位计9、温度计10和电加热器11。系统供应7台齿轮传动装置（其中4台耗油量为15L/min），和油泵的输油量相等，各润滑点处均装置有流量控制计12，按设计的流量供油。

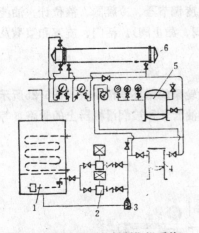

图5-26 用齿轮泵的循环润滑系统

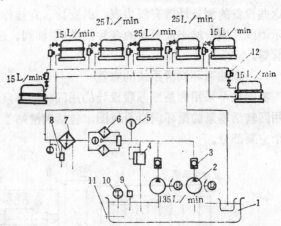

图5-27 "SUNDWIG"公司稀油循环润滑系统

"SUNDWIG"润滑站的特点是：油箱的容积较小，为油泵流量的12倍（有的原西德润滑站仅6～7倍）。而目前国内轧机稀油循环润滑系统油箱的容积一般都是油泵流量的20～25倍；采用双筒网式滤油器，由转换阀操纵使一个滤筒工作，而另一个滤筒可以不停机清洗；润滑点处装有流量控制器，严格按设计的流量供油；润滑站不过分集中供油，一般都设在机械设备附近，尽量使润滑站小型化。

图5-28是从意大利进口的"PRODEST"公司的稀油循环润滑系统。其油箱1的容积3m³，两台人字齿轮油泵2的输油量为120L/min，片式滤油器3的电动机由压差开关（差示压力表）10来控制。由于滤油器堵塞所引起的压差变化时能进行自动清洗，通过冷却器4的耗水量由温度调节器6来控制，薄膜阀9利用油压对薄膜的作用，保持系统的压力为定值，安全阀7为防止超载，电接触压力开关（电接触压力表）5当系统压力低于规定的值时，发出事故警报，回油经过磁滤油器8进入油箱。

"PRODEST"润滑站的特点是：滤油精度高，油泵将润滑油从油箱吸出时先经过粗滤油，油泵输出润滑油至润滑点前再经片式滤油器精滤，回油时又通过磁滤油器将润滑油中的铁磁性固体颗粒除去，润滑油进入油箱又经过三层滤网将润滑油再度滤净，系统的自动化程度较高，但是油箱的容积为油泵流量的25倍。

图5-29为从日本进口装置在线材轧机的"大阪金属工业"公司的稀油循环润滑系统，油箱1容积为5m³，3台带阀的人字齿轮泵2的流量为100L/min。两台工作，一台备用，采用双筒网式滤油器3，当滤筒堵塞压力差增高至一定值时，则差压式压力开关（差示电接触压力表）4的电气触点闭合，发出信号，及时进行清洗。在冷却器5的冷却进水管上装有温度调节阀6，按温度自动调节水量，油压直接动作的薄膜压力调节阀9使系统的压力恒定。在润滑站出口处装有两个电接触式压力表7，用来控制油泵电机的正常工作。为了观察供油和回油情况，在给油管和回油管各装有油流观察器8和回油观察器10，油箱中的恒温计11可以调节蒸气蛇形管的蒸气量，以保持油箱中润滑油温度的恒定。

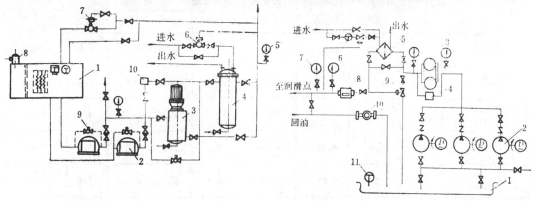

图5-28 "PRODEST"公司稀油循环润滑系统　　图5-29 "大阪金属工业"公司稀油循环润滑系统

日本设计润滑站的特点是：有各种系列的标准润滑站，选用方便，可靠性高（例如油箱的容量较大，一般为油泵流量的20～30倍），制造精度和自动化程度都比较高。

图5-30是我国设计生产的XYZ型标准稀油润滑站，在系统布置和元件结构上与各国的润滑站有许多相似之处。齿轮泵2从油箱1中将润滑油吸出，经单向阀4、双筒网式滤油器6和板式冷却器7送向润滑点，系统的压力由溢油阀（安全阀）5调定。齿轮泵一台工作，另一台备用，由压力继电器（或电接触压力表）10控制。回油处有磁滤油器3，在双筒网式滤油器前接有差示压力表8，压差超过一定值时，切换滤筒和进行清洗，压力表9和

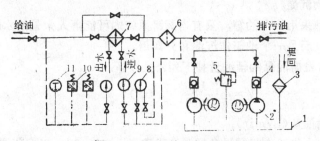

图5-30　XYZ型稀油润滑站系统图

135

温度计11用以观察润滑油的压力和温度。

XYZ型稀油润滑站共有14种规格(见表5-24),供油能力16～1000L/min,当冶金工厂为润滑一台机器的一个或几个机构时,可以选用小型的。润滑整系列的主要或辅助设备时,可选用中、大型的。XYZ型稀油润滑站装置吸收了各种稀油润滑的优点,全面考虑了系统的先进性、经济和合理性,改进了润滑元件的结构和性能,扩大了使用的范围。例如采用双筒网式滤油器和磁滤油器,改进了滤油效果,采用了板式冷却器,改善了冷却效果,并设计了大流量齿轮泵,使装置的给油量达1000L/min。

在现代化冶金机械的发展中,需要大量的稀油循环润滑站装置,根据冶金机械的具体条件和特点,可以选用标准的XYZ型稀油润滑站,也可以根据具体要求,自行设计新的润滑站,按计算选用润滑设备和元件。

表5-24 XYZ型稀油润滑站

型 号	工作压力 (Pa)	油箱容积 (m³)	过滤面积 (m²)	冷却面积 (m²)	油泵排油量 (L/min)	电 动 机 型 式	功 率 (kW)	转 速 (r/min)
XYZ-16 XYZ-25		0.63	0.082	3	$\frac{16}{25}$	JO₂-12-4-T₂	0.8	1380
XYZ-40 XYZ-63		1	0.082	5	$\frac{40}{63}$	JO₂-22-4-T₂	1.5	1380
XYZ-100 XYZ-125		1.6	0.2	7	$\frac{100}{125}$	JO₂-32-4-T₂	3	1410
XYZ-250 XYZ-250A	4×10^5	6.3	0.52	$\frac{24}{-}$	250	JO₂-42-4	5.5	1440
XYZ-400 XYZ-400A		10	0.83	$\frac{35}{-}$	400	JO₂-51-4	7.5	1450
XYZ-600 XYZ-600A		16	1.26	30×2	600	JO₂-61-4	13	1460
XYZ-1000 XYZ-1000A		25	1.93	35×2	1000	JO₂-71-4	22	1470

注：A——不带冷却器。

2. 稀油循环润滑系统的设备和元件

稀油循环润滑系统的设备和元件有油箱、油泵、滤油器、冷却器、控制阀类、油流指示器和控制计器等。

(1) 油箱

油箱的主要作用是贮油,必须具有一定的容量。此外还通过箱壁进行散热,分离油中的气泡,使杂质和污物沉淀。

润滑装置中一般都采用一个油箱,只有当润滑系统内可能落入大量的水时才采用两个油箱,一个油箱吸油,而另一个油箱作沉淀和分离用。

油箱的容积V通常根据油泵的辅油量按下列公式计算：

$$V=\frac{6}{5}\frac{kQ}{1000}\qquad(\text{m}^3)$$

式中 Q——油泵的输油量(L/min);

k——系数,对一般冶金机械设备通常可以采取$k=10\sim20$,根据环境情况,工作繁重条件以及润滑站至润滑点间的距离而定，对轧钢机液体摩擦轴承 $k=40\sim50$。

在设计油箱的结构时，应该考虑下列要求：

1) 吸油管至回油管间的距离尽量大些，吸油侧和回油侧用隔板隔开，见图5-31a、b、c，这样使油液在油箱内从回油管出口至吸油管入口的流程增大，有利于油液沿着油箱壁流动时散热，气泡有足够的时间逐渐上浮，并使杂质易于沉淀。吸油管离油箱底部的距离，应该小于管径的2倍。距离箱壁应该大于管径的3倍，以便使油流畅通。回油管插入最低油面以下，以防止将空气带入。回油管口距油箱底面应该不小于管径的两倍，将管端切成45°角，以增大排油口面积，排油口面向箱壁，或将管端做成T字形。

2) 吸油管入口处常装有粗滤油器，其流量应该采取油泵流量的2倍以上。如果采用带浮标的吸油管(图5-32)，则可以在液面附近吸取较干净的润滑油，并不受油箱内油位的限制。

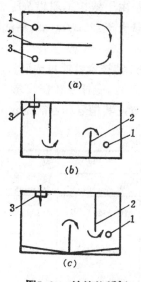

图5-31　油箱的隔板

1—吸油口；2—隔板；3—回油口

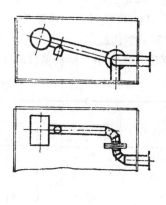

图5-32　浮标吸油管

3) 油箱底面应该做成有适当斜度，并装置有放油塞或油阀，以便放泄脏油。

4) 油箱上部设置有入孔，为考虑换油后清洗之用。在油箱侧面应该装有表示油面高度的液面指示计和观察油温的温度计，加油口处应该装有滤网，油箱顶部应该装有通气孔，周围环境较脏时，应该装置空气滤净器。

5) 为了使油箱在冬季保持适当的温度，可以在油箱中装置蛇形管用蒸气加热，或装置电加热器。

6) 油箱为焊接结构，当油箱上部装置有油泵和电动机等设备时，应该考虑油箱顶盖的强度和刚度。

7) 油箱中的工作温度一般在30～50℃的范围内，最高不超过55～65℃，油温过高将使油液迅速变质，同时使油泵的容积效率降低，这时要求在润滑系统中装置冷却装置，当油温低于15℃时，一般要求装置加热装置。

表5-25　YX 型 油 箱

型　　　　　　号	YX-0.63	YX-1	YX-1.6	YX-3.15	YX-6.3	YX-10	YX-16	YX-25	YX-40
容积（m³）	0.63	1	1.6	3.15	6.3	10	16	25	40
适用油泵输油量（L/min）	16/25	40/63	100/125	125	250	400	630	1000	1600
蒸气加热面积（m²）	—	—	—	1.31	1.99	3.04	5.6	7.44	11.2
蒸气耗量（kg/h）	—	—	—	20	25	45	90	120	180
电加热器功率（kW）	18	24	36	—	—	—	—	—	—

8)　油箱的底面一般要求不埋死在混凝土的基础中，以便于检查漏油情况。

我国设计标准的YX型油箱容积为0.63～40m³，共有9种规格，小型的采用电加热器，中、大型的采用蛇形管蒸气加热，其型号和特性见表5-25。

(2)　油泵和油泵装置

润滑装置中经常采用的油泵有齿轮泵、回转活塞泵、螺杆泵、摆线泵等。目前在稀油循环润滑系统中一般多采用齿轮泵，过去常用的回转活塞泵由于结构不理想、压力和转速偏低等问题，已经不列入标准中，逐渐淘汰不再采用。流量大于125L/min的稀油润滑站可以用CB2型齿轮泵或BZ型齿轮泵装置，其技术性能见表5-26。当流量在250～1000L/min时，可以采用DCB型齿轮泵或DBZ型大流量齿轮泵装置，其技术性能见表5-27。一般的低压CB-B型齿轮泵亦可用于润滑装置（其型号规格可查手册）。螺杆泵和摆线泵（转子泵）工作平稳、噪音小、结构紧凑和体积小，亦常用于润滑装置，其型号和性能见表5-28。

表5-26　BZ型齿轮泵装置

型　　式	油　　泵		吸入高度（mm）	工作压力（Pa）	电　动　机		
	型　　号	流量（L/min）			型　　号	转速（r/min）	功率（kW）
BZ-16	CB2-16	16			JO₂-12-4-T₂	1380	0.8
BZ-25	CB2-25	25			JO₂-12-4-T₂	1380	0.8
BZ-40	CB2-40	40	500	25×10⁵	JO₂-22-4-T₂	1410	1.5
BZ-63	CB2-63	63			JO₂-22-4-T₂	1410	1.5
BZ-100	CB2-100	100			JO₂-32-4-T₂	1430	3
BZ-125	CB2-125	125			JO₂-32-4-T₂	1430	3

表5-27　DBZ型大流量齿轮泵装置

型　　式	齿　轮　泵				电　动　机			
	型　　号	流量（L/min）	工作压力（Pa）	容积效率（%）	吸入高度（mm）	型　　号	转速（r/min）	功率（kW）	电压（V）
DBZ-250	DCB-250	250				JO₂-42-4	1440	5.5	
DBZ-400	DCB-400	400	6×10⁵	≥90	500	JO₂-51-4	1450	7.5	380
DBZ-630	DCB-630	630				JO₂-61-4	1460	13	
DBZ-1000	DCB-1000	1000				JO₂-71-4	1460	22	

(3)　滤油器

在润滑系统中应该保持润滑油的十分清洁，避免各种污染，以延长润滑元件的寿命。为保持系统工作的稳定，因此需要对润滑油进行过滤。滤油器的基本要求应该具有较高的过滤性能，当润滑油通过滤油器时，在一定压力降的情况下，单位过滤面积通过的流量要

表5-28 螺杆泵和摆线泵

油			泵			电	动	机	
型	号	流 量 (L/min)	工作压力 (Pa)	容积效率 (%)	吸入高度 (mm)	型 号		转 速 (r/min)	功 率 (kW)
螺 杆 泵	LB-B8	8		70		JO₂-11-4		1380	0.6
	LB-B16	16		75		JO₂-21-4		1410	1.1
	LB-B25	25		83	—	JO₂-22-4		1410	1.5
	LB-B40	40		85		JO₂-31-4		1430	2.2
	LB-B63	63		≥90		JO₂-41-4		1440	4
	LB-B100	100		≥90		JO₂-51-4		1450	7.5
	3UY-2.4/25	40				JBS-31-2		2900	3
	3UY-5/25	90	25×10⁵	—	5500	JO₂A42-2		2900	7.5
	3UY-10/25	160				JB12-4		2900	10
	3UY-40/25	660			4500	1JB33-4		1450	40
	3GY-1.5/25	25				JO₂-32-2		2860	4
	3GY-5.4/25	90		—	4000	JO₂-42-2		2920	7.5
	3GY-22/25	360				JO₂-71-4		1470	22
	3GY-36/25	600				JO₂-82-4		1470	40
	3GY-100/25	1500				JO₂-93-4		1470	100
摆 线 泵	BB-16	16		≥85		JO₂-12-4-T₂		1380	0.8
	BB-25	25							
	BB-40	40				JO₂-22-4-T₂		1410	1.5
	BB-63	63	6×10⁵		500				
	BB-100	100		≥90		JO₂-32-4-T₂		1430	3
	BB-125	125							

大；在压力油的作用下，过滤材料具有一定的强度，不被损坏，容易清洗，并便于更换过滤材料。

稀油循环润滑系统中常用的滤油器有网式滤油器(进油口用)，双筒网式滤油器、磁滤油器、片式滤油器等。

滤油器的过滤面积 F，按下列公式计算：

$$F = \frac{5.88 Q \mu}{K \Delta p} \times 10^7 \quad (cm^2) \qquad (5\text{-}8)$$

式中 Q ——过滤流量(L/min)；

μ ——润滑油的动力粘度(Pa·s)；

Δp ——压力损失(Pa)；

K ——滤芯材料的通油能力(L/cm²)。

例如，网式滤油器（进油口用）的 $Q=25\text{L/min}\left(=\dfrac{25}{60}\text{L/s}\right)$，$\mu=0.05\text{Pa}\cdot\text{s}$，$K=2\text{L/cm}^2$，$\Delta p=0.0625\text{kgf/cm}^2=0.0625\times9.8\times10^4\text{Pa}$，按上式计算为：

$$F=\frac{5.88\dfrac{25}{60}\times0.05\times10^7}{2\times0.0625\times9.8\times10^4}=\frac{25\times0.5}{2\times0.0625}=100\text{cm}^2$$

由于各种类型滤油器的系数 K 的值需要由试验确定，目前尚不俱全，故在选用滤油器时，都按其技术性能表中所列出的流量和粘度进行选用。

(4) 冷却器

稀油循环润滑系统中一般采用管式和板式冷却器，板式冷却器的效果较好，得到广泛应用。管式和板式冷却器的规格和性能从有关资料中可查得。

计算冷却器时，首先必须确定从润滑油内排出的热量 T：

$$T=c\gamma(t_1-t_2)Q \quad (\text{J/min}) \tag{5-9}$$

式中　c——润滑油的热容量，采用 $c=1881\sim2090\text{J/(kg}\cdot\text{K)}$；

γ——润滑油的密度，采用 $\gamma=0.9\text{kg/L}$；

t_1——润滑油进冷却器时的温度，采用 $t_1=48\sim50℃=321\sim323\text{K}$；

t_2——润滑油出冷却器时的温度，采用 $t_2=35°\sim40℃=308\sim313\text{K}$；

Q——润滑油流量（L/min）。

冷却器需要的冷却面积 F 为：

$$F=\frac{T}{60K\left[\left(\dfrac{t_1+t_2}{2}\right)-\left(\dfrac{t_3+t_4}{2}\right)\right]} \quad (\text{m}^2) \tag{5-10}$$

式中　T——润滑油排出的热量（J/min），由公式(5-9)确定；

t_3——水进冷却器时的温度，采用 $t_3=20\sim28℃=293\sim301\text{K}$；

t_4——水出冷却器时的温度，采用 $t_4=24\sim32℃=297\sim305\text{K}$；

K——传热系数〔J/(m²·s·K)〕，对管式冷却器采用 $K=1.161\sim1.393\times10^2\text{J/(m}^2\cdot\text{s}\cdot\text{K)}$；对板式冷却器先采用 $K=2.322\times10^2\text{J/(m}^2\cdot\text{s}\cdot\text{K)}$，先估算 F 的值，选定板式冷却器型式，然后进行校核，根据流量、流道数、流道面积求出流速，

表5-29　传　热　系　数　K

板式冷却器型号	台数	流量 (L/min)	K 值
BX0.1-3	1	16	$1.161\times10^2\text{J/(m}^2\cdot\text{s}\cdot\text{K)}$〔100kcal/(m²·h·K)〕
BX0.1-3	1	25	$1.451\times10^2\text{J/(m}^2\cdot\text{s}\cdot\text{K)}$〔125kcal/(m²·h·K)〕
BX0.1-5	1	40	$1.626\times10^2\text{J/(m}^2\cdot\text{s}\cdot\text{K)}$〔140kcal/(m²·h·K)〕
BX0.1-5	1	63	$2.148\times10^2\text{J/(m}^2\cdot\text{s}\cdot\text{K)}$〔185kcal/(m²·h·K)〕
BX0.1-7	1	100	$2.754\times10^2\text{J/(m}^2\cdot\text{s}\cdot\text{K)}$〔220kcal/(m²·h·K)〕
BX0.1-7	1	125	$3.331\times10^2\text{J/(m}^2\cdot\text{s}\cdot\text{K)}$〔255kcal/(m²·h·K)〕
BX0.2-13	1	250	$2.705\times10^2\text{J/(m}^2\cdot\text{s}\cdot\text{K)}$〔233kcal/(m²·h·K)〕
BX0.3-30	1	400	$2.264\times10^2\text{J/(m}^2\cdot\text{s}\cdot\text{K)}$〔195kcal/(m²·h·K)〕
BX0.2-24	2	630	$2.148\times10^2\text{J/(m}^2\cdot\text{s}\cdot\text{K)}$〔185kcal/(m²·h·K)〕
BX0.3-35	2	1000	$2.1\times10^2\text{J/(m}^2\cdot\text{s}\cdot\text{K)}$〔157kcal/(m²·h·K)〕

注：表中的值为使用50号机械油时使用，采用28号轧钢机油时要减小其值。

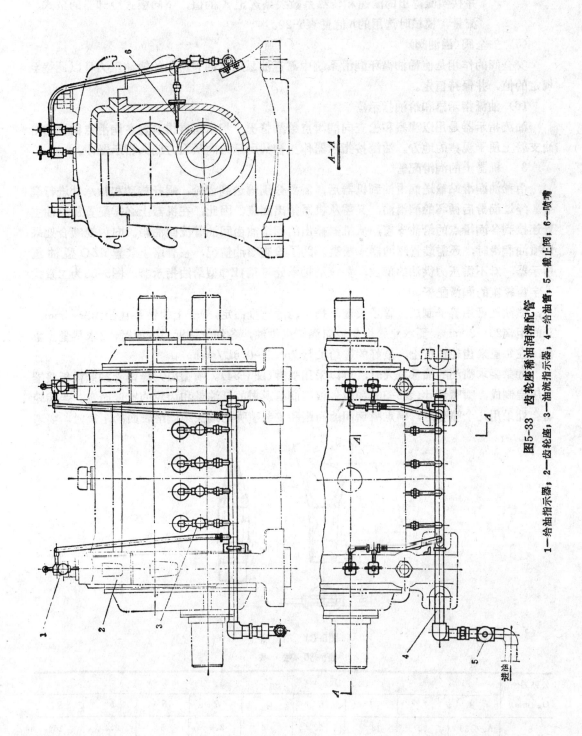

图5-33　齿轮座稀油润滑配管

1—给油指示器，2—齿轮座，3—油流指示器，4—给油管，5—截止阀，6—喷嘴

并按实验得出的流速和传热系数关系选定 K 的值，不同板式冷却器的型式、流量，校核时选用的K值见表5-29。

（5）安全阀（溢油阀）

安全阀的作用是使稀油循环润滑系统中靠近油泵处给油管路中的输油压力可以调整至规定的值，并保持恒定。

（6）油流指示器和给油指示器

油流指示器是用以观察和检查向润滑点给油情况，指示器直接装置在润滑点供油的给油支管上便于观察的地方。油流按指示器体上箭头所示方向从右方流入指示器中。

3．机器上的润滑配管

由稀油润滑站输送润滑油到机器后，需要分别输送到齿轮、蜗杆传动和轴承处进行润滑。经过润滑后循环的润滑油，又需从机器排出回流。因此，在机器上必需配置从给油主管连接到各润滑点的给油支管，从机器排出的润滑油由回油管流回油箱。向齿轮啮合处采用喷油润滑时，还需装置喷油器或喷嘴。为了检查喷油情况，在管路上装置YZQ型油流指示器，对不需压力供油的部位，如滚动轴承处可用JZQ型给油指示器。图5-33为二重式人字齿轮座的润滑配管。

喷油器可用管子制成，管子长度根据齿轮的宽度而定，管子上的钻孔直径为2～4mm，孔间距离20～30mm。要求配管均匀地向润滑点供油，各细流接近齿表面时，要求尽量少重叠，在每厘米齿轮宽度上，最好的进给油量为0.4～0.6L/min。

如果要求喷油的油量较大时，可以采用喷嘴（图5-34）。喷嘴由无缝钢管按照样板将端头压扁制成。喷嘴尺寸（表5-30）和数量根据润滑所需的耗油量和齿轮的宽度而定。当齿轮啮合处采用几个喷嘴时，确定喷嘴间的间距和安装喷嘴的端头距润滑表面的距离时，要考

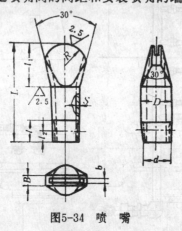

图5-34　喷　嘴

表5-30　喷　嘴

公称通径 D_g (mm)	尺								寸
	d	l'	l	l_1	l_2	S	B	b	R
8	Kg 6.35	60	13	22	6	2.5	5	0.4	10
10	Kg 9.5	60	14	25	6	2.5	5	0.5	12
15	Kg 12.7	90	17.5	33	7.5	2.5	5	0.7	18
20	Kg 19.05	90	19.5	40	9.5	3	6	0.8	22
25	Kg 25	90	22	50	11	3	6	1	28

虑到使润滑的表面上能有成片的油流布满整个齿轮宽度，在这种情况下，所有喷嘴位于一个平面上，用接头连接到焊在集流管上的管子上的端头上。

喷嘴或喷油器上喷孔的总面积F，按下列经验公式计算：

$$F=\frac{Q}{\varphi 88.5\sqrt{p}}\times 10^{-\frac{5}{2}}\quad (cm^2) \tag{5-11}$$

式中　Q——润滑需要的耗油量（L/min）；

　　　φ——流量系数，对扁口形喷嘴$\varphi=0.5$，对喷油器的圆孔$\varphi=0.3$；

　　　p——喷嘴或喷孔前的润滑油的压力，取$p=(0.7\sim1)\times10^5Pa$。

4. 稀油循环润滑系统的设计和计算

冶金机械设备在配置稀油循环润滑时，可以经过计算后按标准设备选用，也可以根据具体要求全部进行新的设计和计算。

稀油循环润滑系统的设计和计算应该根据生产实际情况，力求设计出保证质量、效率高、重量轻、体积小、结构简单和使用方便的稀油润滑设备。在设计和计算过程中，必须深入实际作调查研究，使设计和计算能够切合生产实际的需要。

表5-31　摩擦角ρ

滑动速度 (m/s)	ρ	滑动速度 (m/s)	ρ	滑动速度 (m/s)	ρ
0.01	6°17′～6°51′	1.5	2°17′～2°52′	7.0	1°02′～1°29′
0.10	4°34′～5°09′	2.0	2°00′～2°35′	10.0	0°55′～1°22′
0.25	3°43′～4°17′	2.5	1°43′～2°17′	15.0	0°48′～1°09′
0.50	3°09′～3°43′	3.0	1°36′～2°00′		
1.0	2°35′～3°09′	4.0	1°19′～1°43′		

注：按本表计算时，滚动轴承的摩擦损失可以不计。

稀油循环润滑系统的设计和计算大致按如下的步骤进行：根据摩擦部件的功率损失和发热量确定所需的润滑油的总耗油量，拟定润滑系统图；计算和选择润滑设备和元件；选定管路尺寸和验算液压损失；绘制正式工作图和编制技术文件。

（1）润滑油耗量的确定

齿轮或蜗杆传动的润滑既要满足润滑作用所需的油量，又要满足为排散齿间啮合摩擦损失产生的热量。由循环的润滑油带走而进行冷却作用所需的油量，润滑需要的油量是很小的，冷却需要的油量则是大量的。所以齿轮和蜗杆传动在循环强制润滑时所需的润滑油的消耗量，按齿轮和蜗杆传动效率损失的功和转变的热量来计算，主要包括啮合处的摩擦损失、飞溅或搅动润滑的损失和轴承的摩擦损失。

齿轮传动因啮合摩擦损失的功率损耗ΔN_1由下列公式计算：

$$\Delta N_1=\frac{\pi\varepsilon_s fN}{\rho\cos\beta}\left(\frac{1}{Z_{小}}\pm\frac{1}{Z_{大}}\right)\quad (kW) \tag{5-12}$$

式中　ε_s——啮合端面的接触率，对直齿和人字齿$\varepsilon_s=1.3\sim1.4$，对斜齿$\varepsilon_s=1.5\sim1.6$；

　　　f——齿间滑动摩擦系数，与齿的表面光洁度、齿轮的圆周速度和润滑油的粘度有关，在$0.05\sim0.15$的范围内，精度高、速度大时采用小值，精度低、速度大时采用大值；

　　　N——传动功率（kW）；

ρ——考虑齿形和跑合程度的系数，在2～5的范围内，低速和跑合好的最大值，高速时采用2～3；

β——基圆上齿的倾斜角；

$Z_小$、$Z_大$——小齿轮和大齿轮的齿数，外啮合采用"＋"，内啮合采用"－"。

蜗杆传动因啮合摩擦损失的功率损耗ΔN_1由下列公式计算：

$$\Delta N_1 = N - \frac{N \tan \lambda}{\tan(\lambda + \rho)} \quad \text{(kW)} \tag{5-13}$$

式中　N——传动功率(kW)；

　　　λ——蜗杆螺旋导角(°)；

　　　ρ——摩擦角(°)，当蜗杆材料为钢和蜗轮材料为磷青铜时，其值按表5-31选用。

稀油循环润滑时，喷溅和搅动的损失，与滑动的方法、传动装置的型式、圆周速度和润滑油的粘度等因素有关。

对于齿轮传动的流油式润滑，喷溅和搅动的功率损失ΔN_2，可按下列经验公式计算：

$$\Delta N_2 = 1.36 k v B \sqrt{°E \frac{200}{Z_和}} \quad \text{(kW)} \tag{5-14}$$

采用喷油润滑时：

$$\Delta N_2 = 1.36 \left(\frac{v}{150}\right)^2 B \sqrt{°E \frac{200}{Z_和}} \quad \text{(kW)}$$

式中　v——齿轮的圆周速度(m/s)

　　　B——齿轮的宽度(cm)；

　　　$°E$——润滑油在工作温度下的恩式粘度；

　　　$Z_和$——小齿轮和大齿轮齿数和；

　　　k——系数，采用流油式润滑的系数，$k = 0.001$。

对于蜗杆传动，因喷溅和搅动的功率损耗ΔN_2，可以按下列经验公式计算：

$$\Delta N_2 = 1.36 k v B \sqrt{°E} \quad \text{(kW)} \tag{5-16}$$

式中　v——浸沉在油池内蜗轮或蜗杆的圆周速度(m/s)；

　　　B——浸沉在油池内蜗轮的宽度或蜗杆的长度(cm)；

　　　$°E$——润滑油在工作温度下的恩式粘度；

　　　k——系数，采用流油式润滑的系数$k = 0.001$，采用喷油润滑的系数$k = 0.0005$～0.00065。

滚动轴承和滑动轴承因摩擦损失的功率损耗ΔN_3，由下列公式计算：

$$\Delta N_3 = P f v \times 10^{-3} \quad \text{(kW)} \tag{5-17}$$

式中　P——作用于轴承的力(N)；

　　　f——轴承的摩擦系数，滚珠轴承$f = 0.0015$～0.004，滚柱轴承$f = 0.0025$～0.01，滚针轴承$f = 0.005$～0.02，在半液体摩擦条件下工作的滑动轴承$f = 0.008$～0.08；

　　　v——轴颈的圆周速度(m/s)。

液体摩擦轴承的功率损耗ΔN_3同样由公式(5-17)计算，但是为了确定轴承的摩擦系数f，则必须先计算轴承承载量系数ϕ(无因次值)：

$$\phi = 9.74 \frac{p\psi^2}{\mu n} \tag{5-18}$$

式中 p ——轴承平均比压，为外载荷P(N)和轴承投影面积(以m为单位的直径d和以m为单位的轴承长度l的乘积)之比(Pa)；

ψ ——相对间隙。轴承直径间隙(轴承直径D和轴颈直径d的差)和轴颈直径的比；

μ ——润滑油动力粘度(Pa·s)；

n ——轴的转速(r/min)。

在进行热平衡计算时，上式中的相对间隙值应该按最小值计算，由于负荷高和转速低，通常选取$\psi_{min}=0.0003$，轴承承载量系数ϕ和轴瓦包角α，相对偏心距x，长径比l/d有关，轴瓦包角$\alpha=120°$比较适宜，大于120°时，对轴承工作不利，即可由表5-32查得摩擦系数f和相对间隙ψ的比值f/ψ，并按采取的ψ_{min}求得f的值。

表5-32 ϕ、$\frac{f}{\psi}$和x、$\frac{l}{d}$的关系

ϕ、$\frac{f}{\psi}$	$\frac{l}{d}$	x											
		0.5	0.6	0.65	0.7	0.75	0.8	0.85	0.90	0.925	0.95	0.975	0.99
		轴瓦包角$\alpha=120°$											
ϕ	0.6	0.364	0.592	0.788	0.979	1.420	2.052	3.209	5.556	7.994	13.55	32.22	95.52
	0.7	0.441	0.709	0.935	1.221	1.656	2.365	3.654	6.213	8.849	14.80	34.30	99.03
	0.8	0.512	0.815	1.068	1.385	1.862	2.632	4.013	6.749	9.537	15.78	35.86	101.73
	0.9	0.576	0.909	1.184	1.525	2.043	2.856	4.312	7.181	10.08	16.56	37.19	103.79
	1.0	0.633	0.992	1.285	1.644	2.185	3.042	4.540	7.508	10.53	17.22	38.08	105.47
$\frac{f}{\varphi}$	0.6	10.1	6.79	5.42	4.68	3.52	2.73	2.03	1.46	1.19	0.88	0.53	0.31
	0.7	8.37	5.71	4.58	3.78	3.04	2.39	1.81	1.32	1.09	0.82	0.51	0.30
	0.8	7.23	4.98	4.04	3.35	2.73	2.17	1.66	1.23	1.02	0.78	0.50	0.30
	0.9	6.43	4.48	3.66	3.06	2.50	2.01	1.56	1.17	0.98	0.75	0.49	0.29
	1.0	5.87	4.12	3.39	2.86	2.35	1.90	1.49	1.12	0.94	0.72	0.48	0.29

齿轮或蜗杆传动装置的全部功率损耗，都转变为热量T，按下列公式计算：

$$T=6(\Delta N_1 + \Delta N_2 + \Delta N_3) \times 10^4 \quad (\text{J/min}) \tag{5-19}$$

当齿轮或蜗杆传动装置的壳体所排散的热量T_0为：

$$T_0 = 60KF(t_a - t_b) \quad (\text{J/min}) \tag{5-20}$$

式中 K ——传热系数，采用$K=8.71\sim17.42$〔J/(m²·s·K)〕，通风良好，润滑油的粘度较小时采取大值；

F ——壳体的散热面积(m²)；

t_a ——壳体中润滑油的工作温度，不超过55～60℃；

t_b ——周围环境温度，$t_b \geqslant 20℃$。

当$T > T_0$时，必须采用循环润滑。

产生的热量过多，会使润滑油的温度升高、粘度降低、变质、影响工作机构的正常工作等不良后果。因此要求必需的油量，将过多的热量全部由循环的润滑油带走，循环润滑时润滑油的消耗量Q，由下列公式计算：

$$Q = \frac{T - T_0}{c \gamma \Delta t \xi} \quad \text{(L/min)} \tag{5-21}$$

式中 T ——全部功率损耗产生的热量(J/min);

T_0 ——由齿轮或蜗杆传动装置壳体排散的热量(J/min);

c ——润滑油的热容量,$c = 1881 \sim 2090 \text{J/(kg·K)}$;

γ ——润滑油的密度,采用 $\gamma = 900 \text{kg/m}^3 = 0.9 \text{kg/L}$;

Δt ——润滑油的温升,允许 $8 \sim 15 \text{℃}$;

ξ ——考虑润滑油喷射到啮合处不能全部采用的系数,采用 $0.5 \sim 0.8$。

对液体摩擦轴承在单独计算润滑油消耗量 Q 时,由下列公式计算:

$$Q = \frac{T}{c \gamma (t_p - t_1)} \quad \text{(L/min)} \tag{5-22}$$

式中 T ——轴承中由功率损耗转变的热量(J/min);

c ——润滑油温度为 t_p 时的热容量,采用 28 号轧钢机油温度在 $20 \sim 125 \text{℃}$ 时,$c = 2 \times 10^3 \text{J/(kg·K)}$;

γ ——润滑油的密度。$\gamma = 900 \text{kg/m}^3 = 0.9 \text{kg/L}$;

t_1 ——轴承承载区进口温度,选用 28 号轧钢机油时,采用 $t_1 = 40 \text{℃}$;

t_p ——轴承非承载区平均温度,选用 28 号轧钢机油,对于轴承直径 $D = 120 \sim 275$ mm、$l/d = 0.75$、$\psi = 0.001 \sim 0.00175$ 的轴承,当压力小于 $75 \times 10^5 \text{Pa}$,速度 $v = 1 \sim 15 \text{m/s}$ 时,采用 $t_p = 66 \text{℃}$;对于 D、l/d 同上,$\psi > 0.00175$ 的轴承,当压力大于 $75 \times 10^5 \text{Pa}$,或者 ψ 值同上而 $D > 275 \text{mm}$ 时,采用 $t_p = 57.5 \text{℃}$;对于 $l/d = 0.6$ 的轴承,按上面采用的 t_p 的值又减小 $7 \sim 10 \%$。

对一般负荷率不高的润滑点,通常需要的油量不大,只要设置一个或几个喷嘴喷油即可。消耗量按公式(5-21)计算,不再按发热量计算。

应用上述热量、润滑油和消耗量的计算时尚需注意:

1) 多级减速机的润滑油消耗量,应该每级分别计算,然后相加再加上轴承的润滑油消耗量。

2) 多于传动一对工作辊的二辊式齿轮座,在计算热量 T 时,传动功率可采用电机功率的一半。

3) 对于非连续工作的齿轮和蜗杆传动,在计算热量 T 时,应该乘一个工作系数。例如对可逆式粗轧机的压下装置系数采用 0.5,对连轧机座压下装置系数采用 $0.1 \sim 0.2$。

4) 对于多轴传动的减速机,在计算热量 T 时,传动功率应该分别按实际平均传递功率计算。

5) 为简化计算,通常可以将搅动和飞溅的功率损耗 ΔN_1 以及壳体排散的热量 T_0 忽略不计。

(2) 拟定润滑系统图

润滑系统图,主要根据被润滑机器和机构中各润滑点的特点和具体条件拟定。

分析被润滑机器和设备的分布情况。对机器分布比较集中的或连接在一起的各机器,应尽量设置在一个润滑站中,避免将距离过远的各机器设置在同一个润滑站中。这就需要根据距离和油量来分析,相隔较远和油量较大时,应该分别设置润滑站,距离尚不太远而油量较小时，可以设置在同一个润滑站中。

按使用润滑油的品种来考虑，每一个润滑站供应的各润滑点必须使用一个品种的润滑油。供油品种不同的润滑点，应该分别设置润滑站。有时为减少润滑油品种的数量，粘度大的润滑油也可以附带润滑一些本来要求采用粘度较小的润滑油的摩擦部件。

要求机器的工作情况相同。如果工作和供油条件相同，设置在同一个润滑站中，否则分别设置润滑站。

不是同一机组的机器，一般不设置在同一个润滑站中，以免由于工作制度不同而管理不便。

容易污染的各润滑点要求单独设置润滑站。例如对容易进水和混入铁皮的辊道或减速机等，以便沉淀、分离和定期换油。

润滑站的供油能力不宜过大，尽可能相同或成一定的倍数。使选用的润滑设备和元件的规格减少，以利维修。

根据具体的气候、操作和环境条件，确定润滑的加热和冷却装置，并按具体要求和规定自动化的程度。

按上述条件并参考现有润滑站的使用状况，确定润滑系统的数量、大小和布置，最后作出润滑系统原理图。

(3) 计算和选择润滑设备和元件

选择油泵时，一般先根据油泵的性能要求来确定油泵的型式，然后根据油泵所应保证的压力和流量来确定它的具体规格。

油泵的压力，主要是确定油泵的调整压力$p_泵$，按下列公式计算：

$$p_泵 \geqslant p + \Sigma \Delta p \quad (10^5 Pa) \tag{5-23}$$

式中　p　——润滑油喷向润滑点需要的压力损失($10^5 Pa$)；

$\Sigma \Delta p$——主压力油路的总压力($10^5 Pa$)。

$\Sigma \Delta p$的值包括润滑油流经直管时的沿程压力损失，油流改变方向或断面发生变化处的局部压力损失，流经各种阀类、滤油器和冷却器等的压力损失。比较详细的验算要在正式管路装配图初步画出后才能进行。在初步估算时，$\Sigma \Delta p$的值可以根据同类型润滑系统的经验数据来确定，一般对简单的润滑系统取$(2 \sim 3) \times 10^5 Pa$，较复杂的润滑系统取$(3 \sim 5) \times 10^5 Pa$。

油泵的流量$Q_泵$可以由下式确定

$$Q_泵 \geqslant K \Sigma Q_润 \quad (L/min) \tag{5-24}$$

式中　K　——考虑系统的漏油和为保持系统压力稳定在溢油阀的溢流量的系数，一般可以采用$K = 1.05 \sim 1.2$；

$\Sigma Q_润$——同时供油的各润滑点流量的总和(L/min)。

关于其他润滑设备和元件的规格、性能、计算方法和选择原则，可以参阅本节的内容。具体选择时，一般是按压力和流量这两个主要参数进行选择。但是由于润滑装置的工作压力较小，一般都能满足要求，所以主要按流量来进行选择。

(4) 选定管路尺寸和验算液压损失

根据被润滑机器的分布情况，一般每一个稀油循环润滑系统油管的伸延长度不超过100m，只有某些设备(例如辊道)例外地加长至150～160m，靠近机器附近装置在地坑中的

表5-33　润滑油管的流速

润滑油粘度	流速 v　(m/s)		回油管倾斜度
°E$_{50}$	压　　油　　管	回　　油　　管	
<8	0.8～1.5	0.45～0.65	1:80
8～12	0.75	0.4	1:80
13～14	0.7	0.3	1:60
15～16	0.65	0.28	1:60
17～19	0.63	0.25	1:40
≥20	0.60	0.2～0.25	1:40

润滑站，油管的长度不超过30～40m。

油管分为主油管和支油管。压油主管为连接各机器和油箱间的干线，压油支管为连接润滑点和主油管间的支线，根据机械设备的分布情况和油流的走向，并和回油主、支管组成管路装配图。

油管的内径 d 可以根据通过的流量和允许的流速按下列公式计算：

$$d = 4.6 \sqrt{\frac{Q}{v}} \quad (mm) \tag{5-25}$$

式中　Q——通过油管的流量(L/min)；

　　　v——油管中允许的流速，可以参考表5-33选取。

在画出管路装配草图以后，即可以验算稀油循环润滑系统的压力损失。

稀油循环润滑系统中的压力损失，主要包括润滑油流经管路的沿程压力损失，局部压力损失和流经各种润滑元件时的压力损失。润滑油流经管路的压力损失可以按水力学中的方法计算，流经各种标准的润滑元件时的压力损失可以从润滑元件产品目录的技术规格中查得。计算时可以将主油路分成几段，逐个地计算润滑油流过时的压力损失，也可以按照压力损失的类型，将相同的项目合并计算。

计算所得的总压力损失如果和初步估算的压力损失相差太大时，则应该对设计进行必要的修改。

(5) 绘制正式工作图和编制技术文件

正式工作图包括正式的稀油润滑系统图、润滑站的总图、管路装配图、各种非标准设备或元件的装配图和零件图。

正式的稀油润滑系统图是在初步拟定的稀油润滑系统进行修改后作成，并标明各润滑设备和元件的型号规格，必要时加简要的技术说明。

管路装配图是正式的安装施工图，应该表明各润滑件的位置和固定方式，油管的规格和分布位置，各种管接头的型式和规格等。

对于自行设计的非标准润滑件，必须画出部件装配图和零件图。

编制的技术文件包括零、部件明细表，标准件和外购件目录表，技术说明书等。

二、干油集中润滑系统

目前，我国冶金工厂中的干油润滑广泛采用干油集中润滑系统。根据世界各国现有的资料，对干油集中润滑系统的布置，都十分相似。按管路的分布有环式和流出式两种型式。按给油器的结构有单线和双线两种型式，此外还分手动和自动的两种型式。由于环式存在的缺点，我国标准的干油集中润滑系统只采用流出式,而单线和双线、手动和自动都采用。下面叙述干油集中润滑系统的标准型式、采用的设备和元件以及它的计算方法等。

1. 干油集中润滑系统的型式

(1) 手动干油集中润滑系统

双线流出式手动干油集中润滑系统（图5-35）通常用手动润滑站 1 供给润滑脂，在靠近润滑站的主油管上装有干油过滤器 2，由润滑站压出的润滑脂通过油管 3 和给油器 5 将润

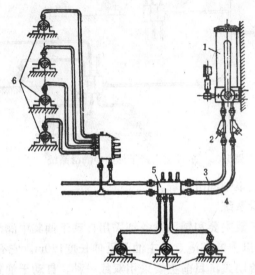

图5-35　双线流出式手动干油集中润滑系统

滑脂供给润滑点 6。当润滑站压力表指示的压力达到一定值时，给油器连接的部分润滑点都工作完毕，手动使润滑站换向，由润滑站压出的润滑脂通过油管 4 和给油器 5 将润滑脂供给润滑点 6，而油管 3 卸压。当压力又达到一定值时，则全部润滑点供油完毕，润滑站又换向，油管 4 卸压。这时，润滑站的第一个供油工作周期结束，经过规定的相隔时间后，按上述同样顺序开始第二个供油周期。

双线流出式手动干油集中润滑系统中的主要装置为SGZ型手动润滑站，配合使用SSQ型双线给油器，采用人工操作，轮廓尺寸和重量都不大，可以直接安装在机器或单独的支柱上。这种系统主要用于润滑点数量不多（供应的润滑点少于50个）和不需要经常供给润滑脂（供给间隔时间较长，至少间隔4h以上）的单独机器，主油管的伸延长度一般不超过30m。

单线流出式干油集中润滑系统（图5-36），广泛地应用于冶金工厂各种主机和辅机采用自动干油集中润滑系统以外的那些不需经常和油或比较分散的润滑点，亦常用于润滑单独的机器，属小型干油集中润滑系统。

系统工作时，电动干油泵 1 将润滑脂压出，经过干油过滤器 2，由主油集和各支油管送入各片式给油器 3 中，润滑脂在压力作用下使片式给油器工作，依次将润滑脂压送到各润滑点 4。

这种系统的主要装置为DXB型单线电动干油泵，配合使用DSQ型片式给油器。其特点是当油泵工作时，片式给油器就依次连续的向各润滑点供给润滑脂，不能定量向润滑点供油，只是根据润滑点所需油量来控制油泵的工作时间，系统中也没有控制油泵工作的机构，

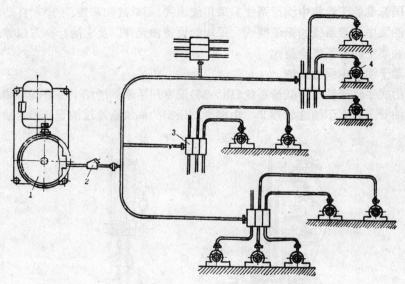

图5-36　单线流出式干油集中润滑系统

所以基本上是一种手动干油集中润滑系统。

(2) 自动干油集中润滑系统

现代化的冶金工厂大多数主要和辅助设备都采用自动干油集中润滑系统。自动干油集中润滑系统可以供给500个以上的润滑点，主油管延伸长度120m。它有两种型式：环式 和流出式，我国标准只采用流出式，目前主要采用双线一种。自动干油集中润滑系统包括电动干油站、双线主油管、被润滑机器上润滑点至主油管连接的支油管、控制测量计器和电气装置，自动向润滑点供给润滑脂。

双线流出式自动干油集中润滑系统(图5-37)的电动干油站 1 接出两条平行的主油管 2 和 3，主油管沿着被润滑的设备敷设，由主油管再接出支油管 4 和给油器 5 相连接，由给油器接出支管到润滑点，并在油管的终端装置有压力操纵阀 6。当电动干油站 1 工作时，不断地压送润滑脂沿主油管 2 通过给油器将定量的润滑脂供给各润滑点，各给油器都工作完毕后，油管内的压力不断提高，压力达到一定的值时，在油管的终端处的压力操纵阀 6 的触杆推动行程开关，使电动干油站中的电磁换向阀换向。润滑脂又沿着主油管 3 通过给油器将定量的润滑脂供给各润滑点，各给油器又都工作完毕后，压力又提高达到一定的值时，压力操纵阀的行程开关又使电磁换向阀换向，并将电动干油站的电动机断电，电动干油站停止工作。这样在各给油器工作两次，全部润滑点都保证润滑后，即完成了第一个供油周期。经过规定的间隔时间以后，控制仪器(电动指挥仪)又自动接通电动干油站的电动机，由电动干油站压送的润滑脂重新向主油管 2 输出，同样按上述顺序进行，开始下一个供油周期。双线自动干油集中润滑系统由于所采用的双线给油器的结 构确定，必须使用DXZ型电动干油站。

2. 干油集中润滑系统的设备和元件

(1) SGZ-8型手动干油站

SGZ-8型手动干油站(图5-38a、b)的贮油器 2 内有活塞1，活塞的重力将润滑 脂 往下压，使柱塞腔中充满润滑脂。当手柄作摆动运动时，齿轮带动齿条柱塞 3 作往复运动，柱

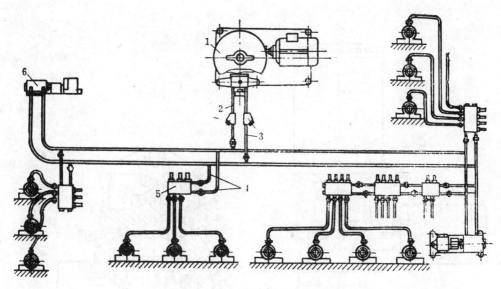

图5-37 自动干油集中润滑系统（双线流出式）

塞压送润滑脂通过逆止阀4（2个）到给油管Ⅱ中，通过给油器送到沿给油管Ⅱ线的各润滑点，这时给油管Ⅰ卸压，通回贮油器。当压力表指示的压力已保证润滑脂都已定量供给各润滑点后，即将换向柱塞6移动到左方位置，进行换向，给油管Ⅱ卸压。又将手柄作摆动运动，往给油管Ⅰ不断压送润滑脂，通过给油器送到沿给油管Ⅰ线的各润滑点，同样压力已保证润滑脂都已定量供给各润滑点，则全部润滑点都已供油完毕。将换向柱塞移动到右方位置，进行换向，手柄停止运动和干油站停止工作，完成一个供油周期。干油站需要添油时，由油泵通过充油阀5和滤油网将润滑脂加入贮油器中。SGZ手动干油站为双线供油，规定采用SSQ型双线给油器。手动干油站的性能见有关润滑技术资料。

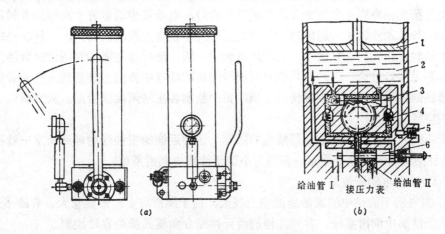

给油管Ⅰ　接压力表　给油管Ⅱ

(a)   (b)

图5-38　SGZ-8型手动干油站

(2) DXB-60型单线电动干油站

DXB-60型单线电动干油站(图5-39)由贮油器1、柱塞泵2和电动机3等组成。油泵上有一个出油口和一个回油口，当该油泵配合单线片式给油器组成单线环式干油集中润滑系统时，用回油口来回油，采用流出式时，将回油口堵死。

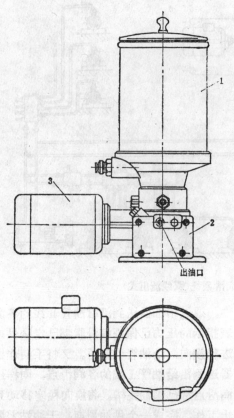

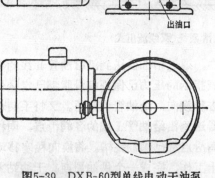

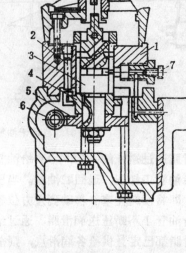

图5-39　DXB-60型单线电动干油泵　　　　图5-40　单线电动干油泵的工作原理

单线电动干油泵的构造和工作原理如图5-40所示。在泵体1的中心圆孔中装有配油轴3，沿泵体圆周分布有4个柱塞2。当油泵工作时，电动机带动蜗杆6和蜗轮5转动，蜗轮又带动配油轴和凸轮4一起旋转，凸轮表面嵌入各柱塞末端的凹槽内，这样在凸轮转动时，将带动柱塞作轴向往复运动，配油轴每转动一圈，使柱塞在吸油和压油时的油路分别与贮油器和出油口接通一次，于是油泵将润滑脂从贮油器中吸出，然后压入主油管经过片式给油器供给各润滑点。凸轮每转动一周，每个柱塞各压送两次润滑脂。放气螺钉7为排除油泵内空气之用。

由于系统、油泵和片式给油器结构的限制，这种系统的主油管的伸延长度一般不超过17m。这种油泵属于小型干油泵，多用于小型干油集中润滑系统。

（3）DXZ型电动干油站

DXZ型电动干油站中油泵的给油能力较大，用于润滑点多、需油量大、管路长的大型流出式干油集中润滑系统，并和其他润滑元件配合实现系统的自动控制。

DXZ型电动干油站（图5-41）由贮油器1、柱塞泵2、电磁换向阀3和电动机4等组成。

电动干油站的工作原理如图5-42所示。当电动机带动减速机中的蜗轮轴1转动时，带动套在轴头上的偏心内滑块2作偏心运动，并带动外滑块3左右移动，这样带动挂在外滑块上的两个柱塞4作直线往复运动。当一个柱塞吸油时，另一个柱塞进行压油动作，连续交替进行，不断将润滑脂通过逆止阀5和电磁换向阀6进入给油主管Ⅰ中。这时给油主管

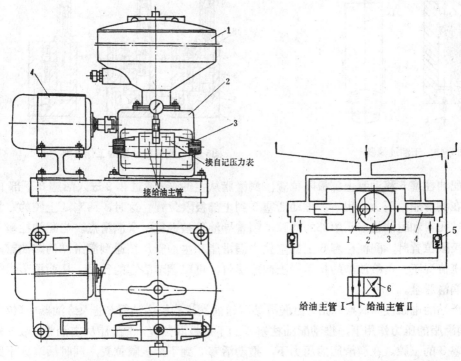

图5-41　DXZ电动干油站　　　　图5-42　电动干油站的工作原理

Ⅱ中卸压，并通回贮油器7，当电磁换向阀换向后，柱塞压出的润滑脂即通过逆止阀和电磁换向阀进入给油主管Ⅱ，给油主管Ⅰ卸压。

采用DXZ型电动干油站的系统要求选用双线给油器，油站的工作制度为油泵每开动一次而使两条给油主管各压送润滑脂一次，油站的工作循环时间在几分钟到几小时内可以调整。

(4) 干油过滤器

干油过滤器(图5-43)用于干油集中润滑系统，清除润滑脂中的机械杂质。它主要由器体1、钢套2和滤网3组成，润滑脂由器体上孔4进入滤网的筛眼，干净的润滑脂经过下孔5进入油管中。为了清除积集在过滤器中的污物可以将塞子6旋开，取出钢套和滤网用煤油清洗。

(5) 双线给油器

给油器是干油集中润滑系统中的重要元件，双线给油器应用于手动的或自动的双线干油集中润滑系统，它定期地直接将定量的润滑脂供给摩擦部件。

双线给油器上有4个孔和润滑系统的两条主油管相连接，另有1～8个孔和通向润滑点的支油箱相连接，它装置在靠近被润滑机器的双线管路上。

双线给油器的结构简图和工作原理如图5-44a、b所示。双线给油器根据不同的型号，在壳体1内装置有1～4个供油构件，每个供油构件又由活塞3和配油柱塞5等主要零部件组成。

双线给油器工作位置在Ⅰ时(图5-44a)，润滑脂沿主油管A压送进入给油器中，在压力

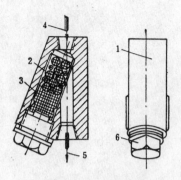

图5-43 干油过滤器

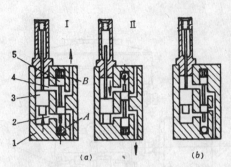

图5-44 双线给油器的工作原理

作用下，配油柱塞5移动到上部极限位置，润滑脂从主油管A通过孔2进入活塞3下部的空腔中，在润滑脂的压力作用下，推动活塞3到上部极限位置。这时，活塞3上腔的定量润滑脂通过孔4和配油柱塞5中部的空腔，顺着导油孔被送往一个润滑点。当配油柱塞5处于上部极限位置时，配油柱塞5上部空腔中润滑脂和主油管B接通到润滑站的贮油器，并处于卸压情况下。由给油器的指示器上部的螺钉，可以调节活塞的行程，从而调节送往润滑点的润滑脂量。

当润滑站的电磁换向阀换向后，由润滑站压送的润滑脂沿主油管B进入给油器中（位置Ⅱ）。在润滑脂的压力作用下，推动配油柱塞5到下部极限位置，滑滑脂从主油管B通过孔4进入活塞3的上腔。在润滑脂的压力下，推动活塞3到下部极限位置，同时活塞3下腔定量的润滑脂通过孔2和配油柱塞5中部空腔，顺着导油孔被送往另一个润滑点。当配油柱塞5处于下部极限位置时，配油柱塞5下部空腔中的润滑脂和主油管A接通到润滑站的贮油器，处于卸压状态。

这种双线给油器属于双点供油的给油器，每套供油构件可以向两个润滑点供给润滑脂。因此在润滑点数目相同的情况下，所需的给油器数量要比单点供油的给油器少一半，我国过去生产的SIQ型双线给油器、原苏联的ПАГ和ПД型给油器，以及日本和原东德的双线给油器都为单点供油给油器。

必须指出，这种双点供油的双线给油器在两个润滑点供脂完毕后，一个供油周期才告完成，故要求润滑站规定和单点供油不同的工作制度，即油泵开动一次，必须使两条主油管各压送润滑脂一次，这样才能向所有润滑点供给润滑脂一次。

当双线给油器的两个出油口连通时，即成为单点供油，供油量增大一倍，即为双线倍量给油器（图5-44b）。

我国设计生产的SSQ型双线给油器（图5-45）属于双点供油给油器，给油点数有2、4、6、8四种（图5-45a、b、c、d），出油管上下对称布置（图5-45e），倍量时为单点供油，没有上边的出油管，给油点比上面四种少一半。给油器并根据给油量的大小有不同的规格。

SSQ型双线给油器的规格和性能见润滑的有关技术资料。

（6）单线片式给油器

DSQ型片式给油器（图5-46）为单线干油集中润滑系统的主要元件。由多片供油构件叠加组成，每片有两个出油口供两个润滑点。每片中只有一个活塞，既作压油又作配油之用，体积小，结构简单。

154

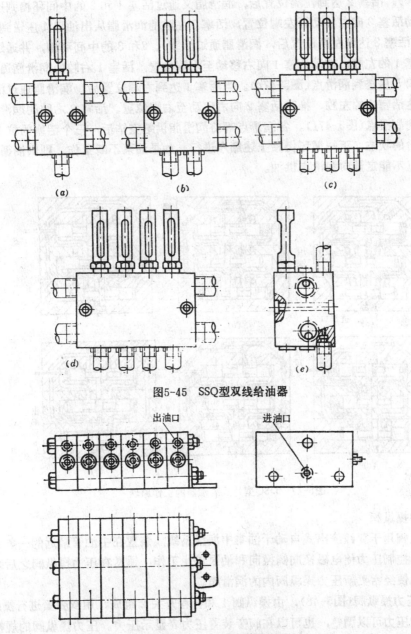

图5-45　SSQ型双线给油器

图5-46　DSQ型片式给油器

　　DSQ型片式给油器的工作原理如图5-47所示。片示给油器工作时，主油管来的润滑脂由进油口进入最下一片供油构件，润滑脂通过活塞1和2的中间环槽到达活塞3的左腔，推动活塞3移动至右端位置，将活塞3右腔的润滑脂从出油口1压送到润滑点（图4-47a）。活塞3达到右端位置后，润滑脂通过各活塞的中间环槽和右环通道到达活塞1的右端，使活塞1向左移动至左端位置。活塞1左腔的润滑脂又通左环通道将润滑脂从出油口2压送到润滑点（图5-47b）。当活塞1达到左端位置后，润滑脂又通过活塞1的中间环槽到达活塞2的右腔，推动活塞2向左移动至左端位置，活塞2左腔的润滑脂从出油口3压送到润

155

滑点(图5-47c)。活塞2达到左端位置后，润滑脂又通过活塞1和2的中间环槽到达活塞3的右腔，推动活塞3向左移动至左端位置，活塞3左腔的润滑脂从出油口4压送到润滑点(图5-47d)。活塞3达到左端位置后，润滑脂通过活塞1、2和3的中间环槽，并通过左环通道进入活塞1的左腔，推动活塞1向右移动至右端位置，活塞1右腔的润滑脂通过右环通道从出油口5压送到润滑点(图5-47e)。当活塞1达到右端位置后，润滑脂通过活塞1的中间环槽到达活塞2的左腔，推动活塞2向右移动至右端位置。活塞2右腔的润滑脂从出油口6压送到润滑点(图5-47f)。各润滑点都将润滑脂供给完毕后，三个活塞的位置又恢复原始工作时的状态，下一循环仍按上述顺序进行。如果油泵不断工作，则供油循环就不断进行，所以不能定量向润滑点供油。

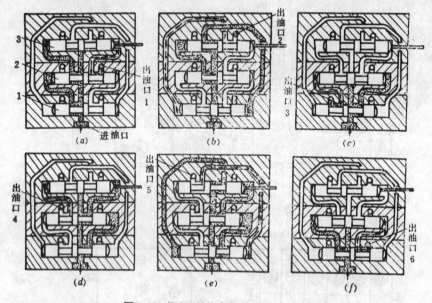

图5-47　DSQ型片式给油器的工作原理

(7) 压力操纵阀

压力操纵阀用于双线流出式自动干油集中润滑系统，装置在主油管最远的一条或两条支管的末端，控制压力使电磁换向阀换向和油泵停止工作，通常在压力操纵阀之后装置一个给油器，以便经常更新压力操纵阀内的润滑脂。

YCF型压力操纵阀(图5-48)，由操纵阀1和行程开关2组成，用双弹簧进行操纵，结构简单，动作压力可以调整，也可以在阀旁装置压力表显示压力。压力操纵阀的规格和性能见有关润滑技术资料。

3. 干油集中润滑系统的设计和计算

干油集中润滑系统的设计计算可按如下的步骤进行：按机器的分布情况划分供油区域；确定润滑的工作制度；根据润滑点的需要选用给油器；选用润滑站；选定管路尺寸和验算液压损失；绘制正式工作图和编制技术文件。

(1) 系统(油站)区域的划分

一般根据被润滑的机器的分布情况，初步拟定和划分供油的区域必须考虑机器的工作情况、润滑点的数量和机器分布区域的范围。

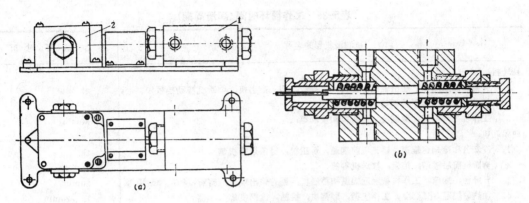

图5-48　YCF型压力操纵阀

　　划分在同一个油站内的各润滑点，应该具有相同的工作制度，按机器工作的性质，可以采用手动的或自动的干油站，采用双线给油器或单线给油器。考虑划分在同一区域内润滑点的数量，进行适当调节，同一区域内要求用同一种润滑脂品种，并要求油站到最远润滑点的距离不超过120m。表5-34为我国设计的1700热带钢轧机油站的区域划分参考表。

表5-34　1700热带钢连轧机干油集中润滑系统

站　号	被润滑机器的名称	采用的干油站	润滑点数量	工作制度	采用的润滑脂
G-1	加热炉前各辊道和推钢机	电动干油站	300	4～8h	压延机润滑脂或针入度相当的其它润滑脂
G-2	加热炉后辊道、立辊和一号工作机座前辊道	电动干油站	246	4～8h	
G-3	一号和二号工作机座和二号工作机座前后辊道	电动干油站	146	1～2h	
G-4	三号工作机座和前后辊道	电动干油站	204	1～2h	
G-5	三号工作机座后辊道和飞剪机前辊道	电动干油站	204	4～8h	
G-6	精轧机组前切头飞剪、除鳞装置、4～10 号 工作机座和导板、活套装置	电动干油站	325	1～2h	
G-7	精轧机组后辊道，卷取机上辊道和活动导板	电动干油站	748	4～8h	
G-8	卷取机	电动干油站	152	1～2h	
G-9	磅秤辊道	手动干油站	37	4～8h	

　　(2) 确定润滑的工作制度(工作循环时间)

　　工作循环时间(或称润滑周期)即向润滑点上一次供给润滑脂至下一次供给润滑脂间的间隔时间。因为被润滑的摩擦机件不仅要求定量供给润滑脂，并要求定时供给润滑脂，以满足润滑点的润滑要求。

　　设计干油集中润滑系统时，工作循环时间通常取决于摩擦表面的构造特点及其工作条件(温度、负荷、摩擦表面落入水、氧化铁皮和其它脏物的可能性)。同时，应该根据现场同类机器的实践经验或冶金工厂类似的干油集中润滑系统的实际数据来确定。表5-35中的数据可以作为参考。

　　(3) 选择给油器的类别、型式和数量

　　采用干油集中润滑系统，最常用的润滑点为滑动轴承和滚动轴承。其它形式的润滑点，一般都换算成轴承的尺寸来计算。因此，应根据摩擦类别、轴承尺寸、摩擦表面的质量和工作条件确定润滑点所需的润滑脂量。

表5-35 工作循环时间(润滑周期)

被润滑机器的名称	工 作 循 环 时 间
初轧机:	
1 受料、前后工作、输出辊道, 回转台, 导板, 切头推出机, 剪断机移动挡板和辊道, 切头运输机, 落下挡板等	1h
2. 工作机架, 推床, 翻钢机, 剪断机和接轴等	30min
轨梁轧机:	
1. 冷却台和冷却台辊道, 矫正机前辊道, 矫正机, 链条运输机等	2h
2. 剪断机前后辊道, 挡板, 移送机等等	1h
3. 升降台, 推床, 工作机架附近辊道和移送机, 锯的输出辊道, 剪断机和接轴装置等	30min
4. 加热炉辊道(出钢侧), 工作机架, 翻钢机, 接轴, 推钢机等	15~20min
高炉:	
1. 料车、料钟操纵、探料尺卷扬机、导向和斜桥绳轮、均压阀、布料器、平衡臂、泥炮、称量车等	4~8h
2. 浇铸起重机、其它各种桥式起重机	4~8h

注: 润滑脂的产品质量提高后, 润滑周期延长, 采用时必须结合实践经验。

滑动或滚动轴承必需的润滑脂定额 q 为:

$$q = 11 k_1 k_2 k_3 k_4 k_5, \quad [cm^3/(m^2 \cdot h)] \tag{5-26}$$

式中 11 ——单位时间和单位面积的最小润滑脂的需要量 $(cm^3/m^2 \cdot h)$;

k_1 ——轴承的直径系数, 见表5-36;

表5-36 系 数 k_1

轴 承 类 型	轴 承 内 径 (mm)				
	100	200	300	400	500
	k_1 值				
滑动轴承	1.0	1.4	1.8	2.2	2.5
滚动轴承	1.0	1.1	1.2	1.25	1.3

k_2 ——轴承的转速系数, 见表5-37;

表5-37 系 数 k_2

转 速 n (r/min)	100	200	300	400
k_2 值	1.0	1.4	1.8	2.2

k_3 ——轴承摩擦表面的质量系数, 对优质表面 $k_3 = 1$, 一般表面 $k_3 = 1.3$;

k_4 ——轴承的工作温度系数, 当工作温度<75℃时, $k_4 = 1$, 75~150℃时, $k_4 = 1.2$;

k_5 ——轴承的工作负荷系数, 正常负荷时, $k_5 = 1$, 重负荷时, $k_5 = 1.1$。

确定了干油集中润滑系统的工作循环时间(润滑周期)和摩擦表面必需的润滑脂定额以后, 即可以选择各个润滑点适用的给油器, 以保证润滑。

每个润滑点每一次供应的润滑脂量 V 为:

$$V = qFT \quad (\text{cm}^2) \tag{5-27}$$

式中　q——摩擦表面必须的润滑脂定额〔$\text{cm}^3/(\text{m}^2 \cdot \text{h})$〕；

　　　T——润滑周期(h)；

　　　F——摩擦表面面积(m^2)，对轴承 $F = \dfrac{\pi DL}{2}$，其中D为内径(m)，L为长度(m)，对其它摩擦表面，根据表5-38计算。

表5-38　其它摩擦表面面积计算

摩擦表面名称	尺　　寸	相当内径 D_Y	相当长度 L_Y	相当转速 n_Y
平　面	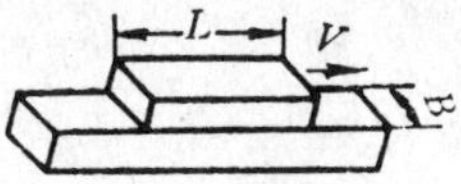	$\dfrac{L}{\pi}$	B	$\dfrac{60v}{\pi D_Y}$
圆柱面	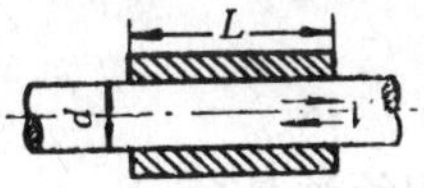	$\dfrac{L}{\pi}$	πd	$\dfrac{60v}{\pi D_Y}$
丝杠和丝母	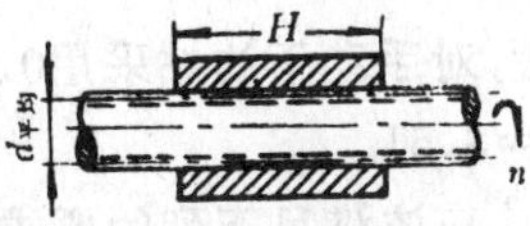	d平均	$\sim 2H$	n
环状轴颈（空心的）		$\dfrac{D+d}{2}$	$\dfrac{D-d}{2}$	n
实心轴颈	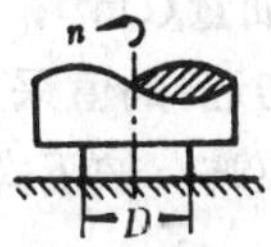	$\dfrac{D}{2}$	$\dfrac{D}{2}$	n
万向接轴	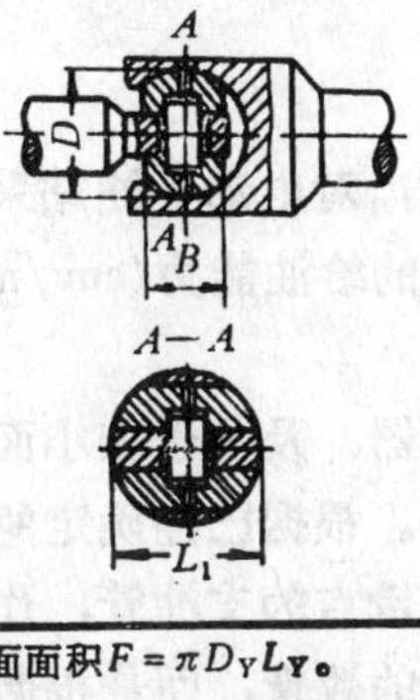	$\dfrac{2B}{\pi}$	L_1	~ 0

注：本表中各摩擦表面面积 $F = \pi D_Y L_Y$。

特别指出，采用滚动轴承干油集中润滑系统，只是在低速和中速时才采用，目的不仅是减少摩擦损失，而且也为了经常集中的更新润滑脂，并保证轴承内径常有足够和干净的润滑脂。大多数情况下，对于在正常工作温度和环境污染较小的条件下工作的滚动轴承，最好在较长的间隔时间(一个月2～3次)才给油一次。

另外要根据每一个润滑点每一次必需供给的润滑脂量V的值来选择给油器，按选用的双线或单线干油集中润滑系统采用双线给油器或单线片式给油器。根据V值选用每支管每行程或每孔的给油量，并根据润滑点的分布情况确定给油器的给油点数或给油孔数，最后确定给油器的型式。

(4) 选择润滑站的型式

选择润滑站的型式时，首先根据具体条件选定手动的或自动的、双线的或单线的干油集中润滑系统。

手动干油站需要的数量n，由下列公式计算：

$$n=\frac{24\Sigma K_i S_i q_i}{1000\alpha T Q_手} \tag{5-28}$$

式中　24——每昼夜时间(h)；

　　　K_i——各种型号双线给油器个数；

　　　S_i——各种型号双线给油器的给油点数；

　　　q_i——各种型号双线给油器的每支管、每行程给油量(cm^3)；

　　　T——润滑周期(h)；

　　　α——考虑润滑脂受压缩后容积减小的系数,对手动干油站采用0.8～0.9；

　　　$Q_手$——SGZ型手动干油站的贮油器容积$Q_手$=3.5l。

电动干油站(或单线电动干油泵)的给油能力Q，应该满足下列的要求：

$$Q\geqslant\frac{\Sigma K_i S_i q_i}{t} \quad (cm^3/min) \tag{5-29}$$

式中　K_i——各种型号双线给油器的个数；

　　　S_i——各种型号双线给油器的给油点数；

　　　q_i——各种型号双线给油器的每支管、每行程给油量(cm^3)；

　　　t——每个给油周期中油泵的工作时间(min)，初选t的值采用10min左右。

根据上式初选计算得到的Q值，再正式选定电动干油站，按下式校正油泵的实际工作时间t：

$$t=\frac{\Sigma K_i S_i q_i}{\alpha Q_电}\leqslant 5～10min \tag{5-30}$$

式中　　α——考虑润滑脂受压缩后容积减小的系数,对电动干油站采用0.75～0.9；

　　　$Q_电$——选定电动干油站(或单线电动干油泵)的给油能力(cm^3/min)。

(5) 选定油管的直径和验算液压损失

干油集中润滑系统，一般润滑位于一条线上的机器，及位于较小面积上的机器，或由于构造特点和工作条件的需要润滑单独的机器和部件。根据已经确定的系统区域和机器具体分布情况，布置主油管和由主油管连接的机器各润滑点的支油管，作出管路装配草图。设计干油集中润滑系统时的主要因素一般不是润滑点的数量，而是根据管路装配图的主油管伸延长度，一般要求不超过100～120m。

在进行液压损失计算之前，干油集中润滑系统首先应该根据由润滑站算起的管路长

表5-39 干油集中润滑系统油管直径和长度的关系

公称直径d_g (mm)		6.35	9.5	12.7	19.05	25.4	31.75	38.1	50.8
内径d(mm)		8	10	15	20	25	30	40	50
外径D(mm)		14	18	22	28	34	40	50	60
管路长度 (m)	手动系统	0.3～2	2～10	10～15	10～20	—	—	—	—
	自动系统	5～6	10～12	12～18	20～30	35～50	40～60	65～80	100～120
建议采用管子		无　　缝　　钢　　管							

度，预选确定主油管的直径(参考表5-39)，从给油器到润滑点的支油管，最大长度不超过5～6m时，可以采用6.35mm的管子，长度更大时，采用9.5mm的管子。

用上述方法，预先选定油管直径以后，即可验算从润滑站的油泵开始到最远的给油器并连接到润滑点这一段管路中的液压损失。

在油管中压送润滑脂的液压损失，决定于润滑脂的稠度，受周围环境条件影响下的润滑脂的温度，润滑脂的消耗量和油管的长度。这些因素决定油管必须具有适当的直径，使在油管中能够适当分布润滑脂而又在系统中不造成过高的压力。实践证明，系统中的最大压力在油泵处的给油主管中要求不超过8～10MPa，如果压力再高时，润滑脂就会很快使分分离，使润滑脂变质，并引起管路连接处产生漏油。根据冶金工厂干油集中润滑系统的操作证明，采用压延机润滑脂2号(ZGN40-2)在环境温度不低于1℃时，能够正常的在油管中压送。当温度更低时，就应该采用针入度较大的压延机润滑脂1号(ZGN40-1)，或用压延机润滑脂2号用高粘度的润滑油(轧钢机油28号)掺配冲稀使用，在高负荷和低温下工作的冶金机械应该采用针入度较大和能够承受较高负荷能力的特殊润滑脂。

液压损失的计算按下列步骤进行：

首先确定干油集中润滑系统工作时的最低温度。因为温度下降时，油管内的液压损失就会显著的上升。

其次是按压送润滑脂通过油管的流量来计算液压损失。

作出干油集中润滑系统主油管的分布图 (图 5-49a)，分段确定各段油管的长度为l_1、l_2、l_3、……l_7。然后计算出各段管路的容积V_1、V_2、V_3……V_7，其总容积为V。

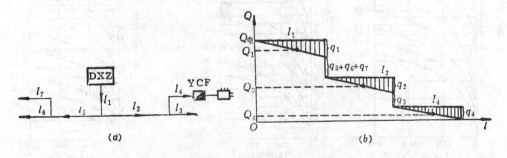

图5-49 干油集中润滑系统液压损失计算图

选送主油管分布图中管路伸延长度最大的一线，即为图中l_1、l_2、l_4这一线，按这一线进行计算液压损失。

如果系统中采用DXZ型电动干油站，其给油能力为$Q_电$（cm³/min）。当沿这条线路的给油器全部工作完毕后，油泵继续压送的润滑脂就不能再送向润滑点。因此，这部分润滑脂将按各段管路容积并按比例分配至各段管路中，用以补偿润滑脂的压缩和油管的弹性膨胀的容积。这些分配至l_1、l_2、l_3……l_7段油管中的润滑脂量各为q_1、q_2、q_3……q_7，即

$$q_1 = \frac{V_1}{V} Q_电$$

$$q_2 = \frac{V_2}{V} Q_电$$

$$\cdots\cdots\cdots\cdots$$

$$q_7 = \frac{V_7}{V} Q_电$$

$$q_电 = q_1 + q_2 + q_3 + q_4 + q_5 + q_6 + q_7$$

现在计算各段油管中润滑脂的流动量（图5-49b）。

在l_1段管路中润滑脂的流动量为Q_1，因为q_2、q_3、q_4、q_5、q_6、q_7全部流过l_1段管路，而q_1在l_1段管路平均流量相当于$q_1/2$，故

$$Q_1 = \frac{q_1}{2} + q_2 + q_3 + q_4 + q_5 + q_6 + q_7 = Q_电 - \frac{q_1}{2}$$

在l_2段管路中润滑脂的流动量为Q_2，因为q_3、q_4全部流过l_2段管路，而q_2在l_2段的流量相当于$q_2/2$，故

$$Q_2 = \frac{q_2}{2} + q_3 + q_4$$

在l_4段管路中润滑脂的流动量为Q_4，因为l_4段管路中只有q_4流过，其流动量相当于$q_4/2$，故

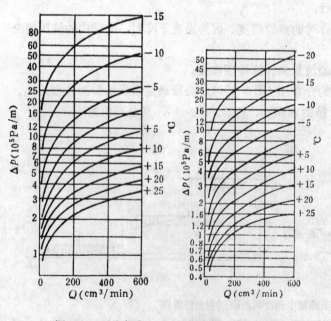

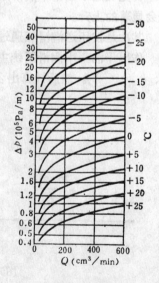

图5-50 压力损失
曲线：$d_内 = 7 \sim 8 \text{mm}$

图5-51 压力损失
曲线：$d_内 = 9 \sim 10 \text{mm}$

图5-52 压力损失
曲线：$d_内 = 13 \sim 15 \text{mm}$

$$Q_4 = \frac{q_4}{2}$$

由上述计算得到在 l_1、l_2、l_4 段管路中的流动量各为 Q_1、Q、Q_4，再按周围环境的最低工作温度和不同的油管直径，从由实验得出的各曲线（图5-50～图5-56）中查得每米油管长度上的液压损失值 Δp_1、Δp_2、Δp_4。

在 l_1、l_2、l_4 各段油管在全长上总的液压损失为：

$$\Delta p_1 = l_1 \Delta p_1$$
$$\Delta p_2 = l_2 \Delta p_2$$
$$\Delta p_4 = l_4 \Delta p_4$$

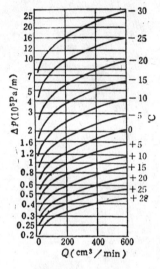

图5-53　压力损失

曲线：d内 = 19～20mm

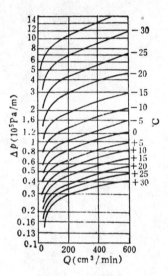

图5-54　压力损失

曲线：d内 = 25mm

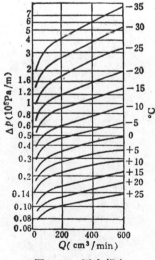

图5-55　压力损失

曲线：d内 = 40mm

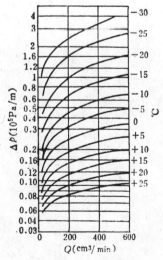

图5-56　压力损失

曲线：d内 = 50mm

当全部给油器都工作完毕，油泵停止工作前的瞬间，在主油管靠近油泵处的压力最高，要求不超过 8～10MPa。而在油管最远的尽头处的压力损失最大，但是仍必须保持具有 4MPa 的压力。其中约 2MPa 的压力在冬季需要用来克服由压力操纵阀到润滑点间支油管中的压力损失，包括最远的给油器和轴承本身的压力损失。其余的 2MPa 的备用压力。因此，在 l_1、l_2、l_4 一线上总的液压损失为：

$$\Delta p = \Delta p_1 + \Delta p_2 + \Delta p_4 \leqslant 4 \sim 6\mathrm{MPa}$$

计算得到的总液压损失如果不符合上式中的要求时，则应该对设计进行必要的修改。

(6) 绘制正式工作图和绘制技术文件

其内容和稀油循环润滑系统基本相同。

第六章 机械设备状态监测与故障诊断

第一节 概 述

机械设备状态监测与故障诊断技术是在现代检测技术、识别理论、计算机技术等多学科成就基础上发展起来的一门崭新的综合性横断科学，是医学诊断学的基本思想在机械工程中的推广应用。设备状态监测的基本任务是运用现代监测技术获取某些最能反映设备运行状态的特征参数并据以判定设备正常或故障；设备的故障诊断则不仅要对其状态是否正常作出判断，还需要进一步分析、确定故障的性质、类别、部位、程度、原因以及发展趋势等等。由此可见，设备的状态监测技术与设备的故障诊断技术之间既有区别又有密切联系，二者不可分割。状态监测是故障诊断的基础或简易的故障诊断，有时亦将二者笼统地称为机械设备的故障诊断。

近些年来，设备状态监测与故障诊断已开始进入工程应用阶段，技术日趋成熟，应用范围日趋广泛，极大地拓宽了机械设备维护技术的学科领域，成为现代设备维护技术的一个重要组成部分。

一、实施设备状态监测与故障诊断的意义

机械设备维护的基本任务是对设备进行合理的技术维护、及时发现异常和故障、适时采取检修措施以最大限度地保证其正常运行。传统的机械设备维护方法，在一定的意义上讲，是一种经验维护法。设备状态的正常与否，往往依靠人的眼看、耳听、手摸等感观手段获取某种信息继而凭借过去的经验来加以判断，显然它具有极大的局限性。在传统的维修体制中，设备的维修方式主要有两种：一种方式是在设备已发生功能性故障以后才进行维修，称之为事后维修；另一种方式是定期检修，即按预先人为规定的固定检修周期实施小修、中修或大修。检修周期亦主要根据人的经验来确定。未能及时消除故障以至发展到设备功能破坏的维修称为不足维修，而在设备并无异常或故障的情况下即采取检修行动的维修则称为过剩维修。显然，事后维修是一种不足维修方式，而定期检修，虽是一种预防性维修方式，但它既可能发生不足维修，亦可能发生过剩维修。由于冶金机械设备在现代冶金生产中所处的重要地位，不足维修可能导致严重的设备事故，过剩维修则会增加不必要的停机时间，直接影响产量的提高，增加检修费用。不仅如此，传统的检修方式对于故障的寻找往往需要对设备大拆大卸才能实现，检修周期长，且检修后，设备其它一些并无故障的零部件间的正常配合或装配关系常遭破坏，又往往引起新的故障或潜在的故障因素。

根据设备运行故障状态来确定设备维修时间、内容和方法的维修方式称为视情维修。同定期维修一样，视情维修亦属预防性维修，不同的是，它是以对设备的运行状态监测为基础、以对故障诊断和预测结果而采取维护决策的，因而更具客观性、科学性。视情维修避免了前述两种方法的各种弊端，是一种理想的机械设备维修方式。正是由于设备状态监测和故障诊断技术的成熟和应用，视情维修才成为可能并进入实际应用阶段，这是设备状态监测与故障诊断技术对机械设备维护体制产生的最具深刻意义的影响。

事实上，实施设备故障诊断技术的意义不仅仅是涉及设备的维护方面，它对改善机械设备整个寿命期间各个环节的工作，包括设计、制造、安装、维护、检修以及备件及设备管理等，都提供了科学的具有指导性意义的依据，因此，设备状态监测与故障诊断技术日益成为设备维护管理工作现代化的一个重要标志。

二、设备故障诊断技术的分类

1) 从诊断的方式分，有功能诊断和运行诊断。功能诊断是指检查机器运行功能的正常性。其实施的对象往往是新安装或刚维修好的设备或机组。设备的运行诊断是指对正常服役的设备或机组进行运行状态的监测和诊断，监视其故障的发生和发展。

2) 从所利用的设备的状态信号来分，有：

振动诊断：以平稳振动、瞬态振动、机械导纳及模态参数为检测目标。

强度诊断：以力、应力、应变、扭矩等机械参数为检测目标。

温度诊断：以温度、温差、温度场、热象等为检测目标。

声学诊断：以噪声、声阻、超声、声发射等为检测目标。

电参数诊断：以电信号、功率及磁特性等为检测目标。

光学诊断：以亮度、光谱和各种射线效应为检测目标。

润滑油样诊断：以机器润滑油中磨屑浓度、成分、粒度等为检测目标。

性能趋势诊断：以设备各种主要性能指标为检测目标。

3) 从诊断的连续性来分，有：

定期诊断：按事先规定的一定的时间间隔对设备实施监测与诊断。一般用于非关键性设备且该设备的性能改变为渐发性故障或可预测性故障的场合。

连续监控：在设备运行过程中自始至终地加以监视及控制，一般用于关键设备且其性能改变属突发性故障及不可预测性故障。

4) 从诊断的完善程度来分，有：

简易诊断：利用较简单的诊断仪器仅对设备有无故障及故障严重程度作出判断。通常由现场作业人员实施。

精密诊断：对由简易诊断判定故障的设备进行专门的精确诊断：确定故障的类型、产生的原因、故障严重的程度及发展趋势、决定采取相应的处理措施。精密诊断由从事精密诊断的专门人员实施。

值得一提的是，当前国内外研究成功了许多种用于精密诊断的专家系统并开始付诸使用，使机械故障诊断技术发展到了一个新的阶段。所谓专家系统，是一种拥有人工智能的计算机程序系统，它事先将有关专家的知识和方法加以总结归类，形成某些规则存入计算机，根据自动采集或输入的原始数据，即能模拟专家的推理、判断和思维过程，解决故障诊断各个环节中的各种复杂问题。因此，研究出更多的实用的故障诊断专家系统，对于提高设备故障诊断的可靠性和工作效率，具有十分重要的意义。

三、设备故障诊断的基本内容与一般实施步骤

设备故障诊断的基本内容与一般实施过程如图6-1所示。

图中所示的基本内容包括诊断文档的建立和诊断实施两大部分。而诊断实施又主要包括信号检测、信号处理、识别诊断和维护决策四大步骤，这四个步骤组成实施诊断的一个循环。

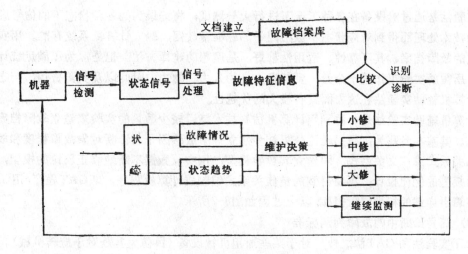

图6-1 故障诊断的基本内容与实施步骤

1. 诊断文档的建立

所谓建立诊断文档(习惯上将这一工作称为建立诊断对象的故障档案),即建立与各类故障对应的特征信息模式(故障样版模式)。因为诊断或状态识别,实质上是指将诊断对象的信号经处理后得到的一个待检模式与已知样版模式对比,将其归属到某一已知样版模式中去的过程,所以建立故障诊断档案是实施故障诊断的必要条件。这里所说的故障档案库,是指存储在诊断系统计算机中的各种样版模式或标准数据库,亦称标准谱数据库。

故障档案库的基本内容一般应包括:用于各种故障判断的诊断参数的标准数值(判别阈值);诊断参数的各种标准机械图象。

(1) 敏感因子的概念

作为故障档案的各种标准谱数据,应是相应的各种敏感因子的标准谱数据。设备的同一故障状态,常常可以用不同的特征参数来表征。这些特征参数都可以作为状态监测和故障诊断的依据,但是各个特征参数对故障部位和故障程度的敏感性,一般说来是不尽相同的。最能灵敏地反映诊断对象故障状态的某些特征指标称为故障诊断或状态监测的敏感因子。其特征为:当设备的故障状态发生微小变化时,对应的这个敏感因子会发生较大的变化。

无论在建立诊断文档还是在实施故障诊断时,敏感因子的确定都是一件十分重要的工作,因为这直接关系到诊断的灵敏性、精确性和快速性。敏感因子可以是某个对故障状态最敏感的特征参数,也可以是用某几个特征参数组合成的一个敏感性较大的复合参数。确定敏感因子的原则是:它必须具有高度的敏感性、可靠性以及充分的实用性。

(2) 建立故障档案的一般方法

建立诊断对象的故障档案的方法大致有两种:实验法和计算机辅助实验法(CAT法)。

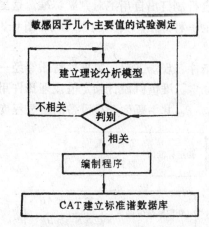

图6-2 CAT法建库一般步骤

实验法是通过对设备在各种工况下进行大量测试，将记录到的各种状态下的信号进行相应的技术处理而得到对应状态下敏感因子的标准谱数据，输入计算机系统存贮。用实验法建立的故障档案，其可靠性、适用性都好，是理想的建库方法。但是，为了满足统计的需要，所需的实验工作量十分大，要耗费大量的人力、物力、时间以及实验费用，与之相比，计算机辅助实验法在这方面具有极大的优越性。

计算机辅助实验法是一种利用计算机仿真技术辅以较少数量的实验来建立故障档案库的方法。其基本步骤为：根据理论分析初步建立一个敏感因子与诊断对象故障程度和故障部位的关系式或广义关系式，即建立其数学模型；用实验数据不断地修正理论的模型，实现数学模型的优化设计；再将得到的最佳关系式编制成计算机程序，即CAT程序；用CAT程序推算出详细的标准谱数据库。以上过程如图6-2所示。

（3）简易诊断中的故障判别标准

除了实验法和CAT法之外，对于某些通用机械设备（目前尤其是对于旋转机械）的故障诊断，其判别标准的重要来源之一是直接引用某些通用判断标准，即所谓绝对判断标准。绝对判断标准是指已颁布的具有一定权威性的各种机器状态的通用判断标准（包括各国国标、行标、部标、企业标准等）。这类标准是针对某类机器长期使用、观察、维修与测试后的经验总结，由国家、行业或企业归纳为表格或图表形式，作为工程界应用。绝对判断标准现场使用最为方便。

到目前为止，还没有能适用于所有设备的通用判断标准。在无现成的通用判断标准可用的情况下还可以利用相对判断标准或类比判断标准。这三类传统的判断标准的意义如表6-1所示，它们都是以实验法或CAT法为基础而建立起来的。

表6-1　三种传统的判断标准

绝对判断标准	在同一部位测定的值与规定的判断标准值比较，判断结果为良好/注意/不良
相对判断标准	对同一部位定期测定，按时间先后进行比较，将正常情况的值定为初始值，根据实测值达到的倍数来判断
类比判断标准	有数台机型相同的机械时，按相同条件对它们进行测定，经过相互比较作出判断

在有些情况下，企业也可根据设备的具体情况自行制订出自用绝对判断标准。这里介绍一种以额定参数值为基础制订自用绝对判断标准的一种方法，其一般过程如图6-3所示。

诊断参数理论许用值 N 是根据设备结构、负荷条件、现场工况、零部件材质等经一定分析得到的，有些诊断参数的设计额定值则已知。初定标准值以设计额定值或理论许用值 N 为基础确定，这步工作主要是确定初定标准系数 A_0、B_0，其主要依据是设备的重要程度，

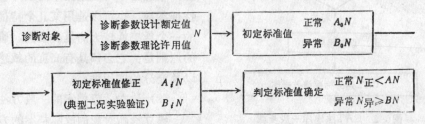

图6-3　简单自用绝对判断标准的制订

可能发生的故障的危害性、设计或经理论计算得到的诊断参数的最大允用值等。一般地，A_0值可初定为$1.0\sim1.1$，B_0值可初定为$1.1\sim1.3$。初定标准值修正在"试诊断"阶段进行，在有条件的情况下，按安全→危险的方向给定典型工况(如典型的负荷条件，负荷由较小至较大)，对初定标准系数A_0、B_0进行验证和修正。其中A_i、B_i表示在第i次典型工况下得到的修正系数数值。修正的结果应具有一定的重复性。若第i次工况下异常开始出现，对应修正系数值为B_i，给予实验验证并进一步综合考虑设备的重要性等因素，调整其数值到B(异常判断值为$N_异=BN$)，$N_异$即确定为用于异常报警的判断标准值。这种方法在现场很多情况下简便适用，尤其适用于设备的简易强度诊断。

必须指出的是，即使诊断对象有颇具权威性的通用判断标准可依，但由于同一类设备相互间的制造安装精度、使用场合、实际工况、设备老化程度等方面条件不尽相同，因而使用时应十分注意这些标准的适用范围、注意吸收其它企业应用该标准的经验并在实践中加以验证。对某一具体的设备而言，一份好的判断标准，应是"通用标准的修正版"，即以通用判断标准为基础，结合具体实际按图6-3所示方法对其验证、修正和完善。事实上，诊断实践就是最好的实验。由此可见，建立故障档案既是实施故障诊断的前提，又需在实施诊断的过程中不断加以验证、修正、补充和完善，应十分注意将诊断实践与建库工作有机地结合起来。

所谓相对判断标准，是将几个待定值与给定值进行比较的标准，即对设备同一部位进行测定，以正常情况下诊断参数的值为原始值，监测时，根据实测值与原始值对比的倍数(称为相对值)作为判定依据。相对判断标准适用于只有一台某型号设备的场合。

类比判断标准适用于具有多台在相同条件下运行的同样规格设备的场合。与相对判断标准的不同之处在于，它是取大多数设备在相同测定条件下得到的正常状态下的测定值为原始值，当对某台设备监测诊断时，以实测值与该原始值对比的倍数作为判据。由此可见，从广义上讲，类比判断标准仍是相对判断标准的一类。

以上三种判断标准在实际中须灵活应用。事实上，在很多情况下往往还需兼用。例如对于滚动轴承的简易振动诊断，如果单凭绝对判断标准或相对判断标准的判定结果来决定维修的需要并加以实施，往往是不可靠的。因此，从维修的角度最好是兼用二者，它们的判定结果可以相互验证、补充，以提高诊断的准确性。

2．信号检测

信号检测亦称设备状态信号的采集，其主要任务是将最能客观反映机器状态的足够数量的信息(某一种或几种)提取出来，转换成某种信号传递到信号记录器或信号处理设备中去。所获取的各种信号，是实施故障诊断的原始依据。

一般的信号检测系统主要由传感器、二次仪表以及记录装置等组成。传感器用于拾取与机器状态对应的信号，二次仪表将传感器输出的状态信号进一步放大并换成有利于分析诊断的形式输出由信号记录仪记录和存贮。

传感器是检测系统最关键的器件。用于不同诊断对象、采用不同诊断方法的检测系统中的传感器和各次仪表不尽相同，但是它们都必须满足一个共同的原则，即系统组成的适应原则。这是选择各次仪表、组成检测系统时必须考虑的问题。为了取得设备真实可靠的状态信息，传感器的合理选择十分关键。合理选择包括两方面的要求：合适的类型及传感器自身稳定可靠的特性。对应于不同的诊断方法，常用的传感器类型多种多样。例如用于设备的振动诊断，有位移传感器、速度传感器、加速度传感器等。用于温度监测诊断，有多种多样的各类测温传感器。总之，须根据所用诊断方法及其特点来选择传感器的类型。传感器具体型号的选择的主要依据是其特性，须根据诊断对象、故障类型及特性、故障可能发生的范围、现场条件等通盘考虑，务使所选用的传感器在工作环境、量程大小、灵敏度、安装条件等方面符合要求。国内外市场上已有多类标准系列传感器供应，可参阅有关产品目录按上述要求直接选用。此外，在很多场合，还常常需要根据检测需要、现场条件等自行设计、制造一些用于特殊条件下的专用传感器。所研制的传感器，同样必须满足上述要求。

传感器的数量（测点数量）及其安装位置以及测点方向均对检测效果有直接影响。实际使用中，测点数量的确定应考虑能对设备状态作出全面的描述。传感器布置的位置应尽可能选在二次效应的敏感点上，该位置应具有测量容易实现、引入干扰小、获取的信息丰富且安装拆卸方便等优点。此外还必须十分注意传感器的防护。由于冶金机械设备大多处于高温、振动、水冲刷以及某些腐蚀介质的工作环境下，故在选用或研制传感器时以及在传感器安装后，还必须根据具体情况采取防机械损伤、防水、防腐、防高温辐射等保护措施，以提高其工作的可靠性。

检测系统得到的各种信号由记录仪记录和存贮。在故障诊断中，对记录设备的要求是除能实施在线记录监测外，还能在离线的情况下能随时反复加以再现，以提供进一步的信号处理。常用的记录设备有：光线振子示波器、磁带记录仪、笔式记录仪等。在各类记录设备中，磁带记录仪由于具有许多独特的优点，已成为状态监测与故障诊断中主要使用的记录设备。这些优点包括：能把信号记录在磁带上，信息可长期保存；需要时信号可连续反复地重放（再现信号）；若将信号输入光线示波器，亦可作直观记录；工作频带宽；能同时记录多路信息，在工作频带内能保证各信号之间的时间和相位关系，为信号处理提供了极大的方便；能直接与信号处理机匹配使用、进行数据处理。磁带记录仪的主要性能参数有：通道数、频响范围、磁带速度、信噪比、输出输入阻抗和电平、线性度、失真率等。

3. 信号处理

检测得到的信号，在一些较简易的监测和诊断中，即可作为诊断的依据，但在一些较为复杂的系统中，这些表征机器运行状态的信号（例如振动测试）是以电压（或电流）的时间历程形式输出。如果这些信号能直接反映设备的状态，则与其相应的规定值相比较即可作出判断。然而，这些信号间往往是相互混杂且一般都伴有一些与诊断目的无关的成分（亦即噪声）和其它干扰。从这些信号中排除或削弱噪声干扰，保留或增强有用信号，从中提取出对故障诊断最具敏感性的信息，进一步得到待检模式，这就是通常所说的信号处理。

信号处理技术是在多学科成就基础上发展起来的一门边缘科学。对于不同的诊断系统，信号处理可分为振动信号处理、声的信号处理、光学信号处理、温度信号处理等。对于每种信号，信号处理的方法也很多。其中，尤以振动信号分析技术最为复杂，应用也最为广泛。这些，将在下面述及。

4. 识别诊断

识别诊断的完整过程包括状态识别、故障分析、趋势预测三方面的内容，这项工作亦称为故障诊断。诊断的结果，是实施维护决策的主要依据。

状态识别是指对设备当前的运行状态作出判决：是正常、异常或是故障。状态识别的具体实施，是指将经信号处理得到的待检模式与故障档案库中的已知样版模式对比，利用相应的判决规则，判定设备当前的状态。前面所说的简易诊断即为这种状态识别。

故障分析是指设备被初步判为故障后，对故障发生的部位，故障的类型、故障产生的原因等方面作出进一步的分析。在很多情况下，状态识别不足以解决上述各方面的问题，但从设备维修的角度，这些问题却又至关重要，因为它直接牵涉到决定哪些部位需要维修（维修对象）以及如何维修（维修方法）等方面的问题。故障分析工作一般由专门的工程技术人员完成。这是一项甚至比故障判断更为复杂的工作，它涉及到对于各项故障机理的深入研究，涉及到理论和经验等诸多方面。一般地讲，所有故障现象（包括直观现象和信号检测、信号处理的结果）都是故障分析的依据，要从众多的甚至是纷杂的现象中作出快速、准确的分析判断，关键在于对各类故障特点的了解。

趋势预测是指利用有关预测技术对设备当前的状态在今后一段时间内的发展趋势作出估计，它要解决的中心问题是：设备还能维持正常工作多久？

若按预测的期限来分，预测可分为短期预测、中期预测和长期预测三种。其中短期预测直接关系到当前的维护决策，所以必须有较高的精确度。按预测的结果分，有定性预测和定量预测两种。定性预测主要是研究和探讨设备在未来一段时间内可能表现的一些性质，而定量预测是指对设备未来状态的发展作出定量的描述，如轴承的磨损量、剩余寿命等等。在实际进行故障趋势预测时，往往可借助于事物的一些规律诸如惯性规律、相似规律、相关规律、概率规律等。虽然设备故障的发展是一个随机变化的过程，但这种不确定性始终受内部隐蔽着的某种规律的支配。例如，任何随机过程都有一定的概率统计规律，这样就可以利用概率推算法进行预测。当推断预测结果如能以较大的概率出现时，就可以认为这个结果是成立的，可用的。

5. 维护决策

维护决策是指根据诊断和预测的结果，决定将要采取的实际干预措施。特别是近期预测的结果，是采取视情维修中决定下次维修各项内容的主要依据。这些内容包括维修对象、维修时间、维修方法以及维修前各项准备工作（包括备品备件的准备）的确定等等。在监测对象明确、单一的情况下，决策的最重要的内容是下次检修时间的确定。

第二节　振动监测与诊断技术

振动是机器运行的伴生现象，它包含着丰富的机器运行状态的信息。一般地，随着故障的出现和发展，机器的振动都会发生明显的变化。在正常运行状态下只有某种型式的较低量级振动的机器，当其运行状态发生改变时，必然会产生额外的振动或使其振动加剧、振级增大。不仅如此，各类故障与振动现象的变化之间常有比较明显的对应关系，其特征易于识别，因此大部分机械设备都适合于采用测量振动来进行状态监测与故障诊断。此外，由于振动诊断的测试方法、手段、理论都相对比较成熟，且易于实现在线诊断和监控，因而成为目前设备状态监测与故障诊断中应用最广泛的方法之一。

振动监测与诊断的一般过程如图6-1所示。

一、振动诊断基础

1. 振动测量

一个基本的振动测量系统如图6-4所示。

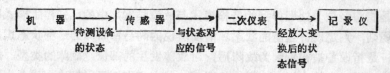

图6-4 振动测量系统

振动测量参数有位移、速度、加速度。实际进行振动测量时，应根据系统振动特点合理地选定测定参数，该参数应最能直接反映故障的严重性。从测量精度的角度看，低频时宜测量位移，中频时测量速度，高频时应测量加速度。相应地，用于振动测量的传感器有位移传感器、速度传感器、加速度传感器以及力传感器和阻抗传感器(又称阻抗头，由一个加速度传感器和一个力传感器组合而成)等。各类传感器分别又有多种型式。目前应用最广泛的是压电式加速度传感器(亦称压电式加速度计)。它体积小，重量轻、精度高、适应温度范围广，无需外接电源供应自身便可产生电信号，输出的加速度信号通过积分电路可方便地转换成速度或位移信号。

测振传感器应尽可能布置在振动效应最敏感的位置且应满足在第一节中所述的各项测点布置要求。例如，对于转速不甚高的回转机械(如某些轧钢机的齿轮座、水泵、鼓风机、蒸汽轮机等)，轴承就是测量机器振动的最好部位。在实际测试中，如无特殊要求，传感器可安装在各轴承座上，因为所有的载荷都通过轴承座传递。即使条件不允许，测点也应尽量选在靠近轴承座处，使测点与轴承座间的机械阻抗较小。设备的有些部位是不宜安装测振传感器的，例如传感器绝对不允许安装在设备的薄壳、薄盖上，因为这种方法易产生共振。表6-2推荐了几种通用机器采用振动诊断时采用的传感器的类型及测点布置的方法，参阅图6-5。

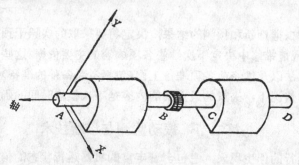

图6-5 传感器的安装位置

传感器的安装操作必须严格按规定要求进行，安装时的微小偏差即会给测振结果带来明显的影响。传感器与被测对象之间必须可靠地绝缘。实践表明，传感器绝缘的破坏是造成测振系统失效的常见原因之一。为使传感器拾取的振动信号真实准确，还必须采取一些有效措施排除测量环境中的不利因素(例如温度、电磁干扰等)的影响，同时注意使用时传感器的校准。

2．振动信号分析

(1) 信号类型

各种振动信号按其性质来分，大致可分为周期信号、随机信号、瞬时信号三种。

172

表6-2　传感器的选择及安装位置

机　器　类　型	传　感　器	安　　装　　位　　置
使用油膜轴承的蒸气轮机、压缩机、大型泵	位移	在A、B、C、D点径向水平和垂直安装
汽轮机、中型泵	位移	在A和B点径向水平和垂直安装
	速度	在A和B点径向水平和垂直安装
使用油膜轴承的电机或电扇	位移或速度	在每一个轴承端径向安装，用一个轴位移传感器来检测轴向压力磨损
使用滚动轴承的电机、泵或压缩机	速度或加速度	在每一个轴承端径向安装，通常在一台电机上用一个速度/加速度传感器来检测轴向压力磨损
使用滚动轴承的齿轮箱	加速度	传感器的安装尽可能地接近每一个轴承
使用油膜轴承的齿轮箱	位移	在每一个轴承上径向水平和垂直安装

波形每经过一定的时间重复一次的信号称为周期性信号。各种周期性信号均可用正弦（或余弦）函数来描述。对于周期性信号，一旦确定了信号在任何一个周期中的状况，信号在其它任何时刻的状况便可准确地确定。周期性信号是确定性信号中最主要的一种。

波形在无限长的时间内不会重复的信号称为随机信号。随机信号是大量脉冲信号的集合，其幅值、波形以及峰值出现的时刻都是随机的。

在某个时刻出现而到某个时刻消失的信号称为瞬时信号。

实际振动检测系统得到的信号，往往是由以上三种信号组成的随机信号。这些信号同时含有三种信号的成分，但就总体而言，仍然是一种随机信号。因此，通常在振动分析中所说的信号处理，实际上是指对这类随机的振动信号的处理。

(2) 时域、频域、幅域

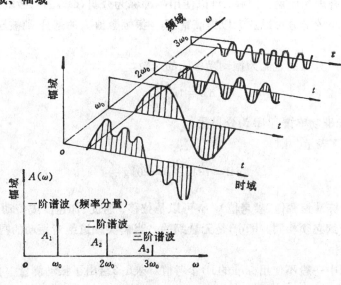

图6-6　振动信号的三维图

振动信号在时域、幅域（幅值域）、频域（频率域）上的表示构成了振动信号的三维图，图6-6为振动频率信号在这种三维空间内的表示。通常对作为时间函数的随机振动信号的处理，完整的描述需要从这三个领域进行分析。

信号在以时间为横坐标、幅值为纵坐标的坐标系中的表示称为信号的时域描述。通常测试记录到的波形图，就是振动信号在时域中的表现。一般地，信号的时域描述比较直观，但它只能反映信号随时间变化的特征，却不能明确揭示信号的频率组成。实际振动测试中得到的信号，一般都是由于机座松动、轴承、齿轮以及其它故障引起的多种振动的综合结果。在故障诊断中，需要从这样的综合振动信号中分离出各元件所引起的振动频率成分，研究该信号的频率结构和各频率成分的幅值大小。信号在以频率为横坐标、以幅值为纵坐标中的表示称为信号的频域描述。

同一信号的时域描述和频域描述有其对应的数学关系。把时域信号通过处理变为频域信号，对周期信号是用傅立叶级数，对随机信号是用傅立叶积分变换来得到的。信号在时域、频域内的分析分别称为信号的时域分析、频域分析，处理时二者可以互相转换。实际上，对动态信号在不同域内的分析，实质上是将其所包含的成分或动态数据在不同域上重新排列、组合并加以再现，它并不能也不会增加或减少该信号中的任何成分或数据。信号的各种频域分析、时域分析以及它们之间的相互转换，可在各类专用的信号分析仪上快速方便地实现。

在信号处理机上，振动信号的频域分析可以直接读出该信号的各个组成成分的频率及各频率的幅值大小。此时，纵坐标表示幅值，其值可以用均方根值X_{rms}表示，这样的频域信号描述称为频谱图。如果用均方值W_x^2表示其幅值，则称为功率谱密度函数，简称功率谱。

频谱图可采用一种对数刻度的频率坐标轴，这样做的结果是信号的低频部分被放大而高频部分被压缩，从而在整个频率范围内可以给出恒百分比带宽的分辨率，并使整个频谱图面尺寸具有合理的比例。同样，可以使用一种称为分贝(dB)的对数刻度尺来表示振幅，其优点是振幅小的部分可以放大以提高精度，振幅数值大的部分则被压缩而避免信号"溢出"

对于振动，分贝的定义为振动功率比的对数：

$$dB = lg\frac{W}{W_0} \tag{6-1}$$

式中　W_0为标准功率谱，dB为分贝数。

如以振幅X表示，则

$$dB = 10lg\frac{X^2}{X_0^2} = 20lg\frac{X}{X_0} \tag{6-2}$$

式中X_0为标准振幅值（参考值）。X可以是位移、速度、加速度或振动力中的任何一项，但X和X_0的量纲必须相同，即dB是无量纲的。当需要知道绝对振动的幅值X的数值时，就必须给定参考值。

实际应用中一般不使用标准的dB参考值。表6-3给出了振动测量中推荐使用的几种dB的参考值。

（3）振动信号处理的基本内容和方法

174

表6-3　振动测量时推荐使用的dB参考值

被　　测　　量	定　　义　　式	参　　考　　值
加速度 a	$dB = 20lg(a/a_0)$	$a_0 = 10^{-6} \mathrm{m/s^2}$
速度 v	$dB = 20lg(v/v_0)$	$v_0 = 10^{-9} \mathrm{m/s^2}$
位移 d	$dB = 20lg(d/d_0)$	$d_0 = 10^{-12} \mathrm{m}$
振动力 F	$dB = 20lg(F/F_0)$	$F_0 = 10^{-6} \mathrm{N}$

对振动信号在时域、幅域和频域内进行分析和处理，构成了振动信号处理的最基本亦是最重要的内容。其理论基础在数学方面主要是概率论、统计原理以及各种变换理论。在这些理论基础上发明的各类信号处理设备，是实施振动信号处理的技术基础。实际的振动诊断系统的各项信号处理，均在信号处理机上进行。

振动信号处理的方法很多。总的来讲，可以分别从幅域、时域、频域三个方面进行相应的分析。具体说来，在信号处理机上可以实现：

1) 幅域分析。通过幅域可求得：均值；均方值或均方根值；方差或均方差（标准差）；概率密度函数；概率分布函数；联合概率密度函数。

2) 时域分析。通过时域可求得：自相关函数；互相关函数。

3) 频域分析。通过频域可求得：自功率谱密度函数（自谱）；互功率谱密度函数（互谱）；相干函数（或称凝聚函数）；传递函数或频率响应函数。

以上十二种函数是随机动态信号分析中最重要和最常用的函数，是信号处理机上基本的也是最常用的操作。这十二种函数的数学和物理意义，可参阅有关文献。它们分别从不同的侧面深刻揭示了振动信号中所包含的各种信息，这些信息即是故障诊断中所需的各种参数。除此以外，还有倒频谱分析等。

（4）　FFT分析仪

用于动态信号数据处理的各类装置，统称为数据处理机或FFT分析仪。利用FFT分析仪，可方便迅速地完成各项信号分析处理工作。FFT分析仪是实施故障诊断中最重要的设备之一。目前国内外现有的此类处理设备多种多样，大致有以下四种类型：1)以通机微机为主，配以A/D转换设备和一定的附属装置，利用一些专用数据处理软件进行数据处理的系统；2)用软件控制的专用计算机；3)用FFT硬件控制的专用计算机；4)软件和硬件结合的数据处理机。目前我国各单位应用较多的有日本的CF300型、CF500型、CF910型、CF920型、7T08型、7T17型，美国的SD-375型，HP5451C型，丹麦的2033、2034型、以及我国天津电子仪器厂、北京测振仪器厂、宝应振动仪器厂等厂家生产的各类信号处理仪。

3．振动诊断

（1）简易诊断中的振动判断标准

如前所述，简易振动诊断只需对诊断对象的振动状态（亦即工作状态）作出判断：正常、异常或故障。使用的判断标准有绝对判断标准、相对判断标准和类比判断标准。其中绝对判断标准现场使用最为方便。目前国际上应用最广泛的几种标准有：

ISO2372——机械振动评价标准（ISO——国际标准化组织）。

ISO2372——机械振动的测量与评价标准。

加拿大政府文件CDA/MS/NVS410"维护振动极限"IRD公司制定的一般回转机械用振动许可值标准。

表6-4 回转机械振动判断标准

振动强度	ISO2372				ISO3945	
V_{rms} (mm/s)	小型机械	中型机械	大型机械	特大型机械	刚性支承	柔性支承
0.28						
0.45	A					
0.71		A			良好	
1.12			A	A		良好
1.8	B					
2.8		B				
4.5	C		B		满意	
7.1		C		B		满意
11.2			C		不满意	
18				C		不满意
28	D	D			不允许	
45			D			不允许
71				D		

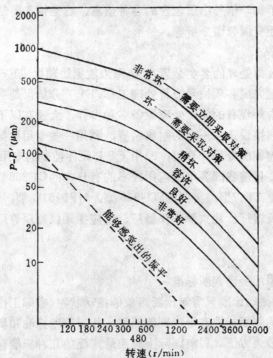

图6-7 旋转机械的位移判断标准

表6-5 轴承振动测量值的判断（10～10000Hz）

摘自加拿大政府文件CDA/MS/NVSH"107维护振动极限"

用于下列机器的总振动速度均方根值的允许值：	新　机　器		旧机器（全速全功率）	
	长　寿　命① VdB・mm/s	短　寿　命② VdB・mm/s	检查界限值③ VdB・mm/s	修理界限值④ VdB・mm/s
燃气轮机				
（>20,000HP）	138　7.9	145　1.8	145　18	150　32
（6～20,000HP）	128　2.5	135　5.6	140　10	145　18
（≤5,000HP）	118　0.79	130　3.2	135　5.6	140　10
汽轮机				
（>20.000HP）	125　1.8	145　18	145　18	150　32
（6～20,000HP）	120　1.0	135　5.6	145　18	150　32
（≤5,000HP）	115　0.56	130　3.2	140　10	145　18
压气机				
（自由活塞）	140　1.0	150　3.2	150　22	155　56
（高压空气　空调）	133　4.5	140　1.0	140　10	145　18
（低压空气）	123　1.4	135　5.6	140　10	145　18
（电冰箱）	115　0.56	135　5.6	140　10	145　18
柴油发电机组	1.4	140　10	145　18	150　32
离心机				
油分离器	123　1.4	140　10	145　18	150　32
齿轮箱				
（>10,000HP）	120　1.0	140　10	145　18	150　32
（10～10,000HP）	115　0.56	135　5.6	145　18	150　32
（≤10HP）	110　0.32	130　3.2	140　10	145　18
锅炉（辅助）	120　1.0	130　1.2	135　5.6	140　10
发电机组	120　1.0	130　1.2	135　5.6	140　10
泵				
（>5HP）	123　1.4	135　6.6	140　10	145　18
（≤5HP）	118　0.79	130　3.2	135　6.6	140　10
风扇				
（<1800r/min）	120　1.0	130　3.2	135　5.6	140　10
（>1800r/min）	115　0.56	130　3.2	135　5.6	140　10
电机				
（>5HP或>1200r/min）	108　0.25	125　1.8	130　3.2	135　5.6
（≤5HP或<1200r/min）	103　0.44	125　1.8	130　3.2	135　5.6
变流机				
（>1kVA）	103　0.14	— —	115　0.56	120　1.0
（≤1kVA）	100　0.10	— —	110　0.32	115　0.56

注：参考值10^{-6}mm/s原来的说明中的VdB值比本表中的值小20dB（由于选用的dB参考值不同）。

① 长寿命为1,000～10,000h；

② 短寿命约为100～1,000h；

③ 达到此值时，应进行检查，同时要进行频繁的倍频程分析并与下一行的数据进行比较；

④ 任何一个倍频程分量达到此值时应立即进行修理。

VDI2056——机械振动评价标准(VDI——德国工程师协会)。

DIN45665——电机振动强度的测量步骤与推荐极限值(DIN——原西德国家工业标准)。

BS4675——机械振动对比评价的推荐依据(BS——美国标准)。

原苏联的有关振动评价标准,例如ΓOCT5908—51等。

对于评价机械振动状态来说,较好的标准是加拿大政府关于设备维护的振动极限标准,该标准以振动速度的均方根值为参量,根据设备的种类和大小规定其极限值,频率范围为5～10000Hz,对于振动的高频成分具有较强的判断能力。

表6-4至6-5及图6-7列出了几种用于振动评价判断标准的实例。

(2) 精密诊断中的振动故障判断

精密诊断是以信号处理为基础进行的。前述的信号处理的十二种函数以及其它一些分析方法,常可给振动诊断提供有效的依据。在具体的方法上,有均方根值诊断法;幅值-时间图诊断法;频谱诊断法;转速-谱图诊断法;相关分析诊断法;系统参数诊断法;时序模型诊断法等。其中频谱诊断法是一般故障诊断中最常用的有效方法之一,因为频谱分析在信号处理机上处理方便、迅速,而设备各部位上发生的各类故障,一般在相应的谱图上具有较明显的特征。定性地讲,任何设备其故障与谱图的变化之间都存在某种对应关系,因此,在设备被初步判为故障后,可利用这些频图的特征对故障作出进一步的分析。

对于设备故障的判别方法很多,这里仅对目前应用最广泛的一种方法——对比判决法作一简单介绍。

对比判决法在时域分析和频域分析中均可应用。典型的应用方式有幅值判决、带限判决、模型特性判决等方式。用于对比判决中的判断标准,可以是预先设置的某种"门坎值",也可以是表征某种模型的判别函数。一般说来,对比判决法物理意义明确,判别方式简单,有时还可以从几个方面对比判断,则可进一步提高诊断的准确性。

1) 幅值对比判决 属于幅值对比判决方式的有:

主峰幅值判决:直接将设备工作状态信号的幅值同诊断文档中预设的振动信号幅值的门坎值比较,若超过该门坎值,则判为异常。

主频带幅值判决:这是利用频谱图中不同频率或在不同频带内的谱峰幅值对状态变化反映灵敏程度不一样这一特性而采用的一种判别方法。若某类故障出现,与其相应的信号频谱中某一确定频率或某一确定频带内的谱峰幅值(均方值)比正常时显著增大。诊断时,只需监测该频率或频带内的谱峰幅值并与预设的相应的门坎值进行对比判决。

通频幅值判决方式:以诊断对象的通频均方振动幅值(总振动量)与预设的门坎值比较,超过则判为故障。

频率成分判决方式:在频谱图中逐个频率地与各自的门坎值比较,若有超过限制值的频率成分则发出警报并转入原因分析。

各频带包络频谱设定判决方式:按各频带包络频谱,设定限制基准值,若超过,判为异常或故障。

2) 带限判决方式 属于带限判决方式的有:

主频率带限判决方式:设备运转正常时,其频谱的主频带必在某一频段。当工作状态发生变化时,主频带会相应向低频段或高频段方向移动。利用这一特性,预设危险主频率带限范围，一旦主频带落入此带限范围，即判为故障。

均方频率判决方式：采用均方频率作为判别函数进行对比判决。均方频率的定义为：

$$FH = \frac{\sum\limits_{i=1}^{N} f_i^2 S(f_i)}{\sum\limits_{i=1}^{N} S(f_i)} \qquad (6-3)$$

式中f_i为感兴趣的频率范围内的频率；$S(f_i)$为相应于f_i的功率谱值。该函数以信号功率谱作为频率平方的权函数，其结果是当主频带落入低频段时，FH显著减小；主频带落入高频段时，FH则显著增大，从而提高了诊断的灵敏性和准确性。

频谱诊断法中用的频谱有离散线谱和连续谱，使用最多的是振动信号的$X(t)$、$V(t)$、$A(t)$的振幅谱（或用功率谱）。

图6-8表示了某设备的频谱及以它为基础建立的该设备的维护标准图。图中曲线1是良好运行状态时机器某点振动响应的振幅谱，曲线2表示机器运行正常状态频谱的包络线，曲线3表示频谱维护极限，一旦机器振动频谱值超过曲线3就必须停机检修。

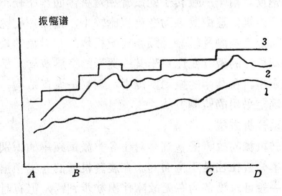

图6-8　维护谱图

利用离散的线谱图及其变化，对寻找故障发生的部位和性质，往往快捷而准确，很多典型的故障与振动频谱及其变化之间有一定的定性对应关系，例如：

当响应频谱中工频分量大时，可能是转子平衡不好，或是轴系临界转速或其它部件的固有频率接近工频；

当响应频谱中低于工频的频率分量大时，可能是油膜振动、转轴上产生裂纹等；

当响应频谱中出现数倍于工频的频率分量时，可能是转轴对中不良，叶片共振以及谐波共振等；

当响应频谱中高频分量较大时，可能是齿轮、滚动轴承等引起的振动。

以上一些典型故障与其频谱间的对应关系我们将会在后面的回转机械、滚动轴承以及齿轮的振动诊断中得到进一步深入的了解。至于频谱变化与故障之间的定量关系，需针对具体设备，通过专门实验分析结合大量调查研究得到的统计数据才能建立起来。

二、旋转机械的振动监测与诊断

旋转机械是最重要的一类机械设备，其故障类型很多，其中最常见的故障现象有转轴组件不平衡、不同轴、基座松动、轴承和齿轮等旋转部件的故障等。据统计，在冶金设备中，这些故障约占旋转机械中各类故障的一半以上。回转机械的各类故障在振动现象上一般都有较明显的特征，是振动诊断技术应用较为成熟的一个方面。

1. 振动型式及监测方法

旋转机械的振动主要有强迫振动(同步振动)和自激振动两大类。旋转部件的不平衡、转轴不对中，装配不良等是引起强迫振动的主要原因，其主要的振动特征为：振动频率为转子的回转频率及其倍频。从振动的振幅看，在转子的临界转速前，振幅随转速的增加而增大；在临界转速处，有一共振峰值；超过临界转速，随转速的增加而减小。自激振动(有时亦称为亚同步振动)是一种振动频率低于转子回转频率的振动。造成自激振动的原因很多，其产生机理也比较复杂。

从振动方向的角度，旋转机械的振动可分为径向振动、轴向振动和扭转振动三种类型。其中，径向振动(有时称为横向振动)对设备运行状态的反应最为敏感，是振动监测的主要对象。

对旋转机械的振动监测一般有两种方法。一种方法是测量机器壳体上典型部位(例如支承附近、基础等处)的绝对振动量，常用的测量参量为振动速度或加速度，测量结果为该处的绝对振动速度或加速度。由于一般转子的质量相对机体而言比较小，转子由于运转状态变化产生的动态激振力对机体造成的振动变化也比较小，因而一般说来这种振动测量方法不太灵敏。另一种方法是直接测量转轴轴颈相对于机体的相对振动量，测量参量为相对位移。这种通过相对振动位移的瞬时变化对于某些类型的突然事故，反应的灵敏度比较高，近年来得到了广泛地应用。在具体的振动监测中，需根据设备结构、振动特点、现场条件等各种因素综合考虑确定采用的监测方法。

2. 旋转机械振动分析方法

用振动法诊断旋转机械的故障的基础是对于各类激振频率的识别，但是实际诊断中，对振动信号仅仅作频率分析往往是不全面的。在旋转机械的各类频谱图上，基于对各类故障对应的频率特性，一般可对设备的有无故障作出初步判断，但有时却不能对故障的具体类型、故障发生的具体部位等作出准确的判断，而后者对于设备的维修角度，却是一个非常重要的一个方面。在频谱分析中，有时同一个激振频率(故障频率)的出现，可能在不同的场合是由不同的激振原因所产生，即不同类型的故障，有时在频谱图上可能表现为相同的激振频率。为了对旋转机械的各类故障作出准确的判断，这时就需要进一步分析其它一些可以表征这些故障不同特性的方面。

较完整的振动分析需要从频率、相位、振幅、时间等领域进行分析，以最大限度地确定异常振动的各种性质，其涉及的内容很多，具体常用的分析方法有：

1) 频率分析。在频谱分析仪上利用离散的线谱图分析，检查发生振动的各种频率或频率比。这步工作常可初步地辨识出故障的频率成分。实际操作中，必须十分注意频谱图中振幅较大的那些频率的分析及其与设备旋转频率之间的关系。

2) 相位分析。相位分析用于检查振动与旋转标记(旋转指示器)的同步性。一般地，相位不变化(同步)的振动属强迫振动，相位发生变化(不同步)的振动为自激振动或其它原因引发的振动。

3) 振动形态分析。这里所说的振动形态分析是指分析检查有关振动的振幅值与转速之间的对应关系。对于那些在其它振动分析(如频率分析)具有相同或类似特性的振动，通常的做法是通过改变转速(增加或降低)来观察分析其振幅值的变化及其规律性。振动形态分析是旋转机械的诊断分析中很重要的一个方面，一般都是必需实施的一项分析内容，一些在频率分析中易于混淆的故障振动，通过对它们的振动形态的分析对比，常可方便准确地诊断出所发生的(或主要发生的故障的类型。

例如对于频率分析，旋转机械的不平衡和不同轴(不同轴程度不太严重时)两类故障所引发振动的发生频率均基本与旋转频率一致，极易引起误诊断。这时如作振动形态分析，如图6-9a，二者之间的区别便十分清楚了。从振幅值的变化来看，不平衡引起的振动，振幅的增大与转速的平方成正比，而对于不同轴引起的振动，振幅大体一定，基本上与转速的变化无关。图b示出了不平衡、不同轴同时存在时的振动形态。

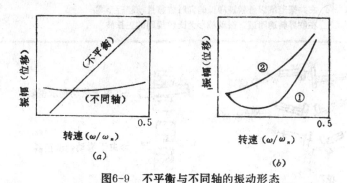

图6-9　不平衡与不同轴的振动形态

4)　概率密度分析。用于检查所发生振动的振幅概率

3．旋转机械常见故障的振动特性

这里介绍旋转机械几种常见故障的振动特性，它们都属于强迫振动，从总体上看，有以下一些特点：

发生的频率，与旋转频率相同或者为其n倍或$1/n$倍(n为正整数)，表现为频率与转速的关系；

振动振幅在某一固定转速下出现峰值，多以危险速度及其n倍来表示，表现为振幅与转速的关系；

振幅值随异常程度而变化，异常大时则增人，反之则变小。

(1)　不平衡引起的振动特性

不平衡振动是指由于旋转机械的转子结构不对称、材质不均匀、加工和装配误差等原因而产生的质量偏心所引起的振动。

不平衡的振动特性如表6-6所示。

不平衡引起的振动对设备危害极大。由于质量不平衡产生的离心激振力与转速的平方成正比，因而使得有关部件的受力状况显著恶化从而加速其损坏过程。此外，发生不平衡振动时，转子轴承座的振动会随转速增加而明显加剧(但不一定按平方关系增大，这是因为振幅的大小不但取决于激振力、还和激振力、固有频率、阻尼、质量等一系列因素有关)。

(2)　不同轴的振动特性

所谓不同轴，是指用联轴器连接起来的两根轴的轴心线不在同一条直线上，亦称不对中。此外，相邻两级传动轴之间的不平行，亦将其归于这一故障类型。常见的不同轴现象如图6-10所示。

表6-6　不平衡振动特性

振　动　参　数	性　　　　　　　　　质
振动方向	(a) 以径向为主，因轴承的构造易产生水平方向的振动 (b) 悬伸式机械的轴向振幅与径向相同
发生的频率	与旋转频率一致而无其它倍频
相位变化	经常保持一定角度(与旋转标记同步)，相位稳定
振摆	旋转方向
振动形态	在共振范围以外转速降低的同时位移量越趋近于零； 在临界转速附近，振动波形为比较规则的正弦波

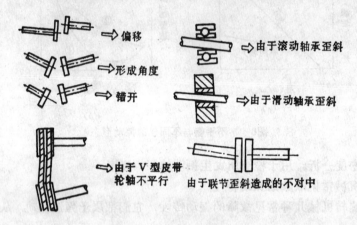

图6-10　常见的不同轴现象

不同轴的振动特性如表6-7所示。

表6-7　不同轴的振动特征

参　　　数	性　　　　　　　　　质
振动的方向	易发生轴向振动，如发生的轴向振动占径向振动的50%以上，则存在不同轴
发生的频率	在普通的联轴器上以基频f_r为主体，如激烈时则会发生$2f_r$、$3f_r$的振动
相位	经常保持一定的角度
振动形态	与转速降低无关，位移量或者一定，或者增加，不趋近于零

(3) 基座松动

松动现象是螺栓紧固不牢引起的，其振动特点是易发生垂直方向的振动，因此在分析松动引起的振动时，除了考虑不平衡和不同轴等引起的强制力外，还必须考虑重力的影响。松动现象具有一定的非线性特性，故除了发生旋转成份的基频振动外，还会发生高频振动。松动引起的振动特性如表6-8所示。

(4) 转子的临界转速共振与结构共振

旋转机械在某个(或某些)转速下出现振动急剧增大的现象，有可能是由于转子系统处在其临界转速下产生共振所致，也可能是由于作用在某个构件(例如轴承座、台板、机壳

表6-8 松动引起的振动特性

参　　　数	性　　　质
振动方向	易发生上下方向的振动
发生的频率	除基频f_r外，可发生高次谐波($2f_r$、$3f_r$、…)成分，也会发生$1/2f_r$、$1/3f_r$等分数级谐波共振
相位	无变化(同步)
振动形态	如使转速增减，位移会突然变大或变小(跳跃现象)

等)上的激振力频率和构件的固有频率相同引起的，即结构共振。这时，须判别异常原因，采取相应的对策。

转子临界转速下产生共振的特性如表6-9所示。结构共振其本质与转子临界转速时的共振相同。若发生临界转速共振，应调整其工作转速远离转子的临界转速区。对于结构共振的处理，关键在于激振力的频率和构件固有频率的确定。激振力的频率通常可由实测的振动信号进行频谱分析得到，而构件的固有频率通常采用各种激振的方法来加以测定。消除结构共振或减缓结构共振的常用方法是，用改变构件的动特性(例如改变构件的动刚度)来调整其固有频率、改变激振力的频率、增加外阻尼或安装减振器等。

表6-9 转子的临界转速共振特性

参　　　数	性　　　质
发生的频率	一般和转速的频率一致，在某些条件下 (例如转子刚度各向异性) 也可能是转速频率的倍数
相位角	在临界转速区域有较显著的变化
振动形态	在临界转速附近，振动波形呈较好的正弦波形，在临界转速时振动幅值最大，当偏离临界转速时振幅下降

三、滚动轴承的振动诊断

滚动轴承是机器中最易损坏的元件之一，其损坏失效的形式可大致分为磨损失效、疲劳失效、断裂失效、腐蚀失效、压痕失效、胶合失效等几大类。造成滚动轴承损坏失效的原因很多，例如轴承设计、零件加工装配、使用条件不好等等，都会使轴承在承载运转一段时间以后开始产生某种缺陷、继续发展直至损坏。由于滚动轴承各类缺陷的产生和发展，大部分可归结为轴承元件表面的劣化，因此与轴承元件表面状态有关的振动信号就成了监测、诊断轴承状态的重要信息。目前，滚动轴承的振动监测与诊断已得到了广泛的实际应用，是滚动轴承诊断的主要方法之一。其它方法还有，滚动轴承的噪声监测、润滑油样分析方法等。所谓噪声监测，是指利用滚动轴承运行中的噪声谱的变化来判断其故障的一项技术。由于在目前的技术水平下，要想从环境噪声与机器其它噪声中区分轴承噪声十分困难，故轴承的噪声监测诊断目前还未得到普遍的推广。关于油样分析方法，后面将会讲到。

1. 滚动轴承的低频振动

(1) 滚动轴承的低频振动

滚动轴承元件出现表面缺陷时，随着轴承的旋转，缺陷每接触一次就会产生一次冲击振动，具有一定的周期性，其振动频率一般在听觉范围内，即 $0\sim20\mathrm{kHz}$。通常这种低频振动可用安装在轴承座上的加速度传感器来接受，从而通过振动信号分析诊断滚动轴承的故障。

由于轴承元件缺陷引起的振动，根据产生缺陷的元件不同，其振动频率理论值可按下列公式计算：

内圈滚道缺陷：

$$f_i=0.5Zf\left(1+\frac{d}{E}\cos\alpha\right)\tag{6-4}$$

外圈滚道缺陷：

$$f_0=0.5Zf\left(1-\frac{d}{E}\cos\alpha\right)\tag{6-5}$$

滚动体缺陷：

$$f_b=\frac{E}{d}f\left[1-\left(\frac{d}{E}\right)^2\cos^2\alpha\right]\tag{6-6}$$

保持架不平衡：

$$f_c=0.5f\left(1-\frac{d}{E}\cos\alpha\right)\tag{6-7}$$

内滚道不圆：

$$f,\ 2f,\ \cdots,\ nf$$

以上各式中　Z——滚动体数；

d——滚动体直径（mm）；

E——滚道节径（mm）；

α——接触角；

f——轴承回转频率，等于每秒转数。

（2）滚动轴承元件固有频率上的振动

滚动轴承另一形式的振动是由于外力的激励而引起轴承转动体固有频率上的振动，当轴承元件出现缺陷或结构不均匀时，这种振动就会发生。各元件的固有频率与轴承回转频率无关，只取决于其本身的材料、质量与外形。对每种轴承，各元件的固有频率均可根据有关公式计算，例如：

钢球的固有频率：

$$f_b=\frac{0.424}{r}\sqrt{\frac{E}{2\rho}}\qquad(\mathrm{Hz})\tag{6-8}$$

轴承圈在圈平面内的固有频率：

$$f_r=\frac{K(K^2-1)}{2\pi\sqrt{K^2+1}}a^{-2}\sqrt{\frac{EI}{m}}\qquad(\mathrm{Hz})\tag{6-9}$$

式中　r——钢球半径（m）；

ρ——材料的密度（kg/m³）；

E——材料的弹性模量（Pa）；

I——套圈截面绕中性轴的惯矩（m⁴）；

a——回转轴线到中性轴的半径(m)；

m——套圈单位长度上的质量(kg/m)；

K——共振阶数。

2. 滚动轴承的精密诊断

滚动轴承的振动诊断是振动诊断技术的典型应用之一，其一般过程前面已经述及。值得强调指出的是，由于滚动轴承必须安装在机器的轴承座孔内，而测振传感器往往只能安装在接近轴承的机器表面上，振动信号依靠金属结构传递，因此对滚动轴承振动进行监测时，首先必须考虑金属结构传递振动的通道性质，尽力设法消除传递通道可能产生的非线性影响，例如测点的布置应保证轴承和测振传感器之间尽量为直接的传递途径，没有填料、螺栓连接等中间介质的影响，尽量减少传递通道中的中间界面。此外，在对滚动轴承的振动监测中，还应使轴承有充分的润滑、承受一定的载荷并以给定的速度运行，测振传感器应安装在轴承载荷区的中心，以保证振动信号的真实性。

(1) 低频信号分析法

低频信号分析法是通过直接测量滚动轴承损坏出现的振动频率，从振动频谱图上观察分析有关的突出的谱线频率来诊断轴承故障的一种方法。因为轴承元件损坏而激发的振动频率一般都在听觉范围内，故称为低频信号分析法，有时也称为直接分析法。使用这种诊断方法时，其监测频带通常选为0～20kHz。

低频信号分析法的诊断基础是对于损坏元件激发频率的辨识。前面已经讲到，若滚动轴承某元件出现缺陷，就会在运行过程中产生一定频率的脉冲，其频率的理论值可用相应的公式求得。对轴承的振动信号进行频谱分析，只要频谱图中出现这种脉冲信号的频率成分就可认为是该元件有缺陷而激发的频率，从而对轴承状态作出判断。

图6-11为某轴承振动信号的频谱图，表6-10列出了分析与诊断结果，其中表内所列出的理论频率值是依据轴承实际参数按相应的公式计算得出的。

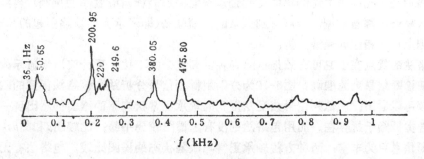

图6-11 某轴承振动诊断谱图

低频信号分析法的主要缺点是振动信号接收受到各种噪声（尤其是机器中流体动力噪声）的干扰大，信噪比较低。实际诊断时，常可采用同步频谱分析方法，在一定的程度上可提高信噪比。所谓同步频谱，即是先将信号同步平均（信号按一定的时间间隔截取，然后叠加平均）再进行傅里叶变换所得到的频谱。图6-11就是采用这种方法得到的同步频谱图，与正常频谱相比，它的宽带噪声被消除，更清楚地呈现出由于故障而产生的周期性信号。

(2) 谐振信号分析法

表6-10 某轴承故障诊断结果

轴承元件激发频率(Hz)			故　　障　　说　　明
名　　称	理　论　值	实　际　值	
保持架回转频率	18.8	36.1	2×保持架回转频率。滚动元件或保持架不规则
转子回转频率	50	50.65	转子不平衡
外圈轨道频率	206.25	200.95	外圈不规则
滚动体回转频率	187.50	380	≈2×187.5。滚动元件缺陷

谐振信号分析法是通过监测因轴承元件损坏而激发的谐振信号来进行轴承故障诊断的一种方法。与直接测量轴承损坏出现的脉动频率的低频信号分析法比较，谐振信号分析法可得到较强的监测信号，信噪比、诊断准确率均较高，因而目前应用较为普遍。

应用谐振信号分析法进行轴承诊断时，通常选择30～40kHz作为监测频带（轴承元件的固有频率一般在此频带范围内），所选择的压电晶体加速度计的磁座、机壳以及邻近零件的谐振频率均远离这一频域。轴承正常运行时，在这一监测频带内不会出现共振峰。实际监测时，一旦频谱图上在此频带内出现谐振信号，即认为是轴承某个元件发生缺陷所致，进一步作频率分析便可判明发生缺陷的轴承元件。谐振信号分析法的诊断基础是在监测频带内对轴承元件固有频率成分的检查和辨识，各轴承元件固有频率的理论值可用相应的公式计算得出。

（3）包络法

包络法亦称谐振调解法。它与前述二种方法不同，在选择监测频带上，包络法不是避开测振传感器的一阶谐振频率区，而将这一频率区作为监测频带。在包络法中，信号先被滤去其它低频分量而只取经调制的高频分量（即由于轴承缺陷而激发传感器以其固有频率产生的高频振动，此高频振动的幅值受到轴承缺陷引起的脉动激发力的调制），再经放大、滤波后送入峰值跟踪器解调，即可得到原来的低频脉动（即轴承元件缺陷引起的脉动）信号，在此基础上再作相应的频谱分析。

包络法的优点在于它可有效地消除各种低频成分的干扰，更为突出地显示故障的频谱特征，使诊断结果更为准确。图6-12为分别用低频信号分析法和包络法得到的四张谱图。通过比较可以看出：用低频信号接受法得到的轴承正常状态下的谱图仍然出现一些谱峰，表明有各类低频干扰存在，而用包络法则没有，谱图较为平缓；比较图*d*和图*b*，包络法的谱图诊断信息更为丰富；两种方法轴承正常与缺陷状态的谱图比较，包络法有无故障的区别在谱图上更为明显。

（4）倒谱分析

滚动轴承在运转中，由于各元件间相互的动力作用，形成了各自的特征频率并且相互迭加和调制，从而使功率谱图上呈现多族谐振波的复杂图形而往往难以识别，此时，可采用倒谱分析，从倒谱图上往往可更明显地反映故障的某些特性（例如谐频和边带特征）。目前，大多数FFT分析仪都具有倒谱分析功能。

3．滚动轴承的简易诊断

（1）便携式测振仪的应用

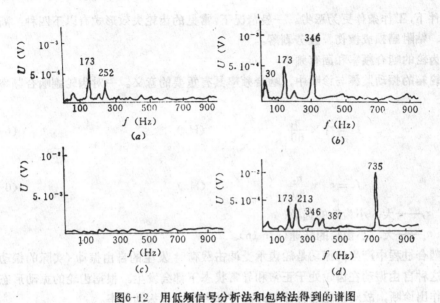

图6-12 用低频信号分析法和包络法得到的谱图

a、b—分别为用低频信号分析法得到的轴承正常状态、缺陷状态运行时的谱图；c、d—分别为用包络法
得到的轴承正常状态、缺陷状态运行时的谱图

在现场常可应用测振仪或某些较简单的专用仪器对滚动轴承进行简易诊断。这些仪器都是利用轴承元件表面缺陷的产生、扩展必然引起轴承振级增大这一现象工作的。应用这类测振仪进行轴承状态监测时，常采用前面所讲到的相对判断标准来对轴承状态作出判断。即以新轴承时测得的振动值作为初始值，以监测时测得的振动值与初始振动值之比（倍数）作为诊断依据。

一般这类测振仪体积小、重量轻、投资省，对普通不太重要场合的滚动轴承实施简易诊断，这种方法往往经济而又有效。

(2) SPM(Shock Pulse Meter)滚动轴承检测仪

瑞典生产的SPM43A型滚动轴承检测仪是目前应用较多的轴承简易诊断专用仪器。该仪器是利用轴承的绝对振动值为基准对轴承状态作出判断。使用SPM时，需先在仪器上设置好被测轴承内径d及其转速n两个参数。监测时，使与仪器连接的传感器接触轴承检测点（与轴承外座圈紧密相邻的轴承座外表面），当轴承故障发展到一定程度时，引起的振动激起轴承外座圈共振，与外座圈共振频率相配的SPM即可分别用红、黄、绿三种颜色明显地示出轴承的状态。

从SPM仪表盘上可读出测振值。表盘上划分为绿、黄、红三个示值区域，分别表示轴承的三种不同工作状态。绿色区域指示轴承状况良好，轴承无磨损或磨损轻微，指示值在0～20dB之间；黄色区域提示注意，轴承已发生了一定程度的磨损，指示值在20～35db范围；红色区域为危险区域，表示轴承工作状态不良，磨损加剧或已损坏，指示值在35～60dB范围。

四、齿轮箱的振动监测与诊断

齿轮箱是各类机械中最重要的变速传动部件。在齿轮箱各类零件中，因齿轮本身失效而造成齿轮箱故障所占比重最大，约占60%。用于冶金设备中的传动齿轮，大多处于高温、重载的条件下，工作条件更为恶劣。一般情况下，常见的齿轮失效形式有以下四种：断裂、磨料磨损、粘附磨损或擦伤、疲劳剥落。

1. 齿轮的啮合频率和固有频率

在齿轮箱的振动监测与诊断中，啮合频率具有重要的意义。一对齿轮副啮合频率的表达式为：

$$f_z = z_1 \times \frac{n_1}{60} \qquad (Hz) \qquad (6\text{-}10)$$

或

$$f_z = z_2 \times \frac{n_2}{60} \qquad (Hz) \qquad (6\text{-}11)$$

式中　z_1、z_2——大、小齿轮的齿数；

　　　n_1、n_2——大、小齿轮的转速(r/min)。

齿轮啮合过程中产生的振动是轮齿承受冲击载荷时发生的自由振动（实际的振动是衰减振动），这种自由振动在齿轮处于正常和异常状态下都会发生。根据齿轮的振动形态，常能对齿轮作出诊断，故对齿轮进行诊断时必需知道其固有振动频率。

对于实心的直齿圆柱齿轮对，其固有频率 f_c 可由下式求出：

$$f_c = \frac{1}{2\pi}\sqrt{\frac{K}{m}} \qquad (6\text{-}12)$$

$$\frac{1}{K} = \frac{1}{K_c} + \frac{1}{K_r} \qquad (6\text{-}13)$$

$$\frac{1}{m} = \frac{1}{m_c} + \frac{1}{m_r} \qquad (6\text{-}14)$$

式中　K　　——齿轮副的等效质量；

　　　m　　——齿轮副的等效弹簧常数；

　　　K_c、K_r——大、小齿轮的弹簧常数；

　　　m_c、m_r——大、小齿轮的等效质量。

上式中大、小齿轮的弹簧常数可根据手册中有关图表近似求得。按上式求得的固有频率比实际的自由振动频率稍高。

2. 齿轮的精密诊断

(1) 齿轮精密诊断的一般程序

齿轮精密诊断的一般程序如图6-12所示。

齿轮所发生的振动中，包括有与齿轮的旋转频率相关的低频振动和与固有频率相关的高频振动。在齿轮的低频和高频振动中，均含有大量有用的诊断信息。一般地，如果齿轮发生异常，其在这两个频域内的振动都会发生有某种内在规律的变化。齿轮的精密诊断，必须从低频和高频两个频带同时进行，即采用所谓宽频带监测和诊断。

一般地，频率在1kHz以下的振动宜于按速度进行诊断，对于1kHz以上的振动以加速度诊断为宜。在实际的诊断系统中，由于同一监测部位不能同时安装两个不同的传感器，故振动信号的检测通常采用一个加速度传感器采集振动信号。具体的做法是，对于低频振动，经加速度传感器测出的信号经电荷放大器放大之后再由积分器将振动加速度转换成振动速度。

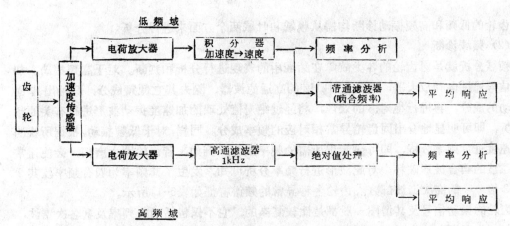

图6-13 齿轮精密诊断的一般程序

表6-11 齿轮振动的特征(低频)

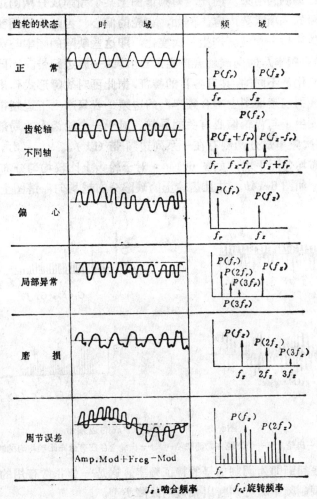

齿轮的状态	时 域	频 域
正 常		
齿轮轴不同轴		
偏 心		
局部异常		
磨 损		
周节误差	Amp.Mod+Freg-Mod	

f_z: 啮合频率 f_r: 旋转频率

齿轮的低频和高频振动诊断均需从频域和时域两个方面来进行分析。

（2）频域诊断

频域分析就是对齿轮的各类故障在频域中的表现进行分析和判断。对于**高频振动**，加速度信号通过电荷放大器，再通过 1kHz 的高通滤波器，除去其它低频成分，只抽出其固有振动的成分，再进行绝对值的处理，将经过绝对值处理的加速度振动波形进行有关的频率分析，即可明显地看出同齿轮异常相对应的频率成分。同样，对于**低频振动**，根据所获的振动速度进行频率分析，即可显示出所需的频率成分。例如，若齿轮发生磨损，会使通常是正弦波的啮合波形破坏，对此波形进行频率分析可知，发生了其频率为啮合频率及其 2 倍、3 倍……的高次谐波部分。齿轮各种异常的频谱特征如表6-11所示。

齿轮的振动信号及其谱图一般都是比较复杂的，它不仅包括啮合频率及其各次谐波，而且包括由于调制效应（频率调制、幅值调制）而产生的边带以及其它成分。齿轮的许多缺陷是以边带形式呈现出来的，它实际上就是以产生的故障频率作为调制信号对某一较高频率如啮合频率进行调制的结果。因此，对频谱图上某个频率成分两侧边带部分的分析，是齿轮故障频域诊断的一项重要内容。例如，齿轮的偏心、齿距的周期变化、载荷的波动等缺陷存在时（齿轮旋转一周就会产生一次变化，即这些缺陷的频率与齿轮的旋转频率 f_r 一致），频谱图上啮合频率 f_z 的两侧就会产生 $f_z \pm nf_r$ 的一族边频带。不同故障引起的边频带的形式及其幅值变化是不同的，具有各自的特征，据此可对故障形式作出进一步的判断。例如有多种异常均会引起频谱图上啮合频率 f_z 的边频，若只产生下边频带，即仅有 $f_z - nf_r$ 的边频带，则可能发生了与齿轮偏心有关的异常。对于一个轮齿上的局部缺陷，频谱图中啮合频率 f_z 及其高次频率成分两侧存在一系列边频带（以 f_z、$2f_z$、$3f_z$…… 为中心），其幅值较低、且分布均匀而平坦，如图 6-14a。对于轮齿上比较均匀分布的缺陷，谱上的边频带比较高而窄，如图 6-14b。并且齿轮上的缺陷分布越均匀，谱图上的边频带越高、越窄。

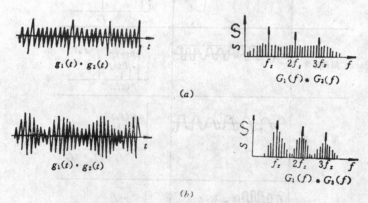

图6-14　由齿轮缺陷形成的边频带

a—齿轮上有一个齿轮在局部缺陷；　　b—齿轮上存在有分布比较均匀的缺陷

边频带的谱线间距即为调制信号的特征频率。这是一个非常有用的诊断信息。在有些情况下，找出了调制频率即可判断出相应的故障类型。

由于齿轮振动中调频现象和调幅现象常常同时存在，它们的综合作用，在谱图上形成了不对称的边频带，对此，必须作出认真仔细的分析。

(3) 时域诊断

在齿轮的时域诊断中，常利用时域平均法(同步信号平均法)来消除其它齿轮的周期信号和各种随机信号的干扰，直接从时域信号中观察、分析找出齿轮上存在的缺陷。

时域平均法的基本原理如图6-15所示。信号的同步平均需应用两个传感器：一个传感器用于拾取齿轮箱的加速度信号；另一个传感器作为时标，用于记录选定齿轮轴每转一次的标记。时标信号应经过扩展或压缩的运算，使原来的周期T转换为相当于被检齿轮转过一整圈的周期T'。将加速度信号以此周期T'分段叠加，然后进行平均，最后再经光滑化滤波，即可得到被检齿轮的有效诊断信号。

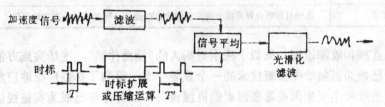

图6-15 时域平均的一般过程

图6-16是用时域平均法对不同状态下的齿轮检测时所得到的信号，整个信号长度相当于齿轮一转的时间。齿轮常见故障的时域信号特征如表6-12所示(参阅图6-16)。

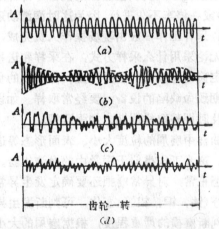

图6-16 齿轮在各种状态下的时域平均信号

a—齿轮正常；*b*—齿轮安装错位；*c*—齿面严重磨损；*d*—个别齿断裂

第三节 润滑油样分析技术

润滑油样分析技术是指通过分析混杂于机器润滑油中金属磨屑的数量、成分、大小、形态等信息来判定机器零部件磨损状态、机器运行状态的一项新技术，亦称磨屑分析技术。通过润滑油样分析，常常不仅可以判断出机器的运行状态是否正常，还可以确定出由于磨损引起的故障类型或发生的部位、产生的原因，并可对发展趋势作出预测。机器的一些重要零部件(例如航空发动机、大型轧钢机的齿轮座、轧辊轴承等)，故障发生前润滑油中磨屑的各种特性较正常时往往会发生明显的变化，因此对这类设备实施润滑油样分析进行状态监测就具有十分重要的意义。另外，油样分析可以在不停机的情况下进行，利用它对设

表6-12　齿轮常见故障的时域平均信号特征

齿 轮 的 状 态	时 域 平 均 信 号 特 征
正常	信号由均匀的啮合频率分量组成，无明显的高次谐波
齿轮的周节误差、偏心、齿轮安装错位	由于异常齿轮的旋转运动，啮合频率分量受到幅值调制。调制频率相当于齿轮转速及其倍频
齿轮全面磨损、一侧接触、齿形误差	齿轮的啮合频率成分增大，啮合频率分量出现较大的高次谐波分量
断齿、局部异常	齿轮只有啮合异常部分的振幅增大，在齿轮一转的信号中有突跳现象

备进行状态监测和故障诊断，类似于医生对病人的"抽血化验"，现场实施方便。目前，润滑油样分析已成为机械故障诊断技术的一个重要分支，得到了日益广泛地应用。尤其是对于磨损是产生故障主要原因或重要因素的机械设备，油样分析已成为实施视情维修的重要手段之一。

在设备的维护中，整个油样分析工作通常按采样、检测、诊断、预测、处理五个步骤进行。

采样是指从润滑系统中采集能正确反映被监测的机器零部件运行状态的油样或磨屑样品，通常应在机器运转过程中或在停车不久进行，因为这时润滑油还保持正常的工作温度，磨屑与润滑油混合状态较好。采样工作一般由现场操作人员完成，采样后立即连同完整的采样记录送往油样检测室。无论采用什么采样方式，在采样和送检过程中必须严防外界污物进入油样。采样周期的确定应考虑设备的重要程度、零部件的负荷特性、距上次大修的时间等因素。对于可能有初期致命缺陷的设备，要经常取样。如设备运转时间较长、油样监测已开始发现异常，则应及时调整取样周期、加强监视。

检测的基本内容包括对油样中磨屑的粒度大小、表面形态等进行观察以及对其数量、成分、粒度分布等进行测定。这步工作类似于医学中的血液化验。诊断则是根据油样检测结果判断机器的磨损状态是否正常，对异常磨损还要确定发生异常磨损的零部件以及磨损的类型。例如，根据磨屑成分（铁、铜、铝等）变化，可判断发生异常磨损的零部件；根据油样磨屑的浓度和粒度，可判断磨损的严重程度；根据磨屑的大小和表面形态，可判断磨损的类型、原因，等等。

所谓预测，是指根据目前磨损状况，预测机器零部件的剩余寿命和今后可能发生的磨损类型。预测通常要将当前油样检测结果与以前一段时间内各次检测结果连贯起来进行分析。以时间为顺序的各项检测指标各次检测结果组成的各条曲线，从不同方面表征了过去至当前磨损的发展过程，据此运用有关预测规律，或参照被监测设备过去的维护经验（或对同类设备的维护经验）、或参照国内外相应的研究结果，往往会较直观方便地得到较满意的定性预测结果。一般地，当这些曲线中的一条或几条曲线同时开始发生变化时，应加强监视；当曲线发生显著变化时，表明异常开始出现；当曲线陡度发生剧烈变化，则预示着故障即将发生。

处理是根据预测的结果确定维修的部位、方式和时间。

目前常用的润滑油样分析方法主要有光谱分析法、铁谱分析法和磁塞检查法。三种方法的检测效率和磨屑尺寸的关系如图6-17所示。由图可见，这三种方法是相互补充的，应根据具体情况灵活运用。

一、光谱分析法

光谱分析法是利用光谱分析仪分析润滑油中金属的成分和含量来判断磨损的零件和磨损严重程度的一种方法。它的理论基础是原子物理学的有关基本原理，其技术基础是根据这些原理而发明的各类光谱分析仪的应用。光谱分析法对磨屑粒度的灵敏范围一般小于$10\mu m$，灵敏度、准确性和稳定性都较好，尤其适用于用有色金属制造的零部件的磨损分析。光谱分析法的缺点是不能给出磨屑的形貌细节，从采样到分析结果滞后时间较长。此外，目前使用的各类标准光谱分析仪价格都比较昂贵。

光谱分析中的典型波长如表6-13所示。

光谱分析法又可分为原子发射光谱分析法和原子吸收光谱分析法等几种。

1. 原子发射光谱分析法

利用物质受电能或热能激发后发射出的特性光谱的性质来判断物质组成的方法称为发射光谱法或电火花法。根据原子物理学的原理，不同物质的原子受激后所放出的光辐射都

表6-13 利用原子吸收的光谱波长确定油中各种金属

元 素 和 化 学 符 号	波 长	(A)
铁(Fe)	3270	
铜(Cu)	3247	(3274)①
铬(Cr)	3579	
镍(Ni)	3415	
铅(Pb)	2833	(3302)①
锡(Sn)	2354	
钠(Na)	5890	
铝(Al)	3092	
硅(Si)	2516	
镁(Mg)	2852	
银(Ag)	3281	

① 在确定高凝聚时使用。

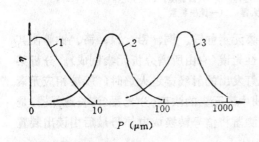

6-17 三种油样分析方法的检测效率

η—检测效率；P—磨屑尺寸 (μm)
1—光谱； 2—铁谱； 3—磁塞

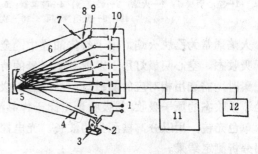

图6-18 发射光谱测定系统

1—激发源；2—回转石墨盘；3—样品槽；4—入口缝隙；5—光栅；6—特性光谱；7—焦点曲线；8—出口缝隙；9—光电探测器10—信号积分仪；11—信号处理仪；12—打印装置

具有与该元素相对应的特征波长，如表6-13所示。利用这个原理制成的各类发射光谱仪，采用各种激发源使被分析物质的原子处于**激发态**，再经分光系统将受激后的辐射线按频率分开，通过对特征谱线强度的测定，可以判断某种元素是否存在以及它的浓度。

图6-18示出了一种常用发射光谱测定系统的组成及其工作原理。

整个测定系统由激发装置、光谱分析仪（即图中 4～10）、信号处理仪以及分析结果打印装置组成。光谱分析仪实质上是由一条窄缝隙、一个用来把通过缝隙后的辐射的波长分量分开的光栅（或棱镜），以及一个探测和测量光谱辐射的光电系统所组成。激发源用电火花直接激发由回转石墨盘从油样中带出的金属磨屑（石墨盘部分浸于油样槽中且缓慢回转）。发射光谱经入口缝隙进入分析仪，经光栅反射形成特性光谱聚焦进入光电探测器。由于对每一元素使用了分开的、照片探测器和打印机读出，可以迅速得出测量结果。

光谱测定法（包括其它各种光谱测定法）特别适用于对有多种金属零件组成的机器（或部件）的润滑系统监测。例如，柴油机主轴瓦及连杆轴瓦的材料为钢背网状铝锡合金，它以锡-铝共晶软化相的形式存在。通过油样磨屑成分测定可知，润滑油中微量的锡和铝来自主轴瓦和连杆轴瓦的磨损；镁来自球墨铸铁曲轴轴颈的磨损；铜和锌来自连杆小头锡青铜衬套的磨损，等等。这样就可以根据磨屑成分定性地判断出哪些零件发生了磨损。此外，它还可以根据各种磨屑成分含量的多少，定量地判断出各零件磨损的程度。

2. 原子吸收光谱分析法

原子吸收光谱分析法亦称火焰法。其基本原理是，将润滑油中的磨屑热解原子化，根据原子蒸汽对各种不同波长的单色锐线光源发出的特征辐射线吸收作用不同来确定磨屑中各种元素的含量。原子吸收光谱分析系统如图6-19所示。

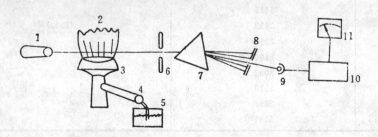

图6-19 原子吸收光谱分析系统

1—空心阴极灯；2—火焰；3—燃烧器；4—喷雾器；5—油样；6—入口缝隙；7—分光器；8—出口缝隙；9—光电探测器；10—放大器；11—读出装置

火焰通常为乙炔火焰，用于裂化油样中的金属元素如铁、铜、铅、镍、铬、钠等使其处于吸收态。空心阴极灯用于发射被测元素的特性光谱（它由所需分析元素制成）。分析某种元素时，需选用相对应的阴极灯。当空心阴极灯发出的射线穿过火焰时，就被相应元素的处于吸收态的原子吸收，其吸收量正比于样品油中该元素的浓度。分光器（波长选择器）是一个单色光镜，用以分离被测光的波长。光电探测器将信号转换成电信号最后由读出装置示出分析测定结果。

用于诊断比较用的标准谱是事前用人工配合的各种元素的一系列（一般为 6 个）标准浓度的油样中制作出来的。

原子吸收光谱法具有较高的精确度和灵敏度，但它只能测定磨屑中的元素含量。此外，一般说来一种阴极灯只能用来分析一种元素，每测一种元素就得更换一个阴极灯（单元素光源），操作比较麻烦。目前，双光束多道的原子吸收光谱分析仪已开始投入应用，该分析仪一次可分析二种或多种元素。

3．铁谱分析法

铁谱分析法的基本原理是将油样按规定的操作程序稀释使之流过一个强磁场，在磁场力的作用下，不同大小的带磁性的磨屑所能通过的距离不同而形成按颗粒大小次序的沉淀。测定分析油样中磨屑沉淀的情况即可判断机器零部件的磨损程度。铁谱分析可以提供磨屑的数量、粒度、形态和成分等反映零部件磨损状态的重要信息，这是其它油样分析方法所不能全部实现的。此外，与光谱分析法比较，用于铁谱分析的仪器价格比较低廉。因此，铁谱分析法是目前使用最广泛、最有发展前途的一种油样分析方法。

用于油样铁谱分析的主要仪器是铁谱分析仪。目前，铁谱分析仪主要有三种类型：分析式铁谱仪、直读式铁谱仪和"在线式"铁谱仪。分析式铁谱仪的用途主要是用来制备铁谱片，以提供对磨屑进一步的观察分析之用。直读式铁谱仪主要用来直接测定油样中磨屑浓度和尺寸分布，仅能进行定量分析。"在线式"铁谱仪直接与被监控系统相接，无需采集油样就能直接监测和诊断机器的状态及零部件的磨损状况。

（1）分析式铁谱仪

分析式铁谱仪的结构和工作原理如图6-20所示。其玻璃基片与水平面略微倾斜布置在磁场上方。当油样经微量泵输入流经基片时，在强大的磁场力的作用下，尺寸不同的磁性磨屑最终都依其大小次序全部均匀地沉淀到基片上，经固化等程序处理，即形成铁谱片。

用铁谱仪制备的铁谱片供进一步分析测定。利用装在铁谱显微镜上的光密度计，可以定量地测定磨屑的分布状况，可从谱片上不同位置读得该处的磨屑密度读数。磨屑密度表示在1.2mm直径的视场中磨屑复盖面积的百分比。其中两个位置的读数有着特别的意义：一个位置在大约距谱片出口端55mm，其读数称为大磨屑百分复盖面积 A_L；另一个位置在距谱片出口端50mm处，其读数称为小磨屑百分复盖面积 A_S。这两个位置与后述的直读式铁谱仪的两个读数位置相对应。

用电子显微镜或双色光学显微镜可以观察到磨屑的形态，进而确定磨损的类型。现列举几种在不同磨损状态下形成的磨屑在显微镜下的形态：

1）正常滑动磨损的磨屑：对于钢，是厚度小于 $1\mu m$ 的，称为剪切混合层的薄层在剥落后形成的碎片，尺寸为 $0.5\sim15\mu m$。

2）切削形成的磨屑：形状如带状，长度为 $25\sim100\mu m$，宽度 $2\sim5\mu m$。

3）滚动疲劳磨屑：是由母材滚动疲劳、剥落形成的，呈 $\phi1\sim5\mu m$ 的球状，间有厚 $1\sim2\mu m$、大小为 $20\sim50\mu m$ 的片状碎片。

4）滚动疲劳兼滑动疲劳磨屑：主要由齿轮节圆上的材料剥落形成，磨屑形状不规则，宽厚比为 $4:1\sim10:1$。

5）严重滑动磨损磨屑：磨屑呈大颗粒剥落，尺寸在 $20\mu m$ 以上，厚度在 $2\mu m$ 以上，且经常有锐利的直边。

利用双色光学显微镜观察谱片，还可以根据磨屑沉积的位置和形态区分出有色金属的磨屑。例如：沉积部位偏下的大颗粒磨屑，若其长轴方向与磁力线方向呈较大角度，说明其磁敏感性低；磨屑表面的孔洞和变形褶皱说明它们比较软等。

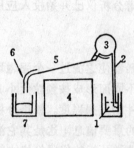

图6-20 分析式铁谱仪工作原理

1—润滑油试样；2—特种胶管；3—泵；4—磁
铁；5—玻璃基片；6—排渣管；7—废油收集瓶

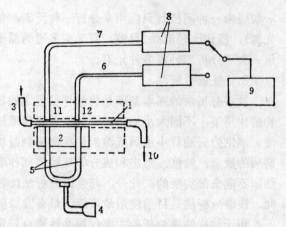

图6-21 直读式铁谱仪

1—玻璃管；2—磁场；3—毛细管；4—光源；5—纤维光导通道；
6—小磨屑光电接受通道；7—大磨屑光电接受通道；8—光电
检测器；9—数显装置；10—废油排出口；11、12—光密度测头

(2) 直读式铁谱仪

直读式铁谱仪与分析式铁谱仪工作原理相似，不同之处在于它内部配置有光密度计，不需先将油样制成铁谱片而能直接显示有关磨屑数量和大小的信息，但不能象分析式铁谱仪那样通过谱片的观测可以确定磨屑的形态和成分。

直读式铁谱仪的结构和工作原理如图6-21所示。其玻璃沉淀管与水平面略成倾斜地布置在磁场的上方。油样流经玻璃管时，在磁场力作用下，磨屑在玻璃管内产生如图6-22所示状态的沉积。两个光密度测头及光电通道布置的位置是：第一个布置在靠近能沉淀大磨

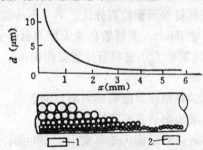

图6-22 直读式铁谱仪磨屑在玻璃管中的沉积状态

1、2-光密度测头

屑(大于$5\mu m$)的进口处(相当于谱片上大颗粒读数位置)，第二个则布置在靠近玻璃管出口处(相当于谱片上小颗粒读数位置)。光源通过光通道照射光密度测头，然后分别由两个光电接受通道把信息传送到光电检测器，最后由数显装置出分别显示出表示两种尺寸范围的磨粒读数：大于$5\mu m$的磨粒读数D_L和$1\sim2\mu m$的磨粒读数D_S。D_L和D_S分别称为大磨粒密度和小磨粒密度。

(3) 铁谱分析定量指标

在油样的铁谱定量分析中，分析式铁谱仪的读数A_L和A_S、直读式铁谱仪的读数D_L和D_S，实际上都不能单独地直接表征机器的磨损程度。常用的铁谱定量指标有：

1) 以(A_L-A_S)或(D_L-D_S)作为铁谱定量指标，其依据为：当发生严重磨损时，A_L或D_L值大大超过A_S或D_S。

2) 以(A_L+A_S)或(D_L+D_S)作为铁谱定量指标，其依据是：当发生不正常磨损的初期，一般磨粒总数都会较正常时大大增加。

3) 综合考虑以上两点，以磨损烈度指数作为定量指标。磨损烈度的定义为：

对分析式铁谱仪，磨损烈度为：

$$I_A=(A_L+A_S)(A_L-A_S)=A_L^2-A_S^2 \tag{6-15}$$

对直读式铁谱仪，磨损烈度为：

$$I_D=(D_L+D_S)(D_L-D_S)=D_L^2-D_S^2 \tag{6-16}$$

磨损烈度比较全面地表征了机器的磨损状态，在铁谱定量分析中应用最为广泛。

4) 大磨屑百分比数(PLP)——大磨屑在磨屑总重量中的百分数：

$$PLP=\frac{D_L-D_S}{D_L+D_S}\times100 \tag{6-17}$$

5) 标准磨屑浓度(SWPC)，定义为每毫升油样的磨屑浓度：

$$SWPC=\frac{D_L+D_S}{N} \tag{6-18}$$

式中N为流过直读式铁谱仪的油样毫升数。

6) 以一种称为累积烈度$\sum(D_L+D_S)$的参数作为评价磨损状态的一项指标，具体应用方法有：分别以D_S、D_L为纵坐标，机器运转时间为横座标划出曲线，根据曲线急剧上升的趋势来判断磨损情况；分别以(D_L+D_S)和(D_L-D_S)为纵座标，以运转时间为横座标作出曲线，根据两条曲线突然互相靠近的一点作为磨损严重化的标志。

必须指出的是，无论采用何种参数作为铁谱分析的定量指标，由于不同的机器润滑系统在磨屑数量和尺寸分布上的差异很大，不可能给这些参数规定一个统一的标准值，因而在实际应用时，必须根据具体的监测对象建立起各项定量标准的对应于正常磨损、严重磨损、异常或故障状态的标准判断数值，即相应的判断标准。

3. 磁塞检查法

磁塞检查法是一种简便而有效的油样分析方法。其基本原理是将带磁性的磨屑探测器（简称磁塞）置于润滑油管道内，悬浮于润滑油中的磨屑就不断地被吸附于磁塞的塞头（探头）上；定期取下塞头，用肉眼或低倍率放大镜观察分析塞头上磨屑的大小、形状和数量，根据各种零件发生各类磨损时的磨屑特性即可对机器零部件磨损状态作出判断。磁塞检查法适用于磨屑尺寸大于$50\mu m$的情况。由于在一般情况下，随着磨损的加剧，所产生的磨屑的尺寸也随之增大，尤其在磨损后期或异常磨损开始出现后，所产生磨屑的尺寸均较大，因此利用磁塞法对机器磨损状态进行监视、特别是对于异常和故障的预报，有着十分重要的意义。

磁塞的构造如图6-23所示，它主要由磁塞座和磁性塞头两大部分组成。磁塞座固定安装在润滑油路中，塞头可方便地插入塞座或从塞座中取下。当插入塞座时，塞头浸于循环着的润滑油内以吸取磨屑。塞座内有一个自动封油阀，可防止取下塞头时润滑油的泄露。

磁塞检查法对于零部件磨损的失效指示效率e可用下式表示：

$$e=e_1\cdot e_2\cdot e_3 \tag{6-19}$$

表6-14 磁性磨屑中碎片的特性

来　　　　源	碎　片　的　特　性
滚珠轴承	(1) 圆形的、"玫瑰花瓣"式的、径向分开的形式 (2) 高度光亮的表面组织，带有暗淡的十字线和斑点痕迹 (3) 细粒状、淡灰色、闪铄发光 钢球的碎片 (a) 开始时(特别是在轻负荷的球轴承圈上)鳞片的形状大致是圆的，并且由于钢球和滚道的点与点接触而产生径向分开和印痕。有时在钢球的表面上出现细的十字形表面疲劳线 (b) 微粒在放大10～20倍下，表面上有很小的斑点痕迹，这是由于具有研磨突出部分的金属的细粒状结构，这些突出部分会有闪光作用。这对于优质钢是易于识别的。鳞片往往是中心较厚的"体形"。通常一面是高度磨光的表面，而另一面是均匀的灰色粒状组织 (c) 在重的初负荷下，微粒呈较暗黑色，但移向光源时却闪铄发光 (d) 其后产生的下层材料是较黑色的、有更不规则形状，并具有较粗糙的结构 滚道的碎片 表面破碎的碎片，通常一面是很光亮的，并象钢球的材料一样，带有暗淡的十字划痕，同时与滚柱轴承的滚道材料有相似的特性，形状大致是圆的
滚柱轴承	滚柱的碎片 (1) 通常长度等于2～3倍宽度的卷曲的矩形 (2) 高度光亮的表面组织 (3) 细粒状、浅灰色、闪铄发光 (4) 由于滚动作用，在微粒一面的整个宽度上形成了一系列的平行线痕迹 (5) 下层材料是长的，并呈撕裂状，其颜色比表面碎片较黑 滚道碎片 (1) 不规则的长方形 (2) 高度光亮的表面组织，沿运行纵向带有划痕 (3) 细粒状、浅灰色、闪铄发光 (4) 由于表面实质上是平的滚动接触，因而划痕是沿滚道走的 (5) 滚道和滚柱两者的外侧往往首先破碎，一般是先出现矩形鳞片，而后逐渐恶化，变成很不规则的"块状" (6) 内滚道首先恶化，继而是滚柱，最后是外滚道
滚珠和滚柱轴承	绕转和打滑碎片 (1) 形状通常是粒状的 (2) 碎片是黑色灰尘 保持架的碎片 (1) 是大而薄的花瓣形鳞片 (2) 有光亮的表面组织 (3) 呈铜色 (4) 开始时的碎片是细的青铜末，继而是大的铜色花瓣形鳞片。这种鳞片除非出现了分散的钢的微粒，或钢的微粒嵌在鳞片中，或是有较厚的块状青铜微粒时，才意味着有严重的故障
滚针轴承	(1) 尖锐的针形，与刺类似 (2) 粗的表面组织 (3) 深灰色闪铄发光
巴氏合金轴承	(1) 平的或球形的一般形状 (2) 平滑的表面组织 (3) 外表有类似焊锡飞溅物或银

来　　源	碎　片　的　特　性
巴氏合金轴承	（4）在正常的磨损情况下，对于局部热熔化和把材料扩散到轴承表面的微小空腔中的轴承，在回油中是很少有碎片的 （5）当轴承开始发生故障时，微细如发丝的裂纹在任意方向出现，在轴承的表面上造成一般的开裂作用。作用在轴承上的局部油压常常在2～3000b/in²的范围内，使油进入微细如发丝的裂纹中并终于使微粒松动，微粒在受热时便散落而变成平的。这些碎片常常或是沉积在轴承的另一面，或是沉积在回油路中。当正进入油流时，由于它们的可熔条件，常常形成类似焊锡的细小球体
铝/20%锡轴承	（1）不规则形状 （2）平滑表面组织，并有细的平行线纹 （3）外表象焊锡状，银色带有黑线纹 （4）这些轴承有良好的耐疲劳性，并且在微粒实际上分离开和进入回油油流以前，一般先有一定的故障进展状态
齿轮	咬接的碎片 （1）不规则形状 （2）光泽的表面组织，带有许多小的凹痕 （3）呈灰色，类似焊锡的飞溅物 （4）由于在齿轮与齿轮之间研磨成碎片，有时可见到齿轮牙齿的压印伴有刻痕，或者只能看改刻痕 正常的磨损碎片 （1）不规则断面的微细如发丝的织绞物，很短并混有金属粉末 （2）粗糙的表面组织 （3）呈深灰色 （4）小的细发丝状织绞物通常是团在一起，当在磁性探头上时，呈现较厚实的状态 故障碎片 （1）不规则形状 （2）表面组织研擦成带有刻痕 （3）外表粗糙，暗灰色而带有亮点 （4）这些微粒都是在研磨不规则形状、呈黑色的高亮点而产生的。鳞片有时呈现着齿轮牙齿的外形。一般外侧磨得更光，并有明显刻痕，有时还伴同有热变色。材料没有光泽，而且比由轴承产生的碎片较粗糙一些 （5）由于齿轮的滚动接触特性，在齿尖产生逐点接触，其斑点与滚珠轴承相似，齿的侧面是滑动接触，生成的平行划痕与轴承中滚子的碎片类似 （6）下层碎片是很不规则的，长而撕裂，这一状况由于齿轮的进一步研磨作用而加重。收集在磁性探头上的碎片，当作为分散的微粒来观察时，似乎是一些金属的织绞物、成碎条状、长而细薄的不规则外形，可以把它比作粗糙的细丝

式中　e_1——传输到塞头处的磨屑数量与磨损零件所产生的磨屑数量之比，称为传输效率；

　　　e_2——磁塞捕捉到的磨屑数量与到达磁塞处的磨屑数量之比，称为磁塞捕捉效率；

　　　e_3——有指示效力的磨屑数量与被磁塞捕捉到的磨屑数量之比，称为磁塞的指示效率。

　　一般地，过度地提高磁塞的指示效率会造成报警伪警率的增加，有效的办法是设法提高传输效率和磁塞的捕捉效率以提高磁塞总的失效指示效率。磁塞的安装位置对于传输效率有着直接的影响，通常磁塞应安装在被监测零部件的润滑主管路上（最好是装在管路弯曲部位的外侧，离心力的作用会把磨屑带到塞头处），磨损零部件与塞头之间的管路内不应有

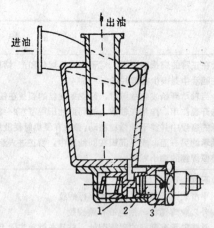

图6-23 磁塞的构造
1—封油阀；2—磁塞；3—凹轮槽

油泵、过滤网及其它液压件的阻隔。此外，改善磁塞入口处的油管结构，亦是提高传输效率的有效措施之一。提高磁塞捕捉效率的方法有增强磁塞的磁场强度，改善磁塞的回旋式贮油器的结构等。

塞头定期取下并立即换上新的塞头。取样周期依监测对象不同而异。当异常状态在磨屑检查中出现时，应立即缩短取样周期加强监视。

对于磁性塞头捕捉到的磨屑的检查，一般可先用肉眼识别其基本磨屑，然后用10～40倍的放大镜（例如10～20倍的带光源的双筒显微镜）进一步仔细观察，根据磨屑的特性判别磨损零件的磨损状态。

表6-14列举了部分磁性磨屑中式样碎片的特性，它是根据英国航空公司大量研究成果汇编的。所列的各类磨屑碎片，均备有放大20～40倍的显微照片，可作为标准谱片与磁塞采集的磨屑碎片对照分析，从而判定零部件的磨损状态：发生磨损的零件、磨损的类型、磨损的程度及其产生的原因。

参 考 文 献

〔1〕谷士强，冶金设备，4 (1980)，22.

〔2〕谷士强，冶金设备，4 (1982)，18.

〔3〕谷士强，冶金设备，6 (1989)，11.

〔4〕谷士强，武汉钢铁学院学报，4 (1990)，421.

〔5〕谷士强，上海金属，6 (1992)，18.

〔6〕夏顺明，武钢技术，1 (1987)，16.

〔7〕《设备润滑基础》编写组，设备润滑基础，冶金工业出版社，1982年.

〔8〕屈梁生等，机械故障诊断学，上海科学技术出版社，1986年.

〔9〕R·A柯拉科特，机械故障的诊断与情况监视，机械工业出版社，1983年.

〔10〕机械故障诊断丛书编辑委员会，机械故障诊断丛书，西安交通大学出版社，1988年.

〔11〕虞和济等，机械故障诊断丛书，冶金工业出版社，1989年.

〔12〕崔宁博等，设备诊断技术，南开大学出版社，1988年.

〔13〕郑国伟等，设备管理与维修工作手册，湖南科学技术出版社，1989年.

冶金工业出版社部分图书推荐

书　名	作　者	定价(元)
机械振动学(第 2 版)	闻邦椿　主编	28.00
轧钢机械(第 3 版)(本科教材)	邹家祥　主编	49.00
炼铁机械(第 2 版)(本科教材)	严允进　主编	38.00
炼钢机械(第 2 版)(本科教材)	罗振才　主编	32.00
冶金设备(第 2 版)(本科教材)	朱　云　主编	56.00
冶金设备及自动化(本科教材)	王立萍　等编	29.00
机电一体化技术基础与产品设计(第 2 版)(本科教材)	刘　杰　主编	46.00
现代机械设计方法(第 2 版)(本科教材)	臧　勇　主编	36.00
机械优化设计方法(第 4 版)	陈立周　主编	42.00
机械可靠性设计(本科教材)	孟宪铎　主编	25.00
机械故障诊断基础(本科教材)	廖伯瑜　主编	25.80
机械设备维修工程学(本科教材)	王立萍　主编	26.00
机械电子工程实验教程(本科教材)	宋伟刚　主编	29.00
机械工程实验综合教程(本科教材)	常秀辉　主编	32.00
液压传动与气压传动(本科教材)	朱新才　主编	39.00
环保机械设备设计(本科教材)	江　晶　编著	45.00
污水处理技术与设备(本科教材)	江　晶　编著	35.00
电液比例控制技术(本科教材)	宋锦春　编著	48.00
电液比例与伺服控制(本科教材)	杨征瑞　等编	36.00
机电一体化系统应用技术(高职高专教材)	杨普国　主编	36.00
机械制造工艺与实施(高职高专教材)	胡运林　主编	39.00
液压气动技术与实践(高职高专教材)	胡运林　主编	39.00
机械工程材料(高职高专教材)	于　钧　主编	32.00
通用机械设备(第 2 版)(高职高专教材)	张庭祥　主编	26.00
高炉炼铁设备(高职高专教材)	王宏启　等编	36.00
采掘机械(高职高专教材)	苑忠国　主编	38.00
矿冶液压设备使用与维护(高职高专教材)	苑忠国　主编	27.00
液压润滑系统的清洁度控制	胡邦喜　等著	16.00
液压元件性能测试技术与试验方法	湛丛昌　等著	30.00
液压可靠性与故障诊断(第 2 版)	湛丛昌　等著	49.00
冶金设备液压润滑实用技术	黄志坚　等著	68.00